气象观测试验

（2022）

主　编：王小兰
副主编：梁静舒　冯　妍

气象出版社
China Meteorological Press

内 容 简 介

本书为中国气象局气象探测中心2022年度观测试验计划基于国家综合气象观测试验基地实施所得的气象观测试验年度报告，包括不同下垫面的高温观测、雪深观测仪、三维闪电定位仪和数字式光电日照计4项业务在用设备比对和改进试验；S波段双偏振相控阵雷达、高光谱辐射观测、大孔径闪烁仪观测、轨道式植被监测4项新装备新技术观测试验；地-空-天协同观测降水垂直结构、基于LoRa的海雾观测、多设备温湿廓线协同观测、基于三维层析技术的GNSS/MET水汽精度改进、酸雨自动观测、生态物候观测、小麦和玉米生长全过程的FY-3E MERSI-2与MODIS的NDVI对比观测7项新型观测方法试验；1项综合协同观测试验即中国气象局“海燕计划”2022年西南气象观测试验。

本书可为探测技术发展和业务改进提供科学参考，适用于高等院校、科研院所、气象业务单位等师生、技术和业务人员等。

图书在版编目（CIP）数据

气象观测试验. 2022 / 王小兰主编 ; 梁静舒, 冯妍副主编. -- 北京 : 气象出版社, 2024.3
ISBN 978-7-5029-8128-0

Ⅰ. ①气… Ⅱ. ①王… ②梁… ③冯… Ⅲ. ①气象观测－中国－2022 Ⅳ. ①P41

中国国家版本馆CIP数据核字(2024)第009727号

气象观测试验(2022)
Qixiang Guance Shiyan (2022)

出版发行： 气象出版社
地　　址： 北京市海淀区中关村南大街46号　　**邮政编码：** 100081
电　　话： 010-68407112(总编室)　010-68408042(发行部)
网　　址： http://www.qxcbs.com　　**E-mail：** qxcbs@cma.gov.cn
责任编辑： 王萃萃　郑乐乡　　**终　　审：** 吴晓鹏
责任校对： 张硕杰　　**责任技编：** 赵相宁
封面设计： 艺点设计
印　　刷： 北京建宏印刷有限公司
开　　本： 787 mm×1092 mm　1/16　　**印　　张：** 13.25
字　　数： 339千字
版　　次： 2024年3月第1版　　**印　　次：** 2024年3月第1次印刷
定　　价： 130.00元

《气象观测试验(2022)》
编委会

前言

观测试验是综合气象观测业务的重要组成部分，是推进综合气象观测业务高质量发展和技术进步的重要手段。国务院2022年4月印发的《气象高质量发展纲要(2022—2035年)》提出了完善试验验证体系的高质量发展要求。精密监测能力建设、气象探测强国建设都要牢牢抓住观测试验这一重要抓手。

中国气象局历来高度重视观测试验工作，2019年始将观测试验列为气象观测领域重要的研究型业务，建立了基于观测试验的研究型业务发展良性循环机制。试验基地规划建设取得突破性进展，2019年3月中国气象局正式发文公布国家综合气象观测试验基地布局名单，确定由5个综合试验基地和20个专项试验外场构建的国家级试验基地体系框架。2020年3月中国气象局综合观测司首次发布《气象观测技术试验指南(2020—2025年)》(以下简称"指南")，为今后5年观测技术试验的开展指明了方向，对观测试验业务体系的建设和发展具有里程碑式的意义。

自2020年始，中国气象局气象探测中心在指南框架下分年度制定和实施"观测试验计划"，制定观测试验业务相关管理办法，着力完善试验验证体系，推动气象观测试验业务高质量发展。

数年来，中国气象局气象探测中心对标国际先进水平，强化科技创新，加强关键核心技术攻关，推动观测新技术、新装备和新方法发展与应用，以规范实施"观测试验计划"为工作指导，围绕气象观测业务需求和技术发展、兼顾各类气象保障工程设备和技术需求，联合25个试验基地、高校院所及相关企业，开展综合协同观测试验、新装备新技术新方法试验、业务在用装备比对及改进试验三大类试验共117项，打造了一系列优秀试验品牌，填补了国内观测技术空白，推动建立了国际领先的新型观测试验业务，带动和激励了试验基地人才队伍水平提升，助力试验基地的建设和发展，助推气象观测技术和业务的大发展。

本书收录了2022年度开展的部分优秀观测试验的技术总结报告，从试验目的、试验内容、技术路线、试验布局、试验分析、结论与业务应用等方面对各个试验进行了详细的介绍，为业务质量改进和新观测技术方法业务应用提供科学参考，主要试验如下。

针对现行气象观测业务在用仪器的观测质量评估及性能改进试验有四项，分别是：(1)基于不同下垫面的高温观测业务试验。对林地、草地、湿地、城镇4种不同下垫面进行3层高度的气温观测，分析气温分布和日变化特征，评估了不同下垫面高温观测模型在预测中的适用性。(2)雪深观测仪比对试验。对业务在用的3个型号雪深自动观测仪的运行稳定性和数据质量进行了评估。(3)三维闪电定位仪比对试验。对同站同址2种型号闪电定位仪组网观测原始观测数据进行比对分析,检验两套闪电定位系统探测效率和定位精度。(4)光电式数字日照计测量机制比对观测试验。评估3个型号的业务在用光电式数字日照计的测量性能,分析光电式数字日照计辐射测量与日照导出机制和直接辐射测量线性度。

针对基于新装备新技术的业务化观测应用试验有四项,主要有:(1)大型S波段双偏振相控阵雷达关键技术与业务应用探索试验(一期)。通过开展S波段双偏相控阵雷达技术验证、扫描模式设计和相关算法设计,评估和完善标定体系设计和硬件指标等,为统一相控阵雷达业务运行模式和工作体制,提高相控阵雷达探测数据可靠性和探测精度打下基础。(2)高光谱辐射观测试验。对高光谱辐射观测仪的功能、性能和设备可靠性等进行试验,明确设备功能需求内容,评估业务可用性。(3)大孔径闪烁仪观测试验。评估由国产大孔径闪烁仪组成的蒸散量观测系统的设备稳定性、数据可靠性和准确性,研发热通量反演算法改进设备性能指标,填补陆表蒸散量气象观测技术的空白并推向业务应用。(4)轨道式移动多要素植被监测系统试验。完成二氧化碳水汽观测系统、植被观测系统、L波段遥测式土壤水分观测系统和日光诱导叶绿素荧光观测系统的数据对比验证,明确轨道式移动多要素植被监测系统的组成结构、功能性能指标和业务可用性。

面向业务应用的新型观测方法试验有七项,包括:(1)地-空-天协同观测降水垂直结构试验。使用地空基观测数据开展卫星测雨产品时空匹配及真实性检验方法试验,建立了X波段双偏振雷达衰减订正、GPM与地基雷达反射率因子及一维雨滴谱的时空匹配和比对等算法,综合分析以寿县为代表的淮河流域降水垂直结构特征。(2)基于LoRa的海雾观测试验。通过能见度及实景资料比对评估LoRa海雾观测系统的观测效果,优化系统算法,形成较完备的LoRa海雾观测方法并投向业务应用。(3)多设备温湿廓线协同观测比对试验。开展微波辐射计、拉曼测温湿激光雷达探测能力和探测精度连续比对试验,进行温湿廓线的误差比对分析,并开展了地基和星载观测设备融合算法研究。(4)基于三维层析技术的GNSS/MET水汽精度改进试验。试验利用云贵地区地基GNSS反演的大气可降水量,搭建三维层析模型,研究观测和模式的水汽密度偏差的垂直结构及变化规律,提高GNSS/MET观测资料精度。(5)酸雨自动观测设备平行比对及业务质量考核方法试验。使用酸雨在线观测系统和人工观测设备开展大气实际降水pH值和电导率对比监测试验,分析在线观测设备与人工观测设备测量的一致性和偏差的可能原因,优化现有酸雨观测质量样品考核方法、建立酸雨自动观测设备业务质量考核方法。(6)不同典型生态下垫面的物候观测试验。在不同气候带的20个地点开展物候自动观测试验,评估设备性能和业务可用性,可得到6大类3级23种物候应用产品。(7)小麦和玉米生长全过程的FY-3E MERSI-2与MODIS的NDVI对比观测试验。基于不同分期播种小麦和玉米不同生育期的高光谱遥感数据,建立FY-3E数据与MODIS数据的转换关系,完成FY-3E/MERSI-2 NDVI对MODIS NDVI的替换,实现FY-3E的真实性检验与业务应用。

综合协同观测试验一项,即中国气象局"海燕计划"2022年西南气象观测试验。该试验按照中国气象局《海燕计划(2020—2025年)—大型无人驾驶航空器气象观测专项计划》要求,使用翼龙-2无人机搭载下投式探空系统、机载合成孔径雷达以及星载预研载荷Ka波段多普勒散射计、大气微波综合探测仪等载荷在西南高原地区(三江源、波密)飞行作业试验,检验无人机高原地区、复杂山地和气象条件下的探测能力和载荷设备可靠性,开展多源数据综合质控方法研究,探索形成地-空-天综合观测数据产品。

"观测试验计划"是中国气象局气象探测中心创新发展和提升科技能力现代化的重要抓手之一,按年度发布实施,今后还将根据业务需求,进一步规模化、体系化、规范化持续开展观测试验业务,推动试验基地业务建设高质量发展。

作者

2023年11月

中国气象局国家综合气象观测试验基地及气象观测试验掠影

大理试验外场

鹤壁试验外场

金佛山试验外场

“海燕计划”2022 年西南气象观测试验
无人机整装待发

基于不同下垫面的高温观测业务试验
衡水站设备维护

光电式数字日照计测量机制比对
观测试验现场

酸雨观测系统试验区现场

高光谱辐射观测试验呼伦贝尔试验现场

不同典型生态下垫面的物候观测试验现场

轨道式移动多要素植被监测系统试验
轨道式移动平台及自动轨道车

目 录

第 1 章 “海燕计划”2022 年西南气象观测试验

2022 年 8—9 月，中国气象局组织和联合中国气象局气象探测中心、中国气象科学研究院、四川省气象局、国家卫星气象中心、国家气象中心、中国气象局地球系统数值预报中心、中国科学院、青海省气象局、西藏自治区气象局、中国气象局人工影响天气中心、中国气象局气象宣传与科普中心、中航（成都）无人机系统股份有限公司等 16 家单位，开展青藏高原生态气象及西南涡观测试验。使用航空工业集团的翼龙-2 无人机平台，搭载下投式探空系统、机载合成孔径雷达以及星载预研载荷 Ka 波段多普勒散射计、大气微波综合探测仪等载荷。本次试验共开展 5 个架次飞行观测，累计飞行时间超过 22 h，飞行航程超过 7000 km，在三江源（青海阿尼玛卿雪山）、波密冰川之乡（念青唐古拉山米堆冰川）投放下投式探空仪 45 枚，收集超过 10 h 机载微波综合探测仪和散射计有效观测数据。

1.1 试验目的

探索无人机在高原地区气象观测能力，测试机载载荷探测性能；开展西南涡发生或加强期观测试验和高原气象观测试验，形成标准的数据集和试验技术总结报告。

考核指标如下：

(1)完善空基机动观测业务流程，形成机载多源数据综合质控方法；

(2)形成机载 SAR 雷达、激光测风雷达技术要求；

(3)观测数据实时上传进天创系统——气象保障服务调度平台，提交观测数据集 1 份，试验技术总结报告 1 份。

1.2 试验内容

(1)飞机性能测试试验：进一步检验和完善无人机在高原地区，复杂山地、气象条件下的探测能力和观测业务流程；

(2)载荷设备可靠性试验：全面检测下投式探空系统等机载载荷在高原地区的探测性能；

(3)西南高原多平台协同观测模式观测试验：多平台协同观测模式观测试验包括西南涡观测试验和高原生态气象观测试验；

(4)试验资料融合及应用试验：开展多源数据综合质控方法研究，探索形成地-空-天综合观测数据产品，并提供数据格式说明，数据样例或封装的试验数据解压包。

1.3 技术路线

本次试验使用翼龙-2 无人机搭载气象载荷对西南高原地区进行综合观测，在飞机性能测试、载荷设备测试、西南高原协同观测、试验资料融合及应用等方面进行测试和试验。总体技术路线如图 1.1 所示。

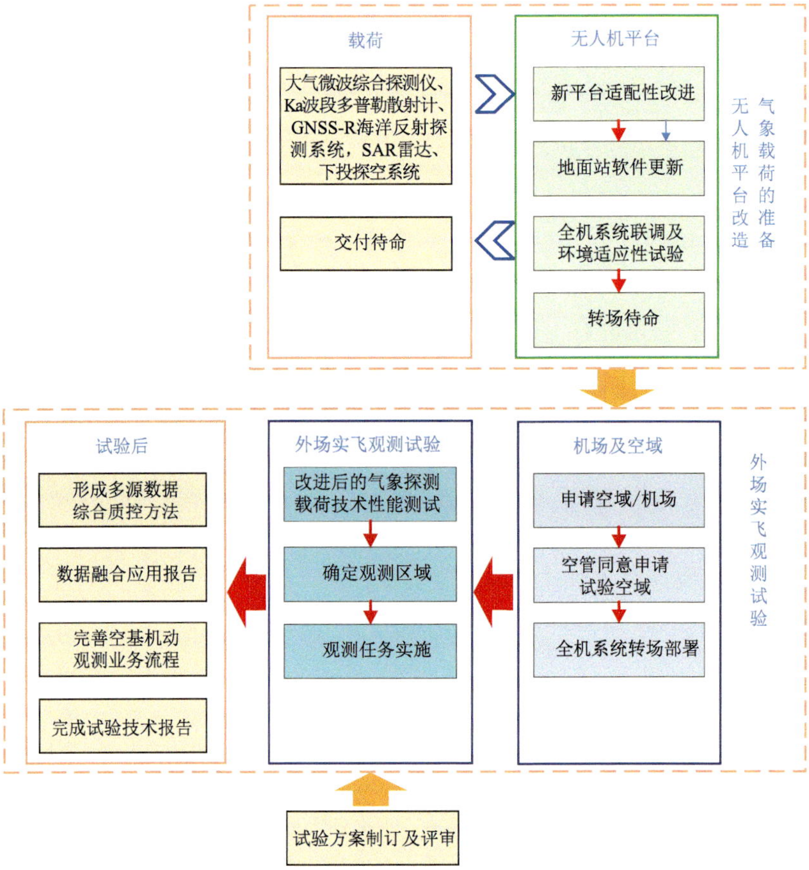

图 1.1 无人机总体技术路线

1.4 试验布局

试验时间:2022 年 8—9 月。

试验起降机场:四川省阿坝州红原机场。

试验区域:包括三处空域:波密地区(冰川之乡)、三江源地区及四川省内大雪山地区,如图 1.2 所示。

1.5 试验分析

2022 年“海燕计划”西南气象观测试验共计飞行 5 架次,累计飞行时间超过 22 h,航程超过 7000 km,搭载了下投式探空系统、机载合成孔径雷达(SAR),以及星载预研载荷 Ka 波段多普勒散射计、大气微波综合探测仪 4 种机载载荷,在三江源(青海阿尼玛卿雪山)、波密冰川之乡(念青唐古拉山米堆冰川)区域共投放 45 枚下投式探空仪,收集超过 10 h Ka 波段多普勒散射计和大气微波综合探测仪有效观测数据,对各类观测数据分析如下。

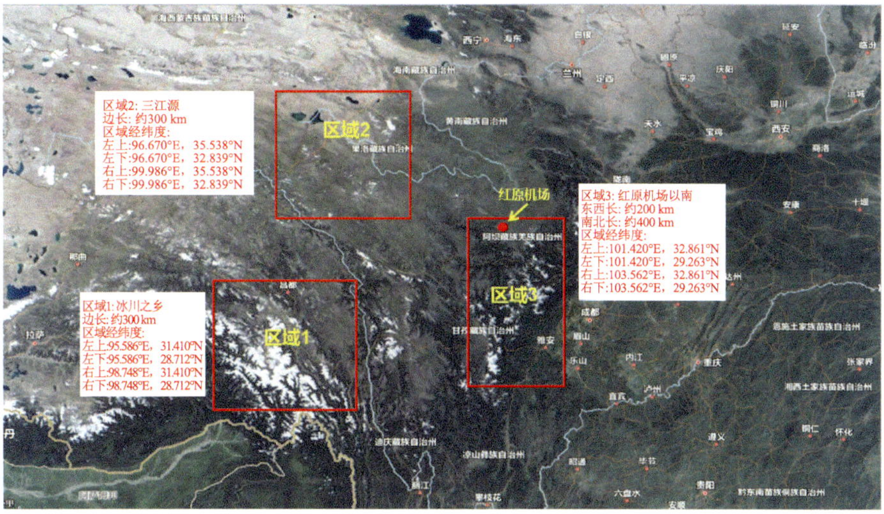

图 1.2 西南观测试验飞行区域

1.5.1 下投式探空系统

试验期间共获取 45 组下投式探空数据(包含检飞 4 枚)，其中 3 枚探空仪未成功开伞，其余 41 枚探空仪数据正常。探空仪激活成功率 100%，舱内定位成功率 100%，开伞成功率 91.3%，对比当日目标地点气象变化后，可以确定探空数据有效、合理、可用。

(1)数据质量控制方法

参考业务探空观测数据质控方法，结合机载/艇载下投式探空特殊释放、开伞、下落的工作模式，研究包括基本逻辑检查、降落伞移速检查、阈值检查、空间演变一致性检查、风切变检查、时间一致性检查、三次样条插值方法在内的下投式探空数据处理及质量控制方法，如图 1.3 所示。

(2)资料完整性分析

数据接收率为开伞后观测端实际接收数据量与应接收数据量的比值。最后一组数据经纬度高程与地面实际高程相差 100 m 以上时判定为信号丢失。45 次下投式探空的数据，信号丢失 13 次，未开伞 4 次。去除未开伞 4 次，41 次下投式探空的平均接收率为 93.05%。正常接收 28 次的平均接受率为 96.80%，最高接收率 100.00%，最低接收率 84.24%。

(3)资料可用性分析

数据可用率为开伞后的质控数据量与原始数据量的比值。45 次下投试验中 4 次未开伞，41 次试验资料平均可用性为 95.9%，最高可用性为 100.0%，最小为 84.2%。开伞高度在 6697～7947 m，平均开伞高位为 7600 m。

(4)资料准确性(合理性)分析

以再分析数据集(FNL)、甘孜和昌都 2 站探空数据为参考，评估下投式探空仪所获温度、相对湿度、东西风速、南北风速的平均偏差、标准偏差，结果如下。

①下投式探空(xttk)下降段的气温要素在分别与 FNL、甘孜和昌都探空(gzcd)的温度做对比，400 hPa 标准偏差接近 WMO CIMO-8 的理想目标(0.6～1 K)，500 hPa 标准偏差约为 3 K，如表 1.1 所示。

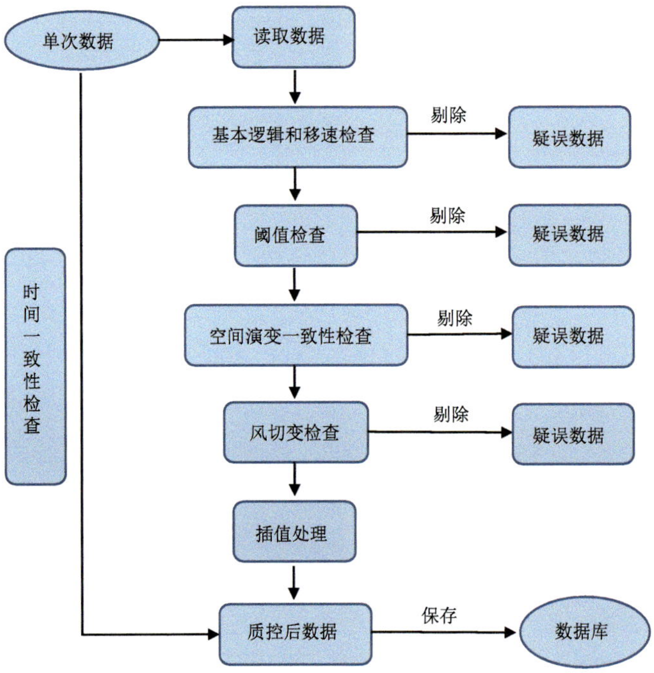

图 1.3 下投式探空数据质量控制方法

表 1.1 规定等压面的温度平均偏差和标准偏差

规定等压面/hPa	平均偏差/K			标准偏差/K		
	Tgzcd_FNL	Tgzcd_xttk	Txttk_FNL	Tgzcd_FNL	Tgzcd_xttk	Txttk_FNL
400	0.01	−0.66	0.68	1.23	1.18	0.71
500	2.31	5.96	−3.66	1.92	4.29	3.02

②下投式探空(xttk)下降段的相对湿度要素分别与 FNL、甘孜和昌都探空(gzcd)的相对湿度对比,400 hPa 标准偏差均超过 WMO CIMO-8 的理想目标(16%),500 hPa 标准偏差均未超过 WMO CIMO-8 的理想目标(16%),如表 1.2 所示。

表 1.2 规定等压面的相对湿度平均偏差和标准偏差

规定等压面/hPa	平均偏差/%			标准偏差/%		
	Rhgzcd_FNL	Rhgzcd_xttk	Rhxttk_FNL	Rhgzcd_FNL	Rhgzcd_xttk	Rhxttk_FNL
400	1.88	30.25	−28.36	6.63	22.51	20.12
500	−0.25	7.44	−7.69	6.54	7.82	6.93

③下投式探空(xttk)下降段的东向风速分别与 FNL、甘孜昌都探空(gzcd)的东西向风做对比后,下投式探空东向风速与 FNL 东向风速的标准偏差较小,接近 WMO CIMO-8 的突破目标(4 m/s)。下投式探空东向风速与甘孜及昌都探空东向风速在 400 hPa 标准偏差较大,这与探空站点存在经纬度偏差和时间偏差较大有关,如表 1.3 所示。

表 1.3 规定等压面的东向风速平均偏差和标准偏差

规定等压面/hPa	平均偏差/(m/s)		标准偏差/(m/s)			
	Ugzcd_FNL	Ugzcd_xttk	Uxttk_FNL	Ugzcd_FNL	Ugzcd_xttk	Uxttk_FNL
400	−10.94	−11.70	0.77	10.08	8.81	2.67
500	5.19	0.63	4.55	5.91	3.56	3.82

④下投式探空(xttk)下降段的北向风速分别与 FNL、甘孜昌都探空(gzcd)的南北向风做对比,与 FNL 数据的标准偏差接近 WMO CIMO-8 的理想目标(4 m/s),与甘孜及昌都探空数据的标准偏差略大,这与探空站点存在经纬度偏差和时间偏差较大有关,如表 1.4 所示。

表 1.4 北向风平均偏差

规定等压面/hPa	平均偏差/(m/s)		标准偏差/(m/s)			
	Vgzcd_FNL	Vgzcd_xttk	Vxttk_FNL	Vgzcd_FNL	Vgzcd_xttk	Vxttk_FNL
400	−1.22	−3.84	2.62	5.21	6.18	2.78
500	−0.48	−1.32	0.84	6.24	6.81	2.30

评估结果表明,温度、相对湿度标准偏差接近或超过 WMO CIMO-8 的理想目标,东西向风速标准偏差接近 WMO CIMO-8 的突破目标、南北向风速标准偏差接近 WMO CIMO-8 的理想目标。

1.5.2 机载合成孔径雷达(SAR 雷达)

(1)数据获取情况

合成孔径雷达在 2022 年 9 月 10 日、9 月 17 日、9 月 21 日、9 月 26 日、9 月 28 日的飞行中开机成像。获取的数据类型主要为地面站图像数据和机载数据记录单元 SAR 图像数据。部分图像如图 1.4 所示。

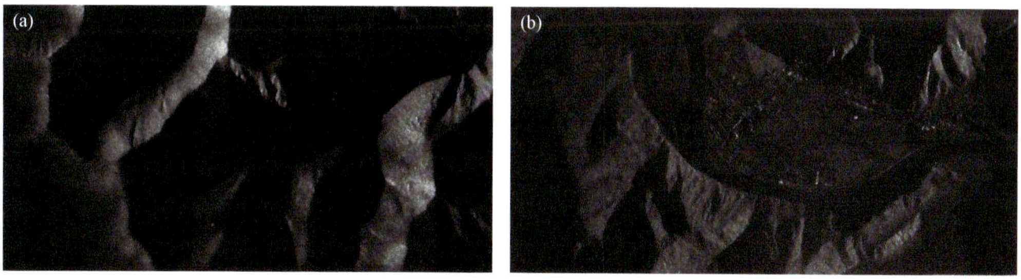

图 1.4 9 月 21 日(a)及 9 月 26 日(b)飞行条带模式(0.5 m 分辨率)图像

(2)资料完整性分析

5 架次正式飞行中,获取了地面站数据和机载 RCD 数据,完整收集了飞行任务中雷达的成像结果和工作状态信息。其中,机载 RCD 的 SAR 图像未经压缩和链路传递,质量比地面站数据的图像更高,可以替代地面站图像使用。

(3)资料可用性分析

通过地面站图像数据、机载 RCD-SAR 图像数据和雷达回波数据,可以对成像过程进行完整记录雷达的成像结果和飞行状态,获取未压缩的雷达成像结果。

（4）资料准确性（合理性）分析

通过回放地面站图像数据，发现出现和地面站图像相同的图像丢失现象，数据和现象相符；通过回放机载 RCD-SAR 图像数据，发现未出现和地面站图像相似的白块和黑条现象，说明雷达成像功能正常；雷达回波数据符合预期，后处理图像正常。

1.5.3　Ka 波段多普勒散射计

（1）数据获取情况

在 9 月 26 日观测试验中，Ka 波段多普勒散射计获取了 4 h 云测量数据，包括功放温度、时序周期、校准周期、接收延迟、校准增益控制（AGC）、手动增益控制（AGC）、带宽、系统时间、测量采样值、包类型、AGC 值以及包序号等参数。数据整体获取情况如表 1.5 所示。

表 1.5　原始数据获取情况

观测要素	降水廓线和云内大气风场
数据组数	40766370 组回波
数据间隔	200 μs/250 μs
数据总量大小	231 GB

（2）资料完整性分析

散射计数据经读取程序读取后，各包数据的功放温度、时序周期、校准周期、接收延迟、校准 AGC、手动 AGC、带宽、系统时间、测量采样值、包类型、AGC 值及包序号等参数均完整，且数值范围正常。此外，惯导单元获取的测量数据和 GPS 的 GPGGA 时间数据完整，且数值范围正常。

（3）资料可用性分析

对未经处理的二进制数据（0 级数据）进行预处理后得到以波形显示图像数据（1 级数据），根据当时 GPS 记录的无人机飞行高度和当地海拔高度，以及雷达接收窗的长度，判断出地面回波的大概位置。

经过脉冲压缩处理之后的时域回波信号见图 1.5a，可见在接收到地表回波之前，散射计测量到了强的云后向散射信号，对应时刻的 GoPro 相机拍摄图像如图 1.5b 监测到云。

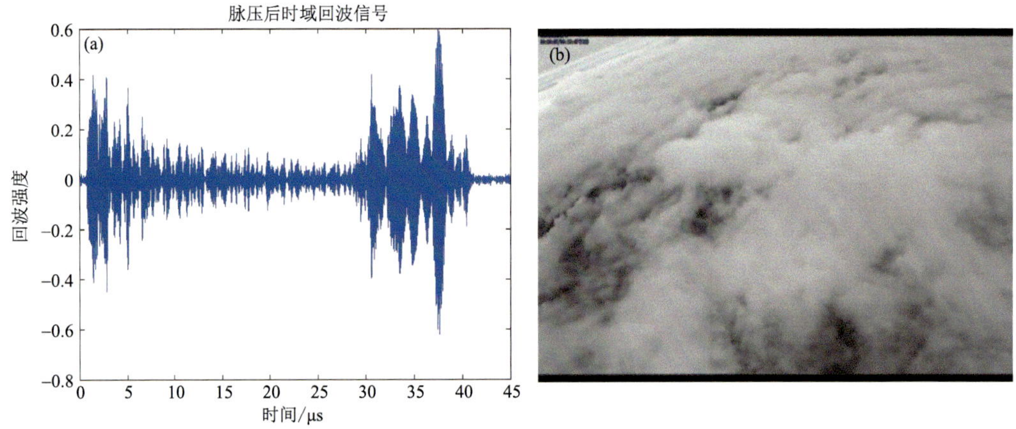

图 1.5　脉压后时域回波信号（a）和 GoPro 相机影像（b）

（4）资料准确性（合理性）分析

由回波强度计算出雷达反射率因子可以表征目标区域云或降水强度。处理14:01:58—14:02:44时段内获取的区域强的云雨后向散射信号，得到雷达反射率数据如图1.6所示，地表区域雷达反射率因子较其他区域高，尤其距离地表1.5 km处，雷达反射率因子较高，表明该处有较厚的云存在，该结果是合理的。

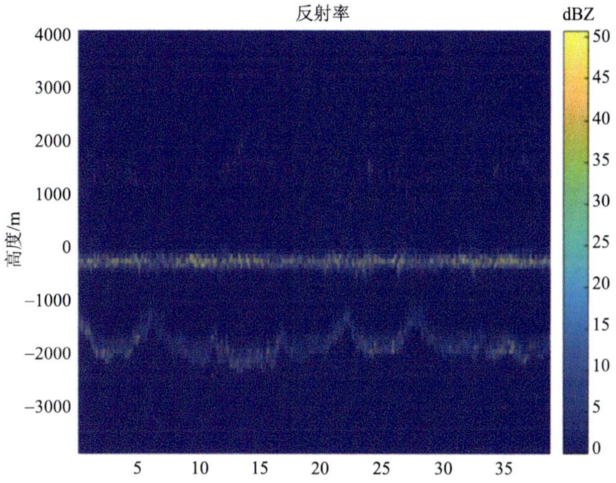

图1.6 雷达反射率因子

1.5.4 大气微波综合探测仪

（1）数据获取情况

2022年9月17日，大气微波综合探测仪累计开展辐射观测3次：（1）10:44—11:32在红原机场附近观测，飞行海拔高度7000 m，观测时长48 min；（2）13:18—14:58在三江源区域观测，飞行海拔高度7500 m，观测时长100 min；（3）15:38—16:38在回程航路区域观测，飞行海拔高度从7500 m逐渐下降，观测时长60 min。总观测时长208 min，共获取数据676 MB。

9月21日，大气微波综合探测仪累计开展辐射观测2次：（1）11:56—12:28在红原机场附近观测，飞行海拔高度7000 m，观测时长32 min；（2）12:33—14:40在红原机场和三江源区域观测，飞行海拔高度7500 m，观测时长127 min。总观测时长159 min，共获取数据507 MB。

（2）资料完整性分析

大气微波综合探测仪V波段谱仪的数据按照观测高温噪声源—常温黑体源—大气的顺序进行排列后可见高低温观测结果分层明显，说明观测数据完整，对应的连续性、周期性都比较好。

（3）资料可用性分析

大气微波综合探测仪V波段谱仪的观测值经过FFT频谱分析得出功率值，图1.7和图1.8给出所有谱仪通道的功率值、实际探测通道的功率值及噪声源亮温等结果。

（4）资料准确性（合理性）分析

9月17日飞行过程中云层厚且有明显的雨雪，天气条件不利于微波探测仪进行观测，9月21日飞行过程中天气晴朗，基本没有厚云层，因此这里主要分析9月21日晴空的观测数据。使用飞行当日ERA5再分析资料和地面站探空数据作为输入，经辐射传输模型ARTS进行模

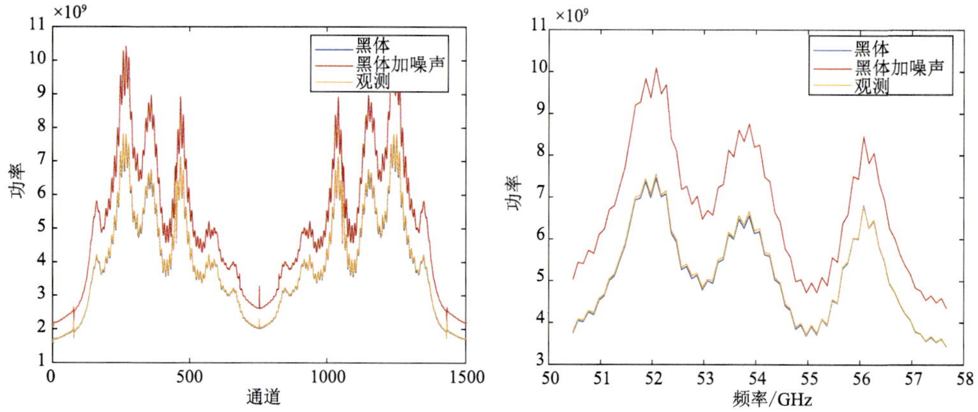

图 1.7 所有谱仪频点的功率值(一包)

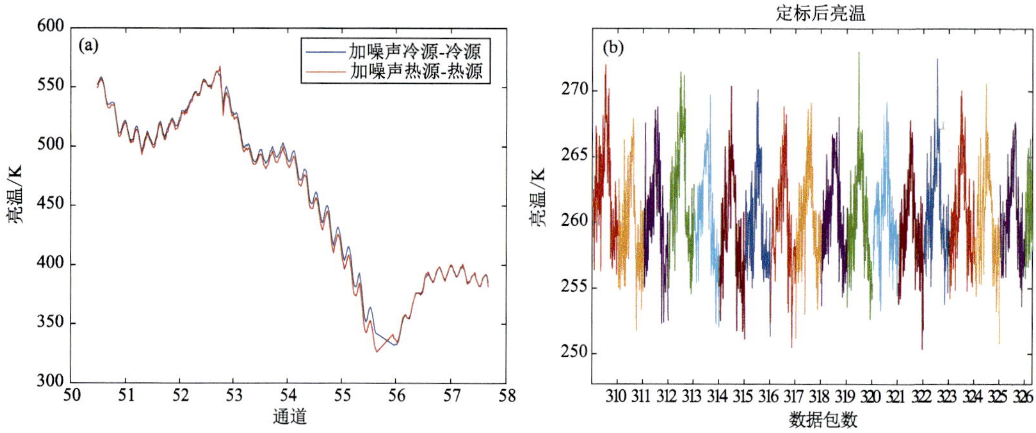

图 1.8 噪声源亮温实验室测量结果(a)及定标后亮温结果(b)(部分)

拟。从结果对比,整体谱线趋势一致,但灵敏度较差,导致观测和模拟存在较明显的偏差,如图 1.9 所示。

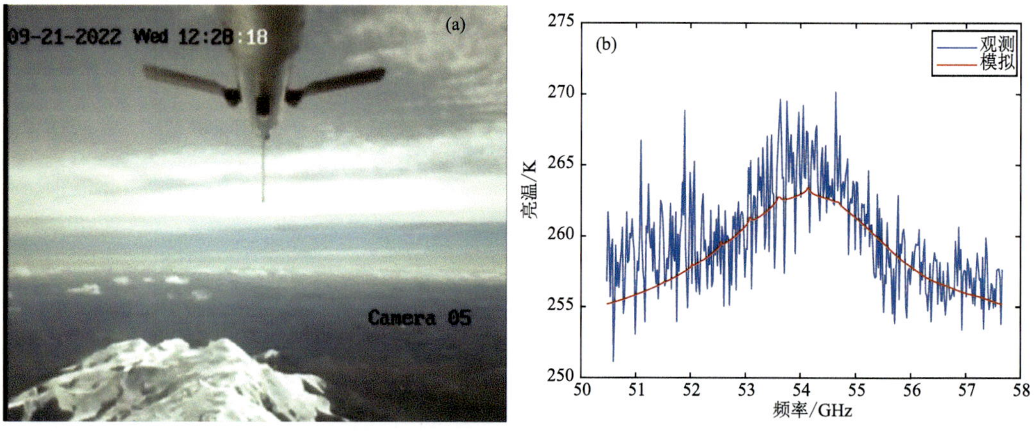

图 1.9 9 月 21 日飞行过程光学影像(a)及观测/模拟结果对比(b)

1.6　主要结论

试验获取了青藏高原地区的大气垂直廓线和下垫面生态观测资料，累计获取观测资料 335.66 GB，形成了 1 套观测数据集。试验验证了翼龙-2 型无人机在高原地区复杂山地、气象条件下的飞行性能；检测了下投式探空系统和机载合成孔径雷达在高原地区的探测性能；验证了大气微波综合探测仪和 Ka 波段多普勒散射计等星载预研载荷探测能力，达到了预期的校飞试验目标；形成了机载合成孔径雷达（SAR）和激光测风雷达的装机技术要求；建立了基于高空大型无人机的西南高原多平台协同观测的业务流程，进一步完善了空基机动观测业务流程，为建立国家级机动观测业务奠定坚实基础。

1.7　业务应用

1.7.1　探空仪投放点规划

本次试验使用机载合成孔径雷达（SAR）的下垫面扫描探测功能，结合无人机光电球头（EO）拍摄的观测区域实景图片、地理高程数据、实时高空风流场、无人机实时航速等信息为精准投放探空仪提供支撑。首先，根据试验任务要求，基本确定探空仪投放区域，利用无人机检飞机会，通过机载合成孔径雷达（SAR）获取拟投放区域下垫面信息，通过 EO 获取投放区域实景图片，结合该区域高程信息、实时高空风流场、无人机实时航速等资料，来确定探空投放点并预测探空仪落点。流程如图 1.10 和图 1.11 所示。

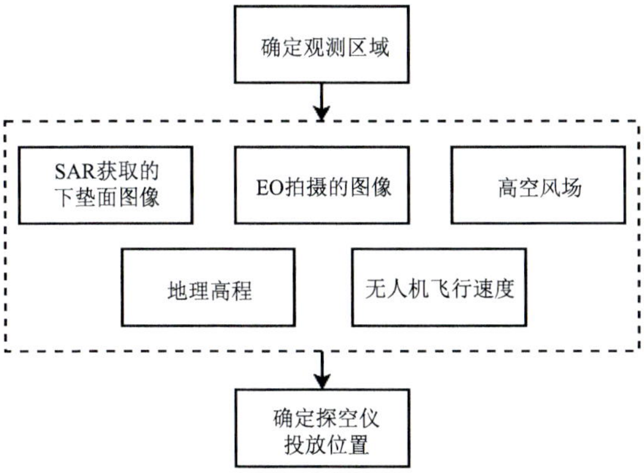

图 1.10　探空仪投放点规划流程

1.7.2　数值预报试验应用分析

本次试验采用区域 CMA-Meso 模式，分辨率是 3 km，每天做 8 次同化预报（00 时、03 时、06 时、09 时、12 时、15 时、18 时、21 时），在 00 时和 12 时刻采用冷启［即边界和背景场取自 NCEP 的全球预报系统（GFS）预报］，其他时刻用自己的 3 h 预报做背景场进行同化预报（暖启）。由于下投观测时段（北京时间 12 时、14 时和 15 时时间窗）对应模式的 03 时、06 时、09 时 UTC（协调世界时），所以在 03 时、06 时和 09 时时刻将同化资料得到的分析场进行 24 h 预报。本次试验下投式探空资料量较少，为了看到资料的影响，分两组试验进行对比，试验 1 是

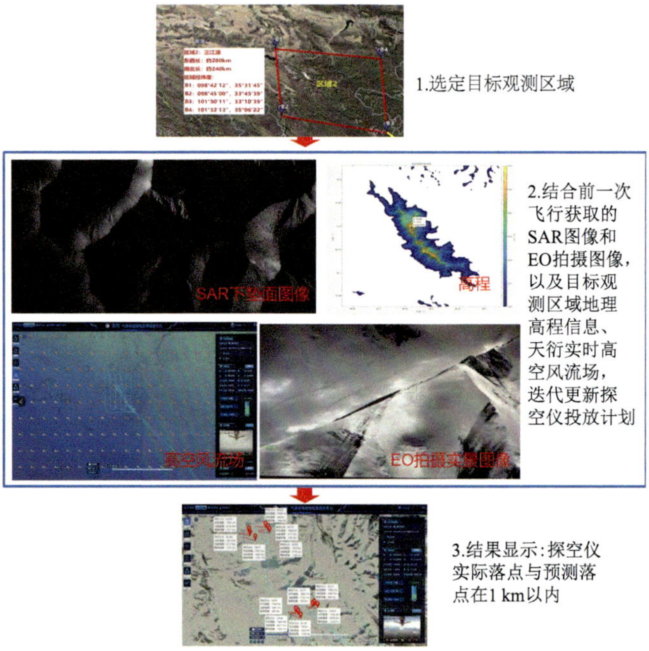

图 1.11 探空仪投放点规划示意图

仅同化探空和地面资料，试验 2 是同化探空、地面资料之外还同化下投式探空资料。

试验结果表明，下投式探空资料的增加，使得要素场在某些时次及某些预报时长出现了改进，改进率最大的温度要素接近 8%。

1.7.3 资料同化评估

(1)资料介绍

使用 2022 年 9 月 26 日投放的 8 枚探空仪进行资料同化，其中编号 34117、34118、34164、34134 共 4 枚投放在阿尼玛卿雪山区域，其余 4 枚投放在阿尼玛卿雪山附近非冰川高山区域。共收集包括风、温、压、湿四要素的 8 条廓线观测。

(2)模式和试验设计

将 8 条廓线观测资料同化进入数值模式，考察观测资料对于降水、风场等要素的数值预报效果的影响。为了突出下投式探空观测资料的数值影响，在数值试验中仅同化了该资料。试验设计如下。

试验一(CTL):未同化下投式探空资料;试验二(UAV):同化下投式探空资料。

所有试验基于 WRF-3DVar 模式完成，模式采取两层嵌套网格，最内层区域水平分辨率为 6 km(295×295 个格点)，垂直方向为 53 层，利用 0.25°NCEP-GFS 全球数值预报作为背景场驱动模式。由于所有下投式探空集中在世界时 2022 年 9 月 26 日 07 时前后 1 h，在采用 1 h 同化窗后，初始时刻为 2022092607 时。

(3)结果分析

①资料同化对于初始场的影响

从表 1.6 可知，同化下投式探空观测资料后，风场的分析观测差 OMA 相对于更新向量

OMB 改进明显，其中 u 风场从 3.37 m/s(OMB)变为 2.95 m/s(OMA)，误差减小约为 12.5%；v 风场从 2.63 m/s(OMB)变为 1.91 m/s(OMA)，误差减小约为 27.4%。u 和 v 风场的误差减小，表明资料同化有效，其中 v 风场的改进大于 u 风场。

表 1.6 同化前后纬向风和经向风场的 OMB 和 OMA

项目	OMB/(m/s)	OMA/(m/s)
纬向风(u)	3.37	2.95
经向风(v)	2.63	1.91

图 1.12 显示，2022 年 9 月 26 日 07 时(UTC)华西东部地区盛行南风分量，向西北延伸至甘肃和青海北部地区。华西地区东部和甘肃东部盛行北风分量，青海南部也为北风分量，说明该时刻有冷空气南下，与暖空气在华西东部附近地区交汇。在同化了无人机探空观测资料后，南风分量有所减弱，北风分量得到加强。

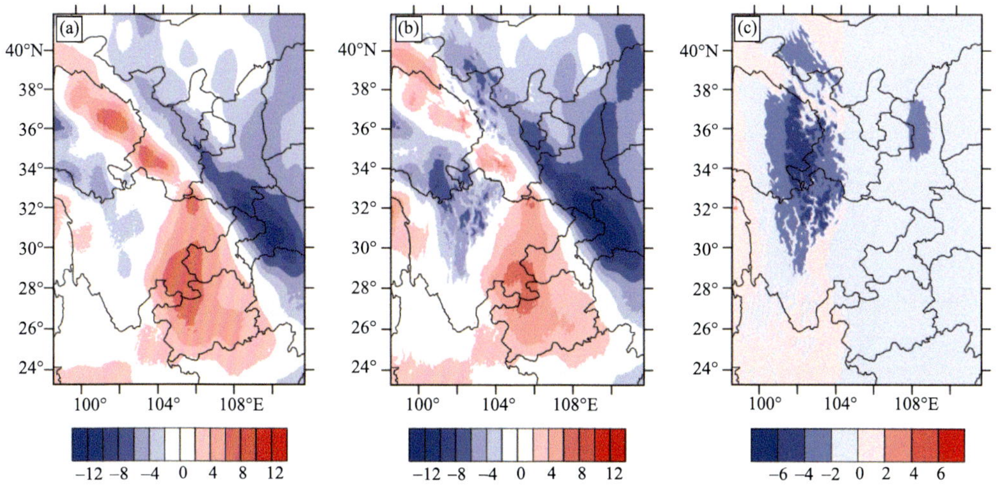

图 1.12 经向风(v)的背景场(a)、分析场(b)和分析增量(c)

红色阴影代表南风，蓝色阴影代表北风。初始时刻为 2022092607 UTC

对于纬向风场，图 1.13 显示 2022 年 9 月 26 日 07 时(UTC)西北和华西地区主要盛行西风分量，在同化了无人机探空观测资料后，西风分量在甘肃青海一带有所加强，在华西西部地区减弱。

对于陆表温度、海平面气压和风场，图 1.14 显示 2022 年 9 月 26 日 07 时(UTC)背景场中华西北部地区盛行东南风，且有地面高压存在。在同化了无人机探空观测资料后，华西北部地区东南风转为西北风，形成气旋式环流，且地面高压转为低压中心，四川盆地地区陆表温度也相对增加。

对于 850 hPa 风场，图 1.15 显示 2022 年 9 月 26 日 07 时(UTC)背景场中华西东部地区盛行偏东风。在同化了无人机探空观测资料后，华西东部地区盛行西北风，与江汉北部地区的东南风构成气旋式环流，中心位于陕西南部地区。

②同化对于预报场的影响

对于预报时刻为 2022 年 9 月 27 日 07 时(UTC)时，图 1.16 显示同化前后陆表温度、海平

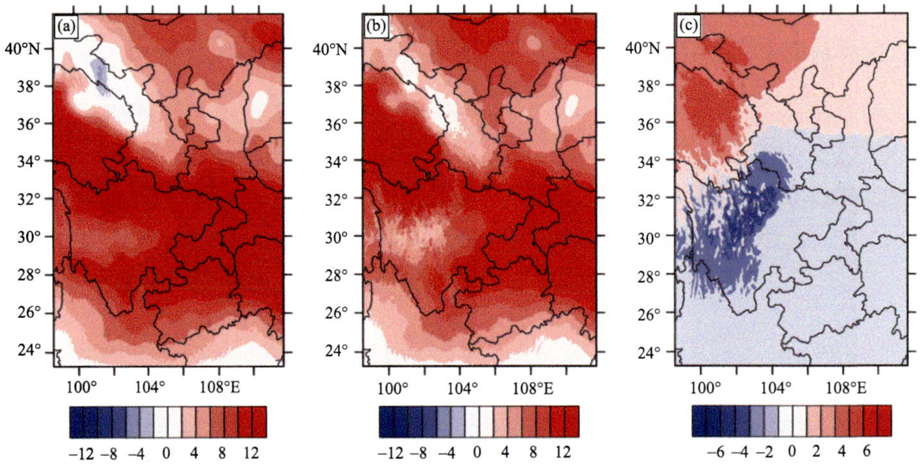

图 1.13　纬向风(u)的背景场(a)、分析场(b)和分析增量(c)

红色阴影代表西风,蓝色阴影代表东风

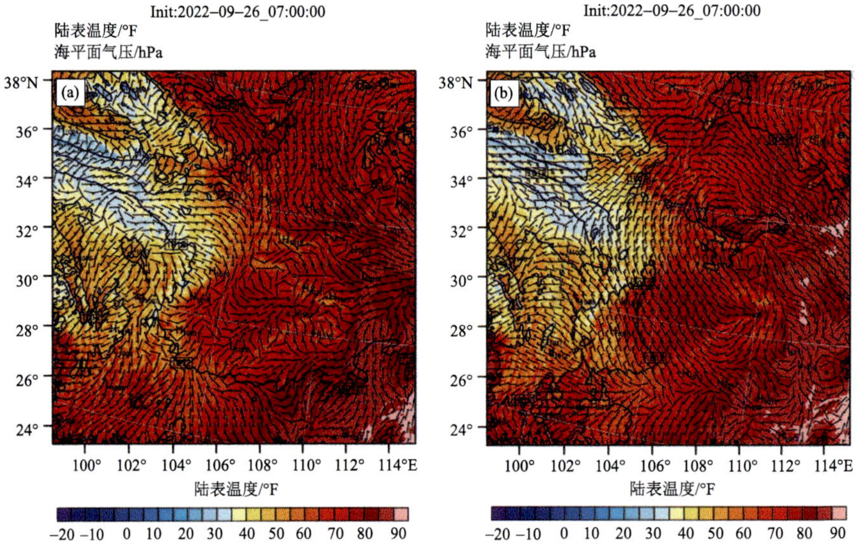

图 1.14　背景场(a)和分析场(b)中的陆表温度、海平面气压和风场

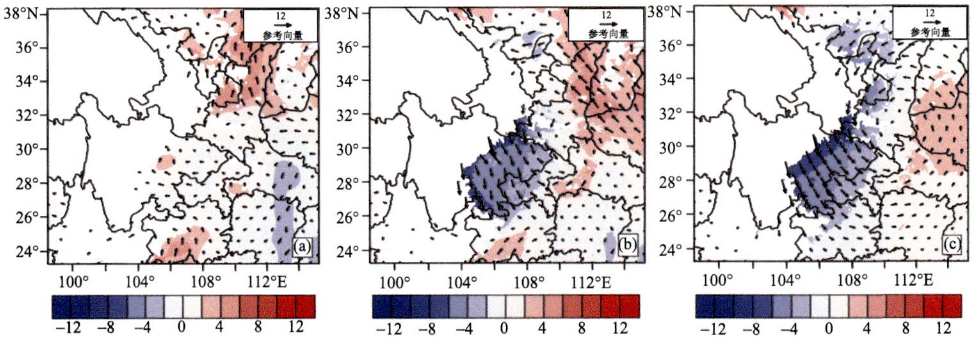

图 1.15　背景场(a)和分析场(b)中的 850 hPa 风场和两者的分析增量(c)

红色阴影代表南风分量,蓝色阴影代表北风分量

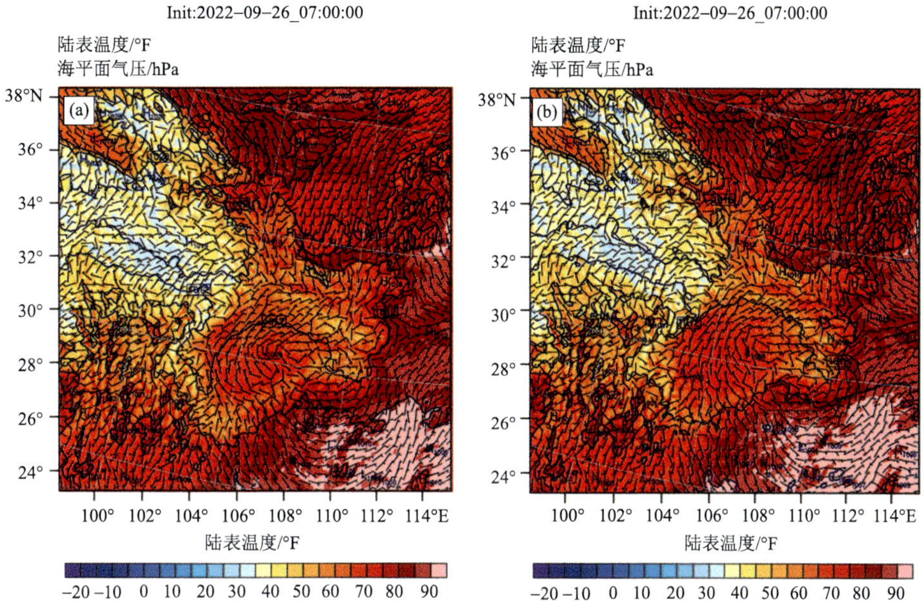

图 1.16 背景场(a)和预报场(b)中的陆表温度、海平面气压和风场。预报时刻为 2022092707 UTC

面气压和风场预报结果较为相似，在四川盆地地区均有一气旋式环流存在，但是同化后的预报场中气旋性环流尺度更大，海平面低压中心强度更强，位置略微偏东，陆表温度也更高，更有利于降水。

观测时刻为 2022 年 9 月 27 日 00 时(UTC)时，图 1.17 显示在 850 hPa 华西东部重庆附近地区存在一个的气旋式风场。两个试验对于该气旋式涡旋的预报效果都比较好，但是同化后的预报场中，气旋性环流强度更强，位置略偏东北，更有利于低层辐合。

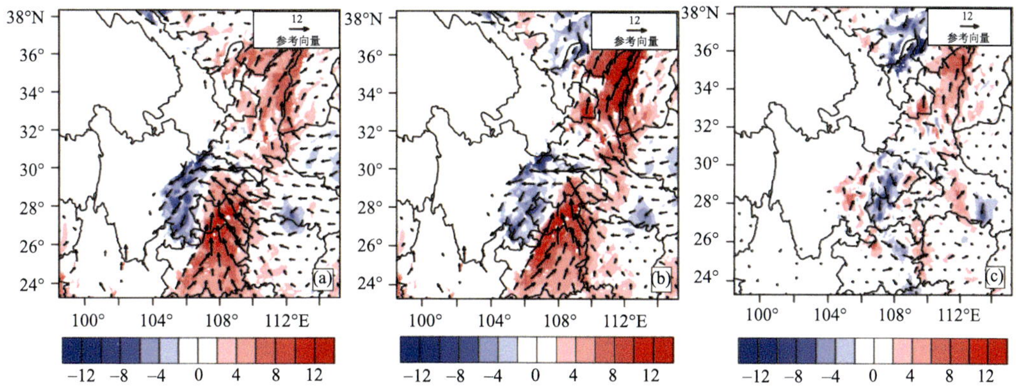

图 1.17 背景场(a)和预报场(b)中的 850 hPa 风场和两者的分析增量(c)
红色阴影代表南风分量，蓝色阴影代表北风分量。预报时刻为 2022092700 UTC

1.7.4 小结

(1)“海燕计划”西南观测试验中的无人机下投式探空资料同化，对于预报初始场具有一定改进作用，同化后和同化前对比，纬向风误差减小约 12.5%，经向风误差减小约 27.4%。

(2)同化无人机探空资料后，对于观测位置附近区域的经向风改善明显，加强了北风分量，在分析场中华西东部地区存在一个气旋式环流。

(3)模式对于2607—2707时降雨过程模拟较好，但是同化了无人机探空观测资料后，对于雨带位置模拟效果更好，与实际观测更为接近，说明无人机观测同化对于数值预报具有一定的改善作用。

第 2 章　大型 S 波段双偏振相控阵雷达关键技术与业务应用探索试验(一期)试验

大型 S 波段双偏振相控阵雷达关键技术与业务应用探索试验(一期)旨在通过开展 S 波段双偏相控阵雷达技术验证、扫描模式设计和相关算法设计，评估和完善标定体系设计和硬件指标等。试验分析表明，采用外监测与内监测标定方式，可实现雷达关键参数满足技术指标要求，保证数据质量；在强对流天气过程中，相控阵雷达较传统天气雷达在扫描速度和精细化程度方面有极大的优势。探索试验为今后统一相控阵雷达业务运行模式和工作体制，提高相控阵雷达探测数据可靠性和探测精度打下了基础。

2.1　试验目的

根据 2017 年中国气象局印发的《综合气象观测业务发展规划(2016—2020 年)》和《气象雷达发展专项规划(2017—2020 年)》的要求，通过开展 S 波段双偏相控阵雷达技术验证，评估和完善标定体系设计和硬件指标等内容，掌握更快速、更精细、更先进的相控阵雷达观测技术，为今后统一相控阵雷达业务运行模式和工作体制，提高相控阵雷达探测数据可靠性和探测精度打下基础，为气象监测预报预警业务、未来灾害性天气精细化、超高时空分辨率观测找到可靠手段，为灾害性天气更精细化预报奠定基础。

2.2　试验内容

(1)开展 S 波段双偏振相控阵雷达技术验证。利用闽侯相控阵雷达完成在线自动标定测试验证、系统外标定测试验证、系统性能评估及精度测试、与辅助验证设备的比对评估。

(2)完成观测数据处理与分析系统建设。包括数据收集子系统、数据处理子系统、分析显示子系统、管理调度子系统，并建设数据处理所需的相应算法。其中，数据收集包括数据获取、数据监视和数据归档三个模块；数据处理包括数据预处理、指标计算两个模块；显示分析包括单设备显示、多设备对比显示、诊断分析三个模块；管理调度包括数据管理和系统管理两个模块。

(3)完成相关算法建设。包括相控阵雷达与业务雷达对比分析算法、相控阵雷达与其他设备对比分析算法，并依托业务系统，完成各类项目所需配套算法的开发、集成和测试。

2.3　技术路线

2.3.1　相控阵雷达标定关键技术和测试方法研究及验证

通过内监校实现发射内监校和接收内监校，对相控阵雷达阵面系统中的收发全链路进行故障检查和幅相校准；通过外监校实现发射外监校和接收外监校，对阵面系统包括辐射单元在内的收发全链路进行故障检查和幅相校准。

相控阵雷达在系统标定时，首先利用监校系统完成天线阵面参数的测试，比如阵面各通道的发射功率，天线波束宽度，增益等参数。当 T/R 组件发射功率和通道增益的变化不超出预置报警门限值时，根据发射功率和通道增益的变化，以及针对波束相扫而造成天线波束展宽和增益变化，对回波反射率强度、径向速度等进行实时的订正和补偿，以保证数据质量。

雷达系统内外标定时，通过机外仪表和机内信号源 2 种方法对回波强度、径向速度、动态范围、噪声系数、差分反射率、差分传相位等参数进行标定或测试。首次标定时，通过机外仪表或设备进行标定，同时对机内信号源和系统插损等进行测试标定，之后主要依靠机内信号源进行标定和测试。然后利用监校系统完成天线阵面参数的测试，并在此基础上利用监校组件实现对反射率强度、径向速度、动态范围、噪声系统、相位噪声等参数进行自动测试和标定。

2.3.2 扫描模式设计

分析收发体制、仰角配置、脉冲宽度、波束参数、重复频率、信号处理、多脉冲补盲等扫描参数设置，根据各类天气的不同天气特点，设计台风模式、强对流模式和晴空模式。台风扫描模式设计扫描 18 层，强对流扫描模式设计 32 层，晴空扫描模式用单波束扫描 8 层，具体模式设计如下。

(1)台风模式，如图 2.1 所示。

序号	参数名称			参数设计				备注
1	空域覆盖	距离量程/km		500	250	250	140	
2	空域覆盖	方位覆盖范围/°		0~360				
3		俯仰覆盖范围/°		0.5、1.0、1.5	0.50、0.90、1.30、1.80、2.40	3.10、4.00、5.10、6.20、7.50	8.50、10.00、12.50、15.60、19.50	
4		多波束/层		3	5	5	5	
5		发射波束宽度/°		0.76×3	0.76×5	0.76×5	0.76×5	窄×展宽倍数
6		接收波束间隔/°		1	1	1	1	
7	发射波形参数	PRF/Hz		300	599	599	1069	
8		PRT/μs		3335	1669	1669	935	
9		工作频点/MHz	长脉冲	F1	F1	F1	F1	
10			中脉冲	F3	F3	F3	F3	
11			窄脉冲	F5	F5	F5	F5	
12		脉冲宽度/μs	长脉冲	80	20	20	20	
13			中脉冲	20	—	—	—	
14			窄脉冲	2	2	2	2	
15		信号带宽/MHz		1	2	2	2	
16		占空比		3.18%	6.59%	6.59%	11.76%	
17	处理参数	脉压比	长脉冲	80	40	40	40	
18			中脉冲	20	—	—	—	
19		处理方式		FFT+PPP	FFT+PPP	FFT+PPP	FFT+PPP	
20		速度扩展		1	3	3	2	
21		累积点数		8	32	32	32	
22		距离库长/m		125	62.5	62.5	62.5	
23		距离库数		4000	4000	4000	2240	
24		方位分辨率/°		1	1	1	1	
25		驻留时间/ms		26.68	62.30	62.30	37.41	
26		测速范围/(±m/s)		8.03	48.15	48.15	57.27	
27	**体扫时间/s**			**67.93**				

图 2.1 台风扫描模式

(2)强对流模式，如图 2.2 所示。

(3)晴空模式，如图 2.3 所示。

序号	参数名称			参数设计					备注
1	空域覆盖	距离量程/km		500	263	263	129	83	
2		方位覆盖范围/°		0～360					
3		重复次数		1	1	1	1	3	
4		俯仰覆盖范围 /°		0～2	0～5	5～10	10～15	20～25	
5		多波束 / 层		2	5	5	5	5	
6		发射波束宽度 /°		0.76×3	0.76×7	0.76×7	0.76×7	0.76×7	窄×展宽倍数
7		接收波束间隔 /°		1	1	1	1	1	
8	发射波形参数	PRF /Hz		300	570	570	1160	1801	
9		PRT /μs		3335	1755	1755	862	555	
10		工作频点 /MHz	长脉冲	F1	F1	F1	F1	F1	
11			中脉冲	F3	F3	F3	F3	F3	
12			窄脉冲	F5	F5	F5	F5	F5	
13		脉冲宽度 /μs	长脉冲	80	80	80	80	80	
14			中脉冲	20	20	20	20	20	
15			窄脉冲	2	2	2	2	2	
16		信号带宽 /MHz		1	2	2	2	2	
17		占空比		3.18%	6.04%	6.04%	12.30%	19.09%	
18	处理参数	脉压比	长脉冲	80	160	160	160	160	
19			中脉冲	20	40	40	40	40	
20		处理方式		FFT+PPP	FFT+PPP	FFT+PPP	FFT+PPP	FFT+PPP	
21		速度扩展		1	3	3	2	1	
22		累积点数		8	64	32	32	32	
23		距离库长 /m		125	62.5	62.5	62.5	62.5	
24		距离库数		4000	4208	4208	2064	1328	
25		方位分辨率 /°		1	1	1	1	1	
26		驻留时间 /ms		26.68	131.06	65.53	34.48	53.31	
27		测速范围 /(±m/s)		8.03	45.77	45.77	62.14	48.22	
28	**体扫时间 /s**			**111.99**					

图 2.2　强对流扫描模式

序号	参数名称			参数设计							备注
1		距离量程 /km		500	225	225	225	225	225	225	
2		方位覆盖范围 /°		0～360							
3		俯仰覆盖范围 /°		0.5、1.5	0.5	1.5	2.5	3.5	4.5	5.5	
4		多波束 / 层		2	1	1	1	1	1	1	
5		发射波束宽度 /°		0.76	0.76	0.76	0.76	0.76	0.76	0.76	
6		接收波束间隔 /°		0.93	0.93	0.93	0.93	0.93	0.93	0.93	
7	发射波形参数	PRF /Hz		296	649	649	649	649	649	649	
8		PRT /μs		3373.33	1540.00	1540.00	1540.00	1540.00	1540.00	1540.00	
9		工作频点 /MHz	长脉冲	F1	F1	F1	F1	F1	F1	F1	
10			中脉冲	F3	F3	F3	F3	F3	F3	F3	
11			窄脉冲	F5	F5	F5	F5	F5	F5	F5	
12		脉冲宽度 /μs	长脉冲	240	160	160	160	160	160	160	
13			中脉冲	40	40	40	40	40	40	40	
14			窄脉冲	2	2	2	2	2	2	2	
15		信号带宽 /MHz		1	1	1	1	1	1	1	
16		占空比		8.48%	13.38%	13.38%	13.38%	13.38%	13.38%	13.38%	
17	处理参数	脉压比	中脉冲	240	160	160	160	160	160	160	
18			长脉冲	40	40	40	40	40	40	40	
19		处理方式		FFT+PPP	FFT+PPP	FFT+PPP	FFT+PPP	FFT+PPP	FFT+PPP	FFT+PPP	
20		速度扩展		1	1	1	1	1	1	1	
21		累积点数		8	64	64	64	64	64	64	
22		距离库长 /m		125	125	125	125	125	125	125	
23		距离库数		3333.33	1500.00	1500.00	1500.00	1500.00	1500.00	1500.00	
24		方位分辨率 /°		1	1	1	1	1	1	1	
25		驻留时间 /ms		26.99	98.56	98.56	98.56	98.56	98.56	98.56	
26		测速范围 /(±m/s)		7.94	17.39	17.39	17.39	17.39	17.39	17.39	
27	**体扫时间 /s**			**222.60**							

图 2.3　晴空扫描模式

(4)VRHI 扫描模式。

以 RHI 为探测基础设计 VRHI 扫描模式，最先需用通用模式扫描一次，然后根据前一次扫描的结果，智能识别不同类型天气的探测方位，自适应调整为不同方位不同 RHI 的自适应扫描模式，在垂直方向上用相位控制电子扫描任意在空中快速形成探测波束来完成垂直方向上的探测，如图 2.4 所示。

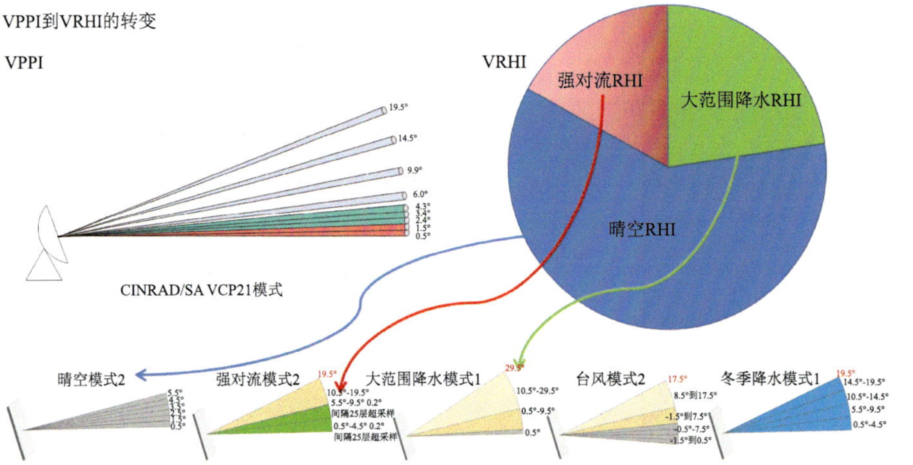

图 2.4　VPPI 到 VRHI 扫描模式的设计转变

2.3.3　相关算法设计

2.3.3.1　相控阵天气雷达与业务雷达对比分析算法

针对不同天气过程、不同扫描模式验证、运行环境试验等的数据，通过时空匹配，选取相控阵雷达与 S 波段业务天气雷达观测的相同区域观测数据，建立反射率因子、径向速度以及双偏振量的评估技术。

(1)差分反射率因子和相关系数质量对比分析算法

由于小雨或干雪所含的降水粒子多数呈圆球形状，统计意义上差分反射率因子应为零，相关系数接近于 1。选取 S 波段相控阵雷达长序列大范围层状云降水数据，利用小雨或干雪法开展数据统计，可以对差分反射率因子(ZDR)和相关系数(CC)的数据质量进行评估。

首先对数据进行质量控制，去除非降水回波数据、遮挡数据和避雷针影响数据。其次，通过探空数据或人为判断，获得每个台站每个观测过程的 0 ℃层高度，去除 0 ℃层亮带数据。再次，使用差分相移(∅DP)对小雨或小雪的取样进行约束，从而最大限度地排除小雨或小雪取样中的大雨滴或大雪影响。具体而言，在非降水回波消除和零度层亮带去除后，选取反射率因子在 5～150 km 范围内，水平通道反射率因子(ZH)介于 18～25 dB，差分相移∅DP 标准差小于 5°的降雨或干雪数据作为目标物，计算差分反射率数据与信噪比的二维概率分布，以及相关系数与信噪比的二维概率分布，通过概率分布情况进行差分反射率数据和相关系数的质量评估。

(2)反射率因子和差分反射率因子质量对比分析算法

选取 S 波段相控阵雷达和业务机械雷达在相同观测位置的观测资料，通过点对点数据的比较，统计分析不同天气过程情况下，两雷达的反射率因子和差分反射率因子的分布情况与差异。相同位置观测资料对比分析方法选取满足相控阵雷达的∅DP 小于 5°及距离两雷达近似相等的匹配数据集，以此来消除相控阵雷达数据衰减订正误差与雷达空间采样体积间的差异。为了确保相控阵雷达偏差统计过程具有代表性与定量对比的可信性，统计分析每小时、每层仰角数据点数大于设定阈值的数据匹配集对比频次图，以此判断相控阵雷达数据是否具有整体性差异。

(3)相控阵天气雷达系统随时间、仰角的系统偏差评估

相控阵雷达的优势是扫描快、探测准确，但受阵列天线的影响，雷达的收发增益 G 与波束宽度 θ 在不同波位处并不相同。另外，因为相控阵雷达的天线截面采用区别于常规雷达(椭圆形截面)的方形截面，所以相控阵雷达的有效照射体积 V 是常规雷达的 $4/\pi$ 倍。对于相控阵雷达方程式(2.1)，虽然它考虑了收发增益与波束宽度的变化，导致该式雷达常数 C 出现 $10\lg(\pi/4)$ 的高估，即回波强度 Z 出现约 1.05 dB 的高估。因此，相控阵雷达产生的偏差主要是雷达整体性偏差与仰角变化间偏差的叠加。

$$\overline{P_{\mathrm{r}}}=\frac{\pi^3}{1024(\ln 2)}\frac{P_{\mathrm{t}}G_{\mathrm{t}}G_{\mathrm{r}}h\theta\varphi\cos\gamma_t}{\lambda^2}\frac{|K|^2}{R^2}Z \tag{2.1}$$

式中，P_r 为接收功率(单位：W)；P_{t} 为发射功率(单位：W)；G_{t} 为发射天线增益(单位：dB)；G_{r} 为接收天线增益(单位：dB)；λ 为雷达波长(单位：cm)；R 为目标与雷达距离(单位：km)；h 为雷达发射脉冲长度(单位：m)；θ 为水平波束宽度(单位：°)；φ 为垂直波束宽度(单位：°)；Z 为反射率因子(单位：$\frac{\mathrm{mm}^6}{\mathrm{m}^3}$)；$|K|^2=\left|\frac{m^2-1}{m^2+2}\right|^2$，其中 m 为复折射指数。

选取 S 波段相控阵雷达和业务机械雷达在相同观测位置的观测资料，通过点对点数据的比较，统计分析长时间序列相控阵雷达反射率因子以及差分反射率因子随时间和仰角的变化，以此分析相控阵天气雷达在时间上观测的稳定性与在仰角上形成的偏差。

2.3.3.2　相控阵天气雷达与其他设备对比分析算法

提取相控阵天气雷达的观测物理量，通过时空匹配，与其他观测设备直接观测结果进行对比，计算两者之间的平均偏差、均方根误差及相关系数等评估指标，评估相控阵天气雷达的观测有效性与准确性。

2.4　试验布局

本试验使用安装在福建闽侯的 S 波段相控阵天气雷达作为试验平台，研究大型相控阵标定关键技术和测试方法、研究相控阵技术指标体系，评估数据精细化和准确程度等。同时利用福建长乐新一代天气雷达 CINRAD/SAD 雷达开展比对观测评估。

2.5　试验分析

2.5.1　标定误差分析

通过理论仿真和部分产品实测结果预计外监测与内监测传输系统误差分布如表 2.1 和表 2.2 所示。通过对外监校架设精度控制、外监校天线波瓣优化设计、误差处理等措施，可实现外监校对阵面收发通道的幅相精准修正，满足波束指向、低副瓣的系统需求；外监测方案尤其是在室外环境的外监测方案，由于环境干扰、地面反射等因素仅可用于阵面判故和辅助波瓣图测试使用；内监测可以实现给定的校准精度要求，可以用以阵面校准，天线阵面经过近场校准测试后，可以利用内监测生成标定文件，外场使用时，可根据实际工作情况如组件大面积更换、波束指向偏差、外监测辅助波瓣测试性能降低等，利用内监测结合标定文件进行内监测辅助校准。

表 2.1 外监测误差预计(接收)

序号	误差项	误差均方值	备注
1	移相器误差	0.2 dB/1°	旋转矢量法精度
2	标校杆摆动	0.2 dB/1°	位置误差 4 mm
3	监测天线方向图	0.3 dB/2°	可测试后近似抵消
4	阵面天线单元方向图	0.3 dB/2°	可测试后近似抵消
5	地面反射	0.5 dB/4°	
6	合计	0.71 dB/5.1°	

表 2.2 内监测误差预计

序号	误差项	误差均方值(RMS)	备注
1	单元重复位置误差	发射:0.1 dB/1°	RMS:3.5 mm
		接收:0.1 dB/1°	
2	单元一致性	发射:0.2 dB/1°	可近场修正
		接收:0.2 dB/0.5°	
3	通道幅度稳定性	发射:0.2 dB	不可修正
		接收:0.2 dB	
4	通道相位稳定性	发射:3°	不可修正
		接收:0.5°	
5	内监测网络稳定性	发射:0.5 dB/3°	可实测修正
		接收:0.5 dB/3°	
	合计	发射:0.58 dB/4.47°	
		接收:0.58 dB/3.24°	

2.5.2 探测模式比对分析

S 波段双偏振相控阵天气雷达预设 36 层仰角的 360°的扫描 2 min 内就可完成。相控阵天气雷达垂直方向扫描有“宽发窄收”“多波束频扫”等技术，在垂直扫描(RHI)方式上有极大的优势。但是，相控阵天气雷达的三维立体扫描仍然沿用原来 VPPI 的设计理念，预设固定仰角完成 360°方位的垂直扫描然后完成三维立体探测。

用 RHI 探测模式对对流单体进行对比探测，对多波束的不同脉冲宽度的探测威力、距离旁瓣回波进行比较分析。经过对比分析表明，80 μs 以上探测威力明显，但是有距离旁瓣回波影响，如图 2.5 所示。60 μs 的脉冲宽度距离旁瓣回波不明显，探测能力较均衡。

多波束体制有宽发窄收和频扫两种机制，宽发窄收的功率分散问题比较容易验证，频扫是一个脉冲重复周期内发送多个不同频率探测不同仰角的单波束来进行快速探测。保证了单波束探测的功率和多波束的探测效率，但是由于多个脉宽发射接收，总脉宽变大，盲区因此各仰角不同，如图 2.6 所示。

2.5.3 S 波段双偏振相控阵雷达与 CINRAD/SAD 雷达比对分析

2022 年 9 月 15 日，闽侯雪峰山 S 波段双偏振相控阵雷达和长乐新一代天气雷达 CINRAD/SAD 两部雷达的探测进行了分析，如图 2.7 所示，其强度相当，双偏振量也比较理想。需进一

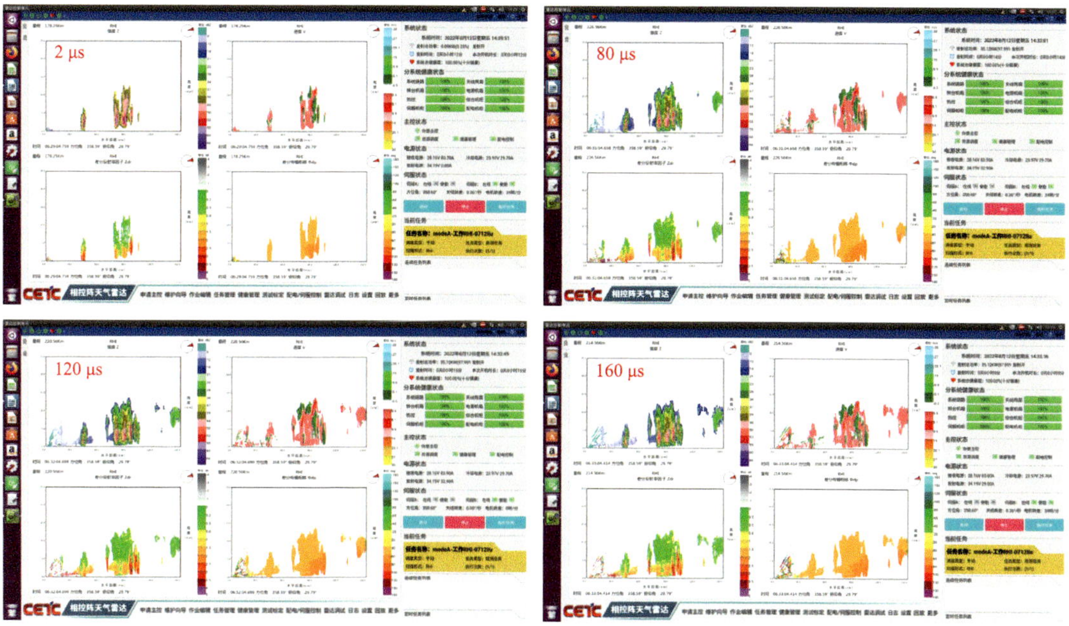

图 2.5　不同脉宽的探测威力和距离旁瓣

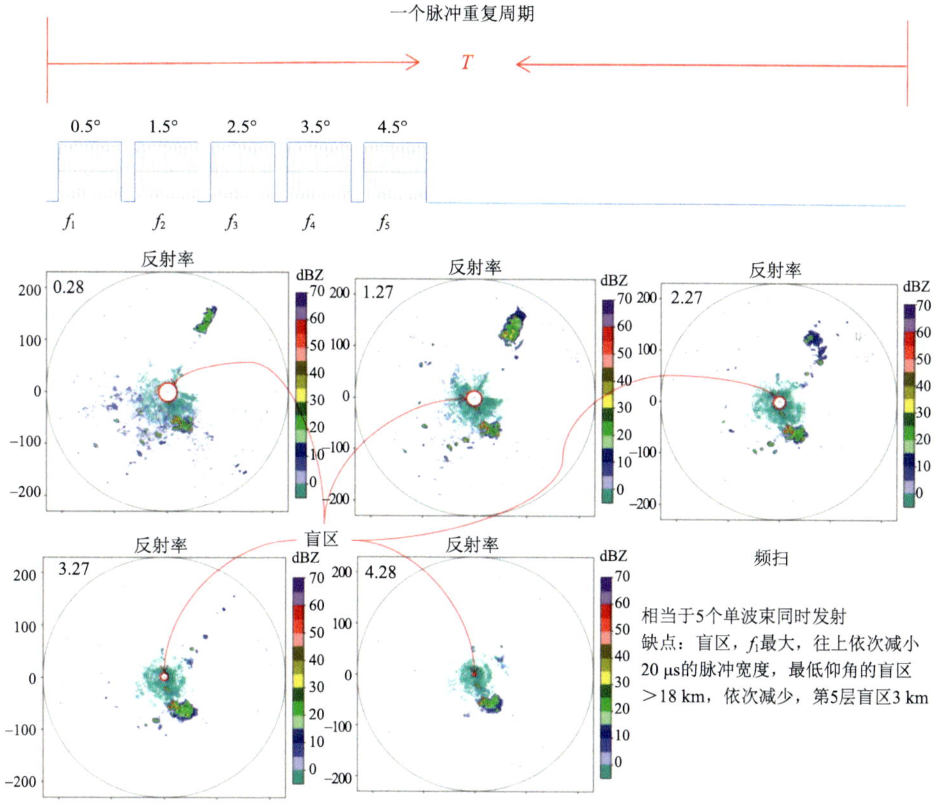

图 2.6　频扫的设置和盲区

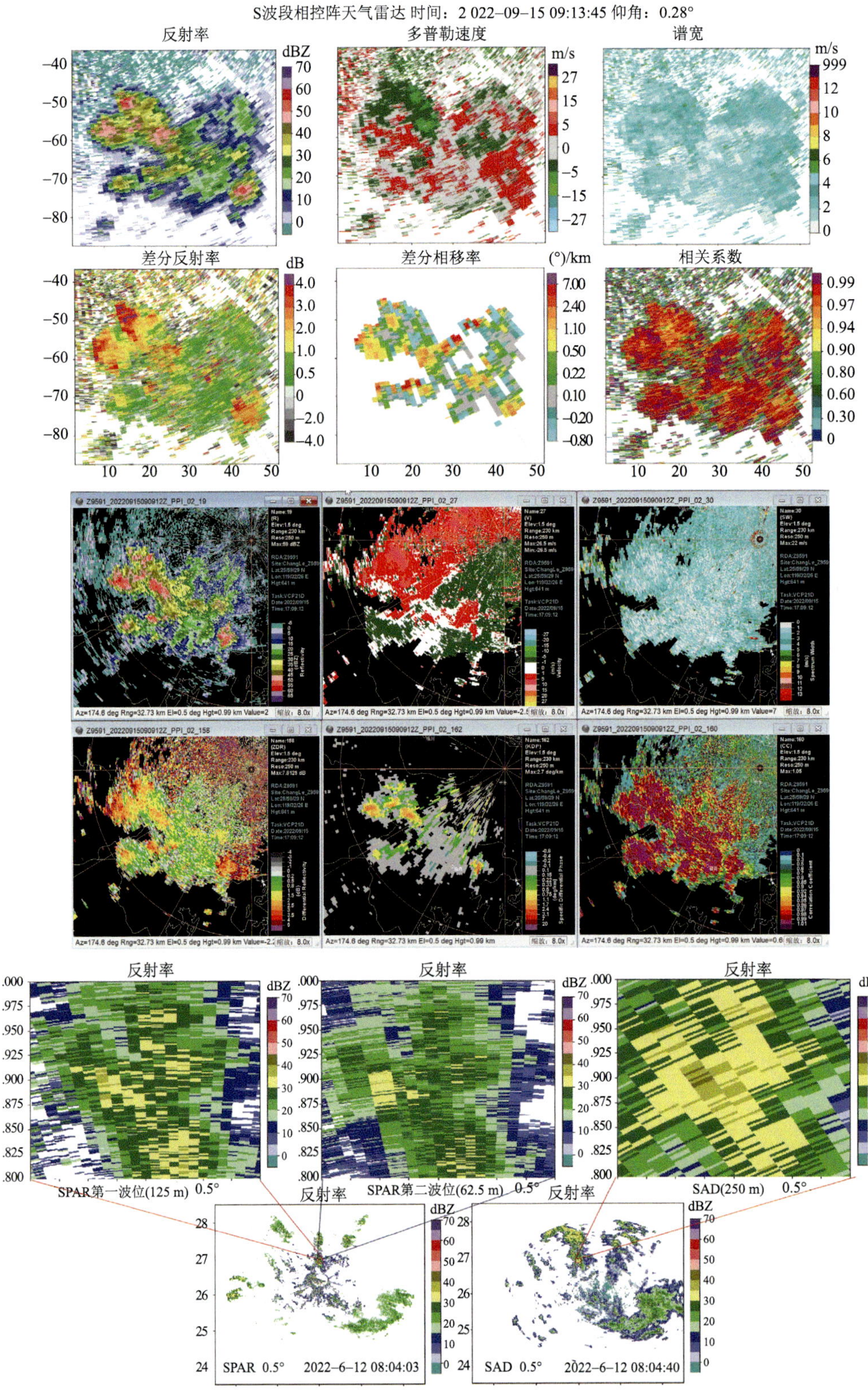

图 2.7 雪峰山相控阵雷达和长乐 CINRAD/SAD 探测对比

步对其数据进行定量的比对分析。经过对同一回波相同经纬度位置进行了剖面对比，相控阵雷达的 32 层数远多于 SAD 的 9 层，相控阵雷达剖面的细节丰富，在强对流的垂直探测上对 CINRAD/SADSAD 有巨大的优势。

2.5.4　特殊回波的探测及初步分析

如图 2.8 所示，探测到疑似昆虫回波，符合其探测特征，回波反射率因子不强，一般在 30 dBZ 以下，在 RHI 上看高度，低于 2 km，相关系数小而混乱，ZDR 为大的正值。但是这类回波弱、回波高度低，相控阵雷达快而且低层探测仰角间隔可以更细，更有利于探测昆虫起降和迁飞，后续需进一步验证分析。

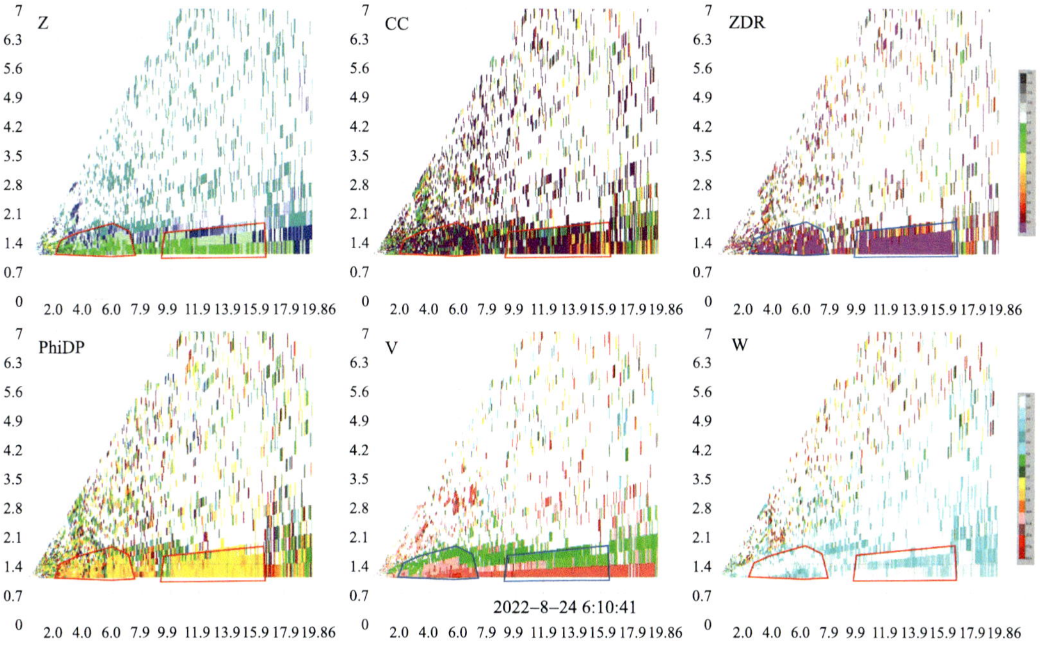

图 2.8　疑似昆虫回波

风电回波本质上是地物回波，相控阵雷达探测到的风电回波和 CINRAD/SAD 探测到的风电回波有所不同，如图 2.9 所示，主要是因为脉冲压缩的距离旁瓣回波明显，需继续提升雷达数据质量控制算法，对其进行抑制。

闽侯雪峰山雷达站离海岸线约 70 km，理论上应该探测不到海浪回波，但是有一类海浪回波是由于在大海方向的超折射引起，该类回波在海上，呈径向条状回波组合成片状。该类回波出现有一定规律，在冷空气入侵后随冷锋位置南下而消失，如图 2.10 所示。

随着试验的深入，更多的天气过程和特殊天气回波被探测，需逐个分析并找出典型回波个例、共性特征，并和其他探测结果进行详细对比分析。

2.6　主要结论

(1)在线自动标定测试时，相控阵天气雷达发射系统和接收系统参数数字通道校准剩余误差分别为 0.2 dB(固有)/4°和 0.15 dB/1.5°；经过外标定测试验证，数字通道校准发射和接收剩余误差分别为 0.2 dB(固有)/4°和 0.15 dB/1.5°;采用外监测与内监测标定方式,可实现雷达关键参数满足技术指标要求,保证数据质量。

(2)在强对流天气过程中,相控阵雷达较传统天气雷达在扫描速度和精细化程度方面有极大的优势,二者探测强度相当,双偏振量也比较理想;80 μs 以上相控阵雷达探测威力明显,但

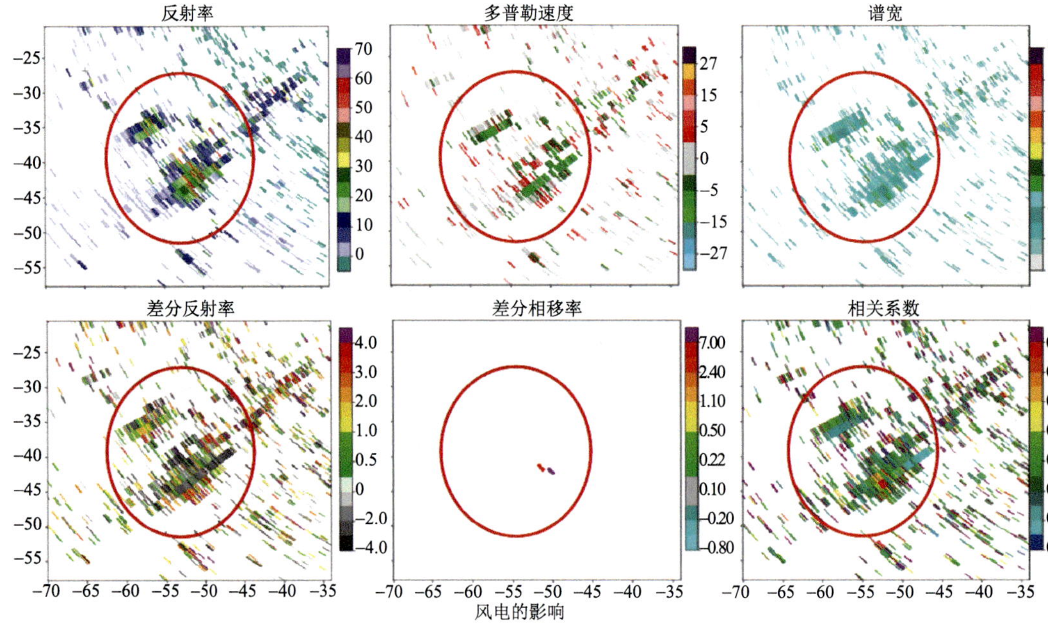

图 2.9 风电场回波(闽侯相控阵探测的风电)

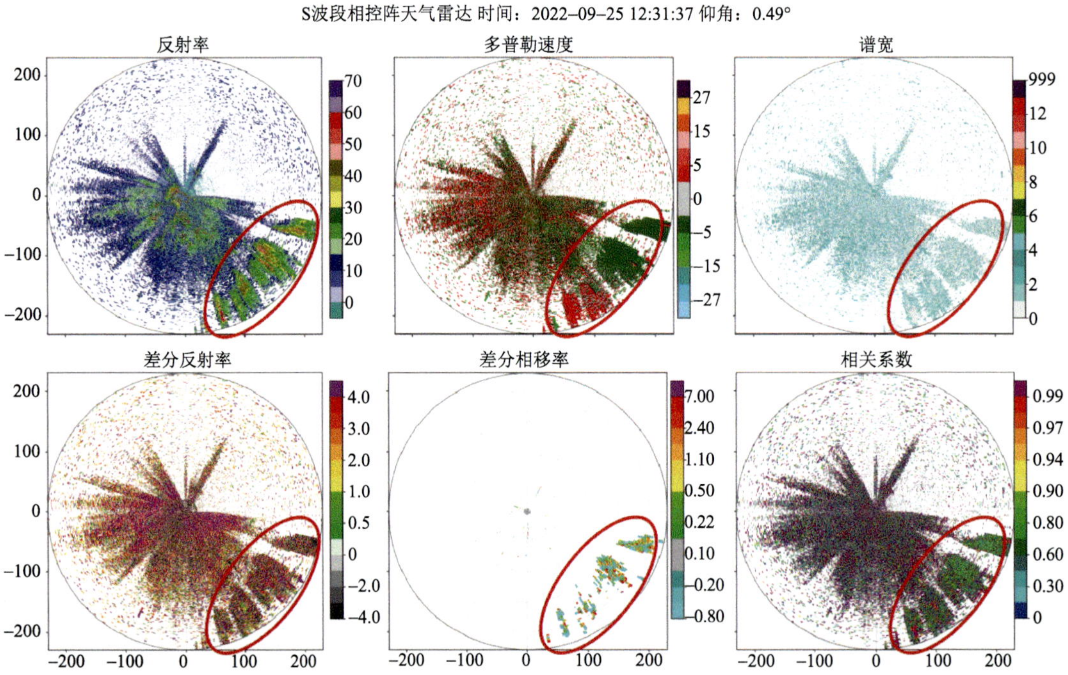

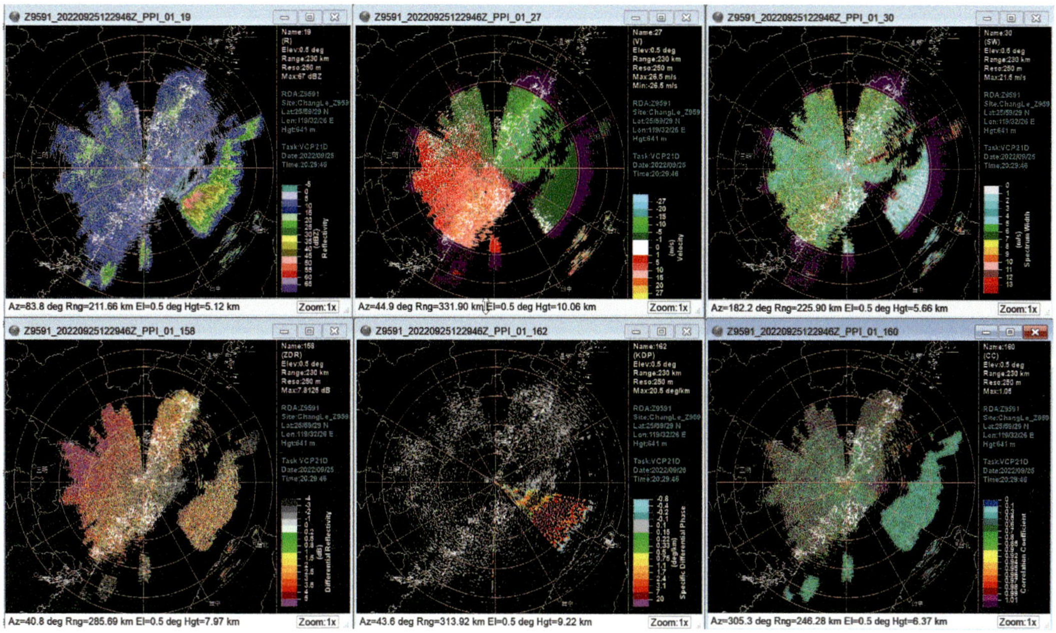

图 2.10　雪峰山相控阵雷达探测的海浪回波和长乐 CINRAD/SAD 探测对比

是有距离旁瓣回波影响；60 μs 的脉冲宽度距离旁瓣回波不明显，探测能力较均衡。

2.7　业务应用

通过开展大型 S 波段双偏振相控阵雷达关键技术与业务应用探索试验(一期)试验，实现了相控阵雷达关键技术攻关与验证，形成了《基于金属球的 S 波段相控阵天气雷达全链路标定方案》《S 波段双线偏振相控阵天气雷达系统测试大纲(试行)》《S 波段双偏振相控阵天气雷达系统功能规格需求书(初稿)》，初步形成了相控阵雷达的扫描模式和相关数据比对分析算法，大幅度提高了相控阵天气雷达的扫描针对性和效率，为未来的相控阵雷达的研究指明了方向，为今后统一相控阵雷达业务运行模式和工作体制，提高相控阵雷达探测数据可靠性和探测精度打下基础。

第3章　地-空-天协同观测降水垂直结构试验

探索建立利用地空基观测数据开展卫星测雨产品时空匹配及真实性检验方法，为星地联合降水垂直结构分析提供应用示范，联合应用主动遥感降水星GPM、S波段地基天气雷达(阜阳、合肥、蚌埠三站)、自动气象站，以及寿县国家综合气象观测专项试验外场的人工雨量计、X波段双偏振雷达、微雨雷达、风廓线雷达等观测仪器，开展淮河流域地-空-天降水垂直结构协同观测试验。试验建立了X波段双偏振雷达衰减订正算法，积累三维降水数据，观测数据获取率均大于85%；构建了GPM和地基雷达反射率因子、一维雨滴谱的时空匹配和比对算法；选取典型降水过程个例，综合分析以寿县为代表的淮河流域降水垂直结构特征。

3.1　试验目的

以我国梅雨锋影响的典型地区——淮河流域为代表，一方面探索建立利用地空基观测数据开展卫星测雨产品时空匹配及真实性检验方法，另一方面为星地联合降水垂直结构分析提供应用示范。

天基观测需要地空基观测实施定标和验证，解决天基观测数据受大气、地表及星载仪器状态等多种因素的影响。通过协同观测试验，提供有针对性的观测验证和挖掘有特色的观测产品，增强新型观测设备与卫星观测的协调应用，更好地发挥观测效益。

3.2　试验内容

联合应用主动遥感降水星GPM、S波段地基雷达(阜阳、合肥、蚌埠三站)、自动气象站(国家站一维雨滴谱仪、自动雨量计)，以及寿县国家综合气象观测专项试验外场(简称寿县外场)的人工雨量计、X波段双偏振雷达、微雨雷达、风廓线雷达，开展淮河流域地-空-天降水垂直结构协同观测试验，评估GPM卫星降水产品的真实性，分析淮河流域降水垂直结构特征。包括：

(1)开展淮河流域降水地-空-天协同观测

观测时间为2021年6—8月和2022年6—8月。以寿县外场为中心，降水星、地基天气雷达、一维雨滴谱、自动雨量计同步观测，对多源观测数据进行预处理和质量控制，积累回波强度、滴谱参数、降水量等三维降水数据。

(2)降水星GPM和地面观测联合校验

构建星地雷达、星地雨滴谱的时空匹配算法，在开展协同观测的基础上，利用积累的降水数据，评估星地雷达、雨滴谱差异，为星载降水产品的校正提供数据基础与技术储备。

(3)淮河流域降水垂直结构特征研究

利用经过质量控制、真实性检验的协同观测数据，选取典型降水过程个例，综合分析以寿县为代表的淮河流域降水垂直结构特征。

3.3　技术路线

总体技术路线包括前期准备、观测试验、算法研制、评估报告，详见图 3.1。

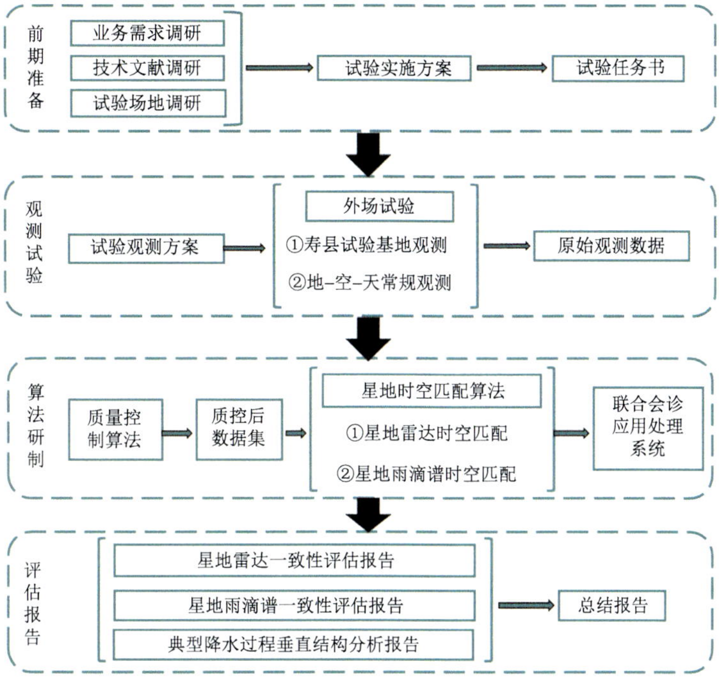

图 3.1　总体技术路线图

试验观测时间为 2021 年 6—8 月和 2022 年 6—8 月。以寿县外场为重点，多种常规观测同步协同观测。观测区域为寿县及周边。试验观测设备见表 3.1。

表 3.1　试验观测设备

项目	仪器设备	说明
常规观测	卫星观测 GPM	GPM/DPR 二级产品，反射率因子、雨滴谱、降水量等参数
	地基天气雷达网	S 波段的阜阳、合肥、蚌埠站，三站均覆盖寿县区域。可用于评估检验 GPM/DPR 反射率因子
	一维雨滴谱仪站网	即降水现象仪，安徽省 81 个国家站。用于评估检验 GPM/DPR 雨滴谱参数
	自动雨量计站网	安徽省国家站自动雨量计 24 h 观测数据
寿县	人工雨量计、X 波段双偏振雷达、微雨雷达、风廓线雷达	原计划二维雨滴谱仪用于 2022 年观测，受设备采购进度限制，本次试验未安装该设备。2022 年 6—8 月 X 波段双偏振雷达和风廓线雷达返厂维修，未进行观测

3.4　试验布局

试验观测站点分布见图 3.2，观测期间数据实时存储，GPM 数据跟进收集。

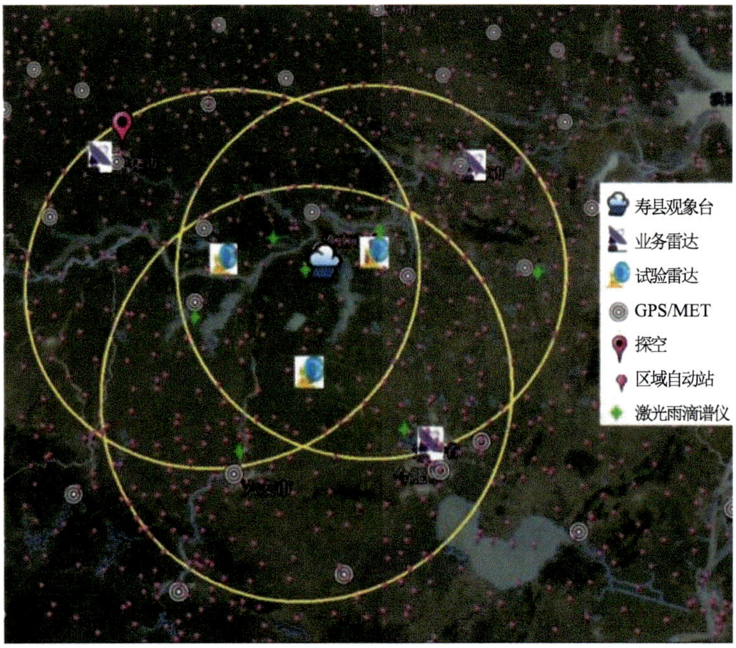

图 3.2 试验观测站点分布

2021 年观测试验前，寿县的人工雨量计、X 波段双偏振雷达、微雨雷达、风廓线雷达完成检修维护，正常开展观测试验，其中 X 波段双偏振雷达 6 月 19 日开始观测，微雨雷达观测期间仪器故障，联系国家卫星气象中心调用新设备更换，7 月 20 日完成新设备的安装调试，正常观测。

2022 年观测试验前，寿县的人工雨量计、微雨雷达完成检修维护，正常开展观测试验，X 波段双偏振雷达、风廓线雷观测期返厂维修，未进行观测。二维雨滴谱仪由于卫星工程设备采购进度影响，本次试验未进行观测。

3.5 试验分析

3.5.1 多源数据质量控制及完整性统计

获取率定义为观测时间内有效观测文件数除以应测文件数，见表 3.2。

针对试验观测数据开展预处理或质量控制。

(1)常规观测 4 类

①星载雷达：GPM/DPR L2 Ku 波段，V06A 和 V07 版。利用产品自带质控码控制数据整体质量、亮带、降水类型参数质量，剔除底部有杂波干扰数据。

②地基天气雷达：从中国气象局气象探测中心获取，过滤了非气象噪声回波、电磁干扰虚假回波、地物/超折射回波、海浪回波等。

③一维雨滴谱仪：分钟数据质控，小时数据根据气象资料质量控制(MDOS)算法进行范围值和界限值质控，剔除异常值数据。

④自动雨量计：数据来源自 CIMISS，每 1 h 一条数据，含质控码。

表 3.2　试验数据完整性统计

项目	数据	观测时间	应测文件数/个	有效观测文件数/个	获取率/%	备注
常规观测	GPM/DPR L2	2021 年 6—8 月和 2022 年 6—8 月	2852	2829	99.19	
	地基天气雷达网		158976	138246	86.96	
	一维雨滴谱仪网		4292352	4000187	93.19	
	自动雨量计站网		357696	353896	98.94	
试验观测	人工雨量计		—	—	100.00	提供质控数据
	X 波段双偏振雷达	2021 年 6 月 11 日—8 月 26 日	16662	15714	94.31	提供原始、质控数据
	微雨雷达	2021 年 7 月 20 日—8 月 31 日、2022 年 6 月 4 日—8 月 31 日	135	122	90.37	提供原始、质控数据
	风廓线雷达	2021 年 6 月 18 日—8 月 26 日	—	—	—	提供原始数据

(2)试验观测 4 类

①人工雨量计:雨量筒测量,寿县人工审核和省局质控,剔除不合理数据。

②X 波段双偏振雷达:采用 ZH 订正法和 KDP-ZH 综合订正法进行 X 波段双偏振雷达的回波强度的衰减订正。个例分析表明订正后高回波强度出现概率减小,订正值越大,概率越小并逐渐靠近 0(图略)。

③微雨雷达:考虑试验目的,选用回波强度估算的降水数据,而不用利用雨滴尺度和浓度计算出来的降水量,可以避免假设条件不成立带来的误差。2021 年 7 月 21 日—8 月 31 日,在雨强的数值上,订正后的 MRR 雨量更加接近地面观测的雨量,但雨强超过 60 mm/h 以后,订正后的微雨雷达数据也还存在低估降水的现象。

④风廓线雷达:基于中位数的数据质控方法和降水条件下数据重处理,剔除不合理数据,主要是技术预研。

3.5.2　GPM/DPR 和三站 S 波段地基雷达反射率因子一致性评估

建立 GPM/DPR 和地基雷达反射率因子匹配和比对技术,评估 2021 年 6—8 月和 2022 年 6—8 月的 GPM/DPR 和阜阳、合肥、蚌埠三站 S 波段地基雷达反射率因子一致性。

(1)星地雷达反射率因子匹配算法结果合理且准确

选择降水个例,比较星地雷达匹配后的结果和地基雷达基数据回波。由图 3.3 和图 3.4 可见,地基雷达基数据和匹配后地基雷达数据对比,空间分布吻合,数值接近,平均偏差在 0 dB 附近。

(2)合肥、阜阳、蚌埠 3 站的卫星过境轨道数、配对事件数及有效配对事件数月均值分别为 23、12～13 和 8,2022 年降水频次明显减少。

星地雷达时空配对成功,且二者扫描重叠区内有大于 1000 km^2(大于 50 个不重复匹配点)的降水回波,记为 1 次有效配对事件。有效配对事件频次取决于 GPM/DPR 对地基雷达的探测频次和降水事件的发生频次。如图 3.5 所示,合肥、阜阳、蚌埠 3 站的卫星过境轨道数

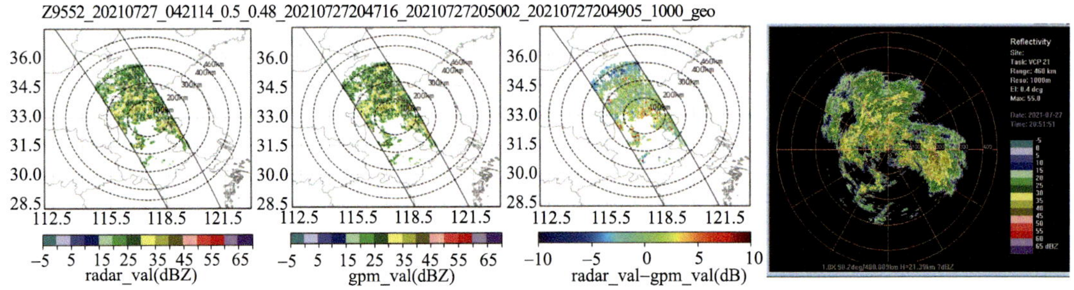

图 3.3　2021 年 7 月 27 日 GPM/DPR 和蚌埠站 0.5°仰角的匹配结果
（从左到右图依次为匹配后地基雷达数据、匹配后星载雷达数据、匹配后地基雷达与星载雷达的差值数据、匹配前地基雷达数据）

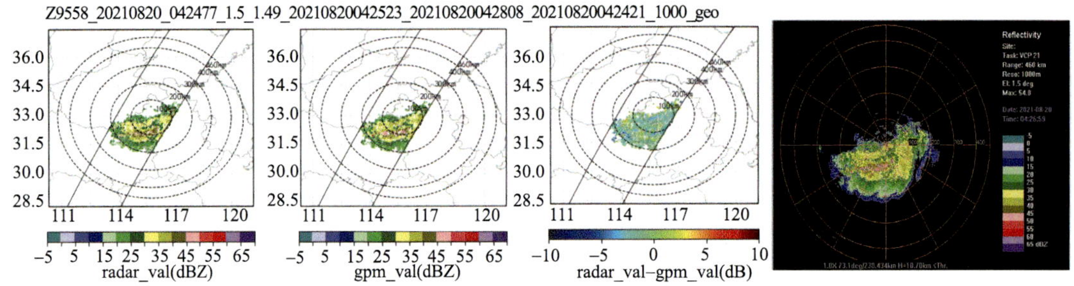

图 3.4　2021 年 8 月 20 日 GPM/DPR 和阜阳站 1.5°仰角的匹配结果
（从左到右图依次为匹配后地基雷达数据、匹配后星载雷达数据、匹配后地基雷达与星载雷达的差值数据、匹配前地基雷达数据）

在 21～26，均值约 23，有轻微偏差，这与卫星扫描轨迹相关；星地雷达配对事件数和有效匹配事件数月均值分别为 12～13 和 8 左右，而且 2022 年相比 2021 年明显减少，这与 2022 年降水事件减少密切相关。

（3）敏感性分析建立了筛选比较条件：回波充塞覆盖率阈值等于 1，径向距离 25～150 km，层云降水，亮带以下高度的配对数据评估结果不确定性小。

星地雷达反射率因子配对数据评估前进行预处理：

①控制星载雷达数据产品质量，综合质量为优；

②剔除星载雷达底部有杂波干扰的配对数据；

③星载雷达和地基雷达反射率因子平均值进行阈值控制：星载雷达反射率因子平均值≥18 dBZ，地基雷达反射率因子平均值≥15 dBZ。

经过以上 3 个步骤处理后，形成预处理后全样本配对数据。

为减小回波衰减、波束充塞等影响，针对有效配对事件预处理后全样本配对数据进行筛选，生成最优配对数据。利用 3 站地基雷达的有效配对事件预处理后全样本配对数据，分析频率修正、径向距离、高度、降水类型、覆盖率阈值对星地雷达反射率因子评估结果的影响，建立筛选比较条件。

由图 3.6 可见，3 部雷达均表现出频率修正后相关系数大且差异标准差小，频率修正后地基雷达与 GPM/DPR 的配对数据一致性更好。所以这一步筛选出频率修正后配对数据。后

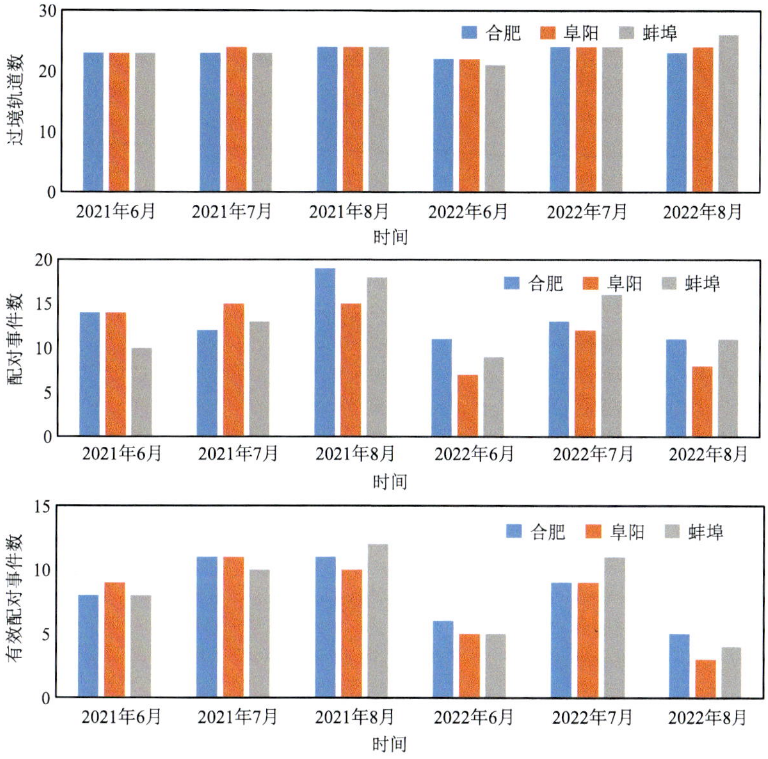

图 3.5　2021—2022 年的 6—8 月卫星过境轨道数、星地雷达配对事件数及有效配对事件数

续利用频率修正后的样本，分析径向距离、高度、降水类型、覆盖率阈值对星地雷达反射率因子评估结果的影响。

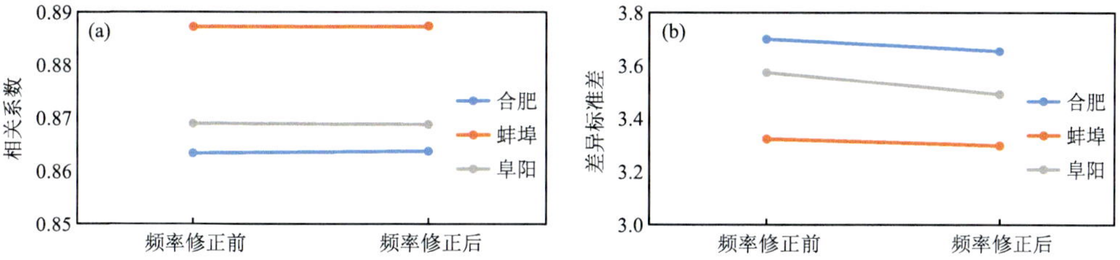

图 3.6　地基雷达与 GPM/DPR 频率修正前后的相关系数(a)和差异标准差(b)

图 3.7 可见，3 部雷达均表现出径向距离 25～150 km 时相关系数大且差异标准差小，地基雷达与 GPM/DPR 的配对数据一致性更好，这可能是因为近距离处仍可能残留地物或低仰角旁瓣回波的影响，而远距离处地基雷达数据可能受波束变宽、充塞不足或大气折射的影响。

由图 3.8 和图 3.9 可见，3 站雷达均表现出亮带以下地基雷达和 GPM/DPR 匹配样本的相关系数最高，差异标准差最小。除阜阳站，相比较对流降水，层云降水下地基雷达和 GPM/DPR 匹配样本的差异标准差更小，相关系数平均值接近，但相关系数各站点间的离散程度较低，这是因为层云降水分布相对均匀，受非均匀波束填充的影响相对较小，地基雷达和 GPM/DPR 一致性更好。

定义覆盖率 f，为有回波的库数除以匹配上的总库数，计算 GPM/DPR 和地基雷达均满足 $f \geqslant f_{min}$(覆盖率阈值)的样本的相关系数和差异标准差。由图 3.10 可见，频率修正后的样

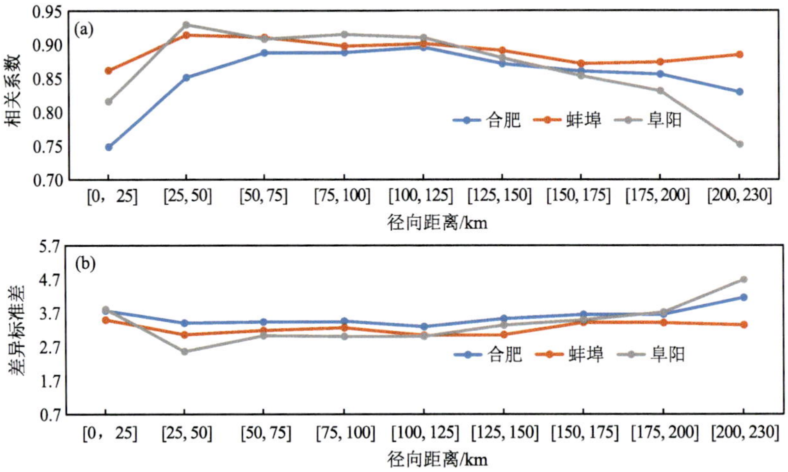

图 3.7　地基雷达与 GPM/DPR 不同径向距离的相关系数(a)和差异标准差(b)

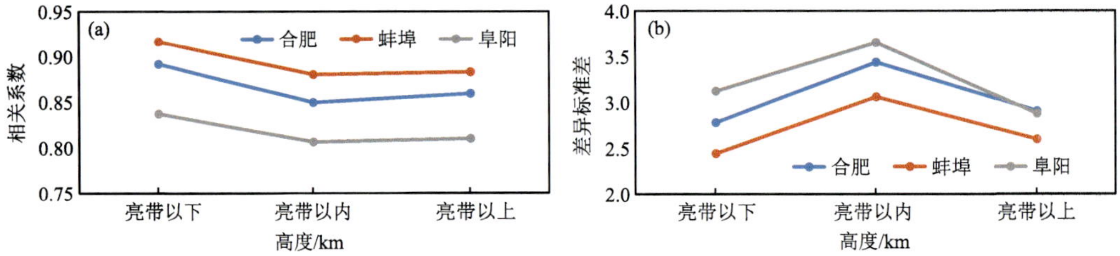

图 3.8　地基雷达与 GPM/DPR 不同高度的相关系数(a)和差异标准差(b)

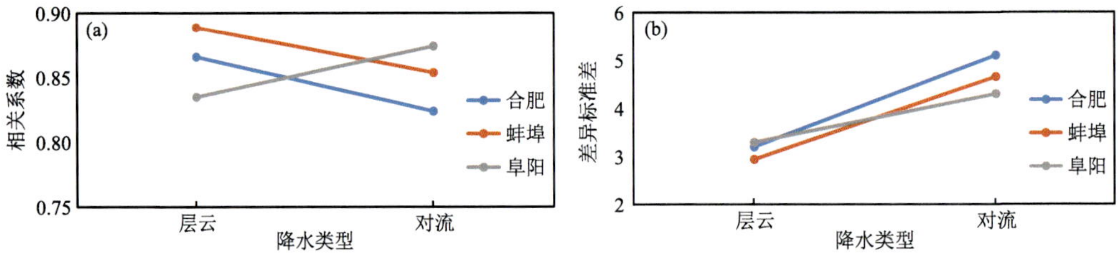

图 3.9　地基雷达与 GPM/DPR 不同降水类型的相关系数(a)和差异标准差(b)

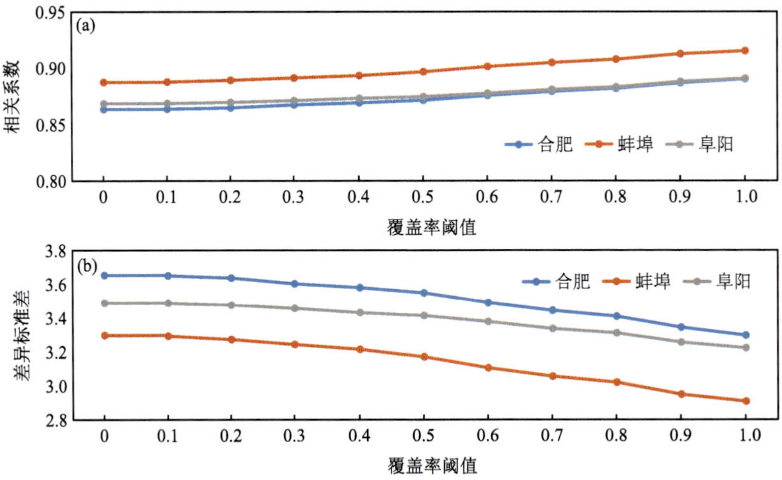

图 3.10　地基雷达与 GPM/DPR 不同覆盖率阈值的相关系数(a)和差异标准差(b)

本，3 站地基雷达与 GPM/DPR 相关系数随覆盖率阈值增大而增大，差异标准差随覆盖率阈值增大而减小。

(4)评估结果：筛选比较后，星地雷达反射率因子间的离散点明显减少，相关系数增大，差异标准差减小，合肥、阜阳、蚌埠 3 站的相关系数分别为 0.92、0.90、0.94，差异标准差分别为 2.36 dB、2.41 dB、2.17 dB。3 站星地雷达反射率因子间一致性好。平均偏差分别为－0.18 dB、－1.18 dB、0.22 dB，绝对值在 2 dB 以内，地基雷达无明显定标问题(图 3.11)。

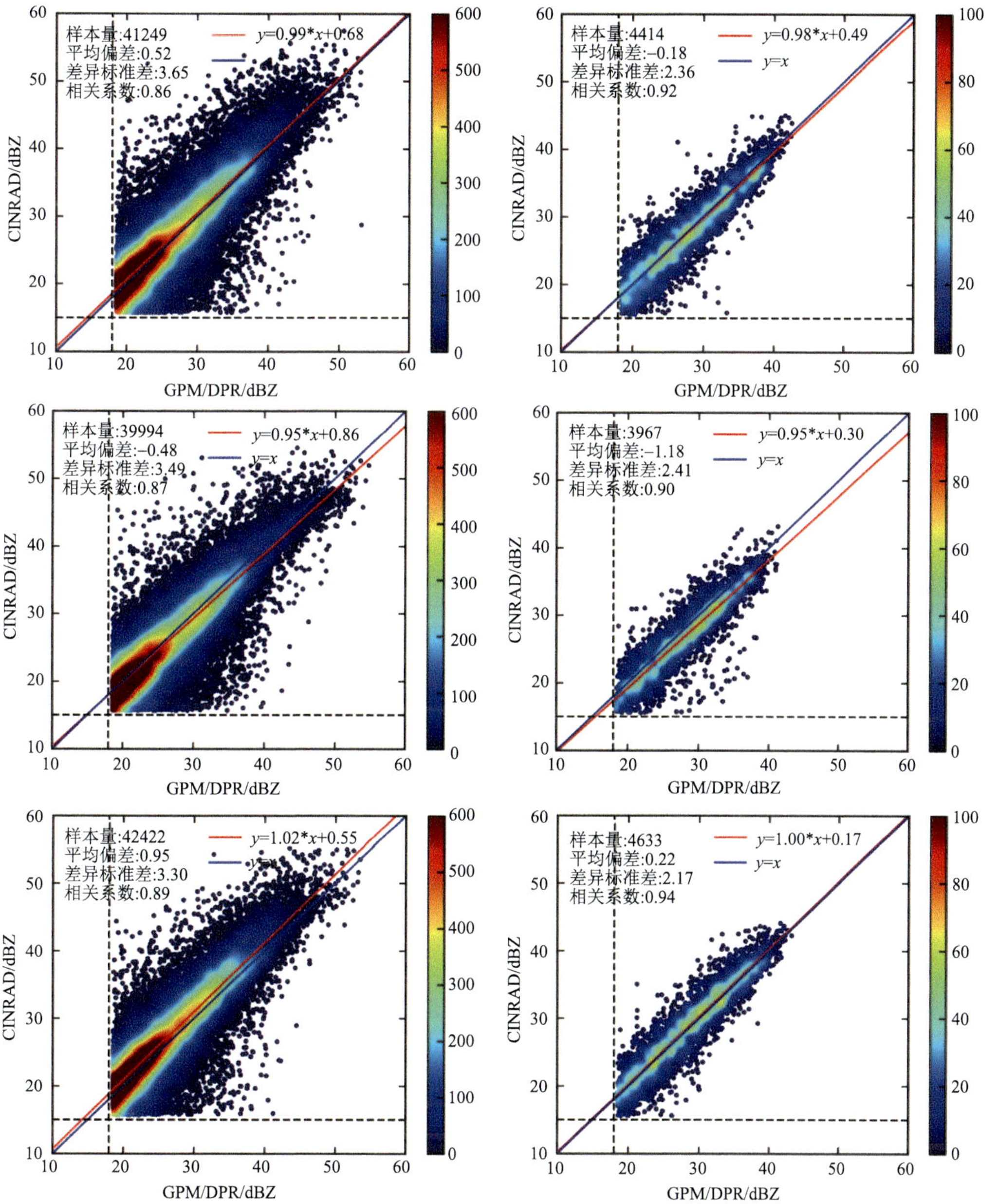

图 3.11　合肥(上)、阜阳(中)、蚌埠(下)站地基雷达和 GPM/DPR
反射率因子配对数据散点密度图(左列是筛选前数据，右列是筛选后数据)

3.5.3 GPM二级雨滴谱参量与安徽省地面雨滴谱参量一致性分析

建立一维雨滴谱参量与GPM雨滴谱产品匹配和比对技术，评估2021年6—8月和2022年6—8月的GPM二级雨滴谱参量与安徽省81个国家站地面雨滴谱分钟参量一致性。评估对象为地基雨滴谱仪质控后分钟参量、GPM-2Aku卫星雨滴谱参量，评估的要素是地表质量加权直径 D_m(mm)和标准化截断参数 $\lg N_w$(N_w 单位：1/(m^3·mm))。因标准化截断参数 $\lg N_w$ 数据星地检验评估一致性较差，主要围绕质量加权直径 D_m(mm)数据展开分析。

(1)地表高度评估情况

GPM产品binRealSurface(地表高度层对应的库数号)可代表地表所在海拔高度对应的库数号，获取该层的雨滴谱参量与地基雨滴谱仪参量数据进行一致性分析是合理的。

采用GPM卫星产品binRealSurface(地表高度层对应的库数号)数据换算成地表海拔高度(单位：m)后与站点海拔高度(单位：m)进行一致性分析，相关系数 R=0.80，均方根误差RMSE=139.5 m，具有较高的相关性，误差相对较低，与GPM的一个距离库的高度(125 m)保持一致(表3.3)。

表3.3 地表高度评估结果

年份	R	RMSE/m	MAE/m	RE/%
2021	0.82	149.4	93.7	−4.9
2022	0.81	109.7	81.6	20.4
整体	0.80	139.5	90.3	1.3

(2)质量加权直径(D_m)评估情况

过境后第3分钟评估效果最好：评估对象为地基雨滴谱仪质控后分钟参量、GPM-2Aku卫星雨滴谱参量分钟瞬时质量加权直径(D_m)产品，采用卫星过境前后10 min地基雨滴谱参量分别与卫星雨滴谱参量瞬时值进行匹配。2021年两类产品相关系数(R)结果为0.20～0.41，均方根误差(RMSE)评估结果为0.7～1.0 mm，其中过境后第3分钟评估效果最好，相关系数(R)为0.41、均方根误差(RMSE)为0.8 mm；2022年两类产品相关系数(R)结果为0.21～0.62，均方根误差(RMSE)评估结果为0.6～0.8 mm，过境后第3分钟评估效果最好，相关系数(R)为0.62、均方根误差(RMSE)为0.6 mm。2021年和2022年过境前后10 min评估情况见图3.12。

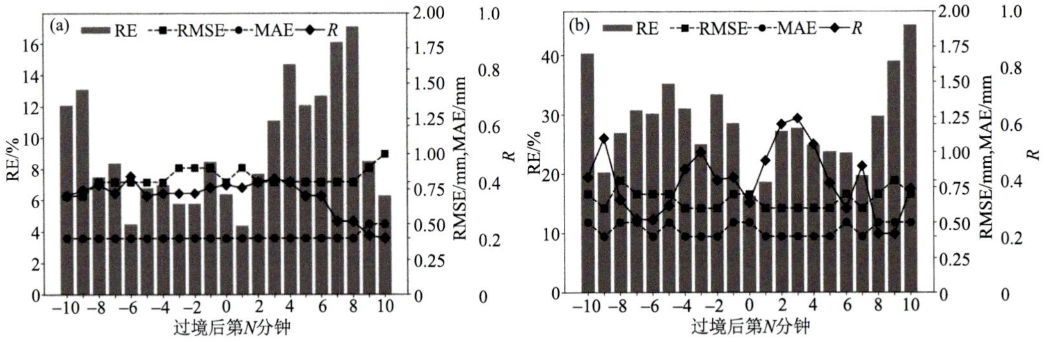

图3.12 2021年(a)和2022年(b)过境前后10 min评估结果变化趋势

6 月上述评估一致性较好：根据评估结果，采用卫星过境后 3 min 地基雨滴谱参量分别与卫星雨滴谱参量瞬时值进行匹配，按照月份进行评估分析。6 月一致性较好，2021 年和 2022 年相关系数(R)分别为 0.57、0.76(图 3.13)。

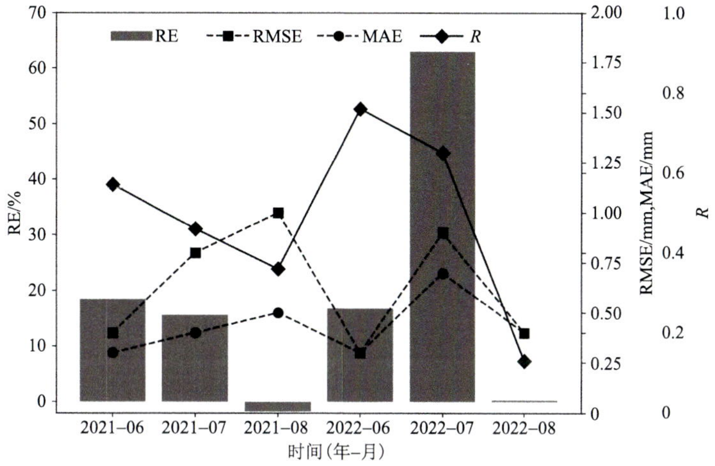

图 3.13 逐月评估结果趋势变化

从相关系数的角度，DSG3 优于 DSG5：采用卫星过境后 3 min 地基雨滴谱参量分别与卫星雨滴谱参量瞬时值进行匹配，安徽省 81 个雨滴谱仪，设备型号包括：DSG3(30 个站)、DSG5(49 个站)、CJY-2C(2 个站)，DSG5 和 CJY-2C 为 100 型号，采样通道为 32×32；DSG3 为 200 型号，采样通道为 22×20，因此有必要针对不同的地基雨滴谱仪设备型号进行分析。

DSG3 型号(200 型)2021 年和 2022 年相关系数(R)分别为 0.73、0.93，DSG5 型号(100 型)2021 年和 2022 年相关系数(R)分别为 0.37、0.53，从相关系数分析的角度，DSG3 优于 DSG5，原因可能是 200 型号较之 100 型号的量程较短，对小粒子测量精度较高，更适合安徽省 6—8 月连阴雨天气。评估结果如表 3.4 所示。

表 3.4 按地基雨滴谱仪型号评估情况

年份	设备型号	R	RMSE/mm	MAE/mm	RE/%
2021	CJY-2C	0.52	0.3	0.2	28.5
	DSG3	0.73	0.4	0.3	28.1
	DSG5	0.37	0.9	0.4	5.3
2022	DSG3	0.93	0.5	0.4	15.5
	DSG5	0.53	0.6	0.4	31.2

(3)标准化截断参数($\lg N_w$)评估情况

评估对象为地基雨滴谱仪质控后分钟参量、GPM-2Aku 卫星雨滴谱参量分钟瞬时标准化截断参数($\lg N_w$)产品。2021 年和 2022 年两类数据的相关系数均低于 0.2，两类产品的一致性较差，本次评估暂不考虑。

3.5.4 寿县试验基地典型降水过程垂直结构分析报告

考虑降水强度和寿县设备观测时间，从 2021 年 6—8 月选取典型降水过程，从中选择逐日降水强度在 50 mm 左右，逐时降水强度多次超过 20 mm，最终选取 8 月 11 日 17—19 时连续强降水过程。

3.5.4.1 大气环境背景：高空急流、低槽东移的环流形势

200 hPa和300 hPa天气图上，安徽北部存在大于 30 m/s 的高空急流。500 hPa 天气图上，高纬度上为两槽一脊型，中纬度环流形势为纬向型，安徽位于一低槽的前侧；850 hPa 天气图上，高纬度有两个低涡中心，新疆为高压所在地，安徽地区的气温相比同纬度要高，易于发生对流天气。

表 3.5 给出了 2021 年 8 月 11 日 08 时和 20 时阜阳站的环境参数。11 日 08 时，阜阳站的对流有效位能(CAPE 值)为 799.3 J/kg，11 日 20 时阜阳站的对流有效位能有所增加，达到了 921.6 J/kg，属于较强的对流有效位能并有能量储备；11 日 08 时，阜阳站的抬升凝结高度为 476.6 m，属于较低的抬升凝结高度，11 日 20 时，阜阳站的抬升凝结高度进一步降低，为 403.8 m，预示大气更易凝结；11 日 08 时，阜阳的 K 指数为 34.7 ℃，属于较强的 K 指数，11 日 20 时，K 指数有所降低，为 21.4 ℃；11 日 08 时，阜阳站的 0～6 km 风矢量差为 3.2 m/s，11 日 20 时，阜阳站的 0～6 km 风矢量差有较大的增长，达到了 14.6 m/s。故阜阳站的环境条件为高对流有效位能、低抬升凝结高度、强 K 指数和强垂直风切变，这样的环境参数指示皖北的大气处于不稳定的状态，有利于降水等强对流天气的产生。

3.5.4.2 局地大气垂直结构：上干下湿的局地大气垂直结构

(1)基于探空资料的垂直结构

寿县距离阜阳探空站最近，大致处在寿县上游。图 3.14 展示了 2021 年 8 月 11 日 08 时和 20 时阜阳站的 T-ln$P$ 图。如图所示，11 日 08 时，阜阳站地面为偏东风，风向随高度顺转，至 600 hPa 高度开始转为西南风，至 400 hPa 高度开始转为西北风。11 日 20 时，阜阳站地面为东南风，风向随高度顺转，于 600 hPa 高度开始转为西南风，于 400 hPa 高度开始转为西北风。显示在 600～700 hPa 有强的暖平流。此外，08 时和 20 时的 T-ln$P$ 图均显示阜阳站上空存在上干下湿的结构，此结构说明有干冷空气下沉，大气结构不稳定。对 T-ln$P$ 图的分析表明，皖北的天气处于不稳定的状态，容易导致强天气的发生。

表 3.5 2021 年 8 月 11 日阜阳站环境参数的演变

环境参数	11 日 08 时	11 日 20 时
对流有效位能/(J/kg)	799.3	921.6
抬升凝结高度/m	476.6	403.8
K 指数/℃	34.7	21.4
0～6 km 风切变/(m/s)	3.2	14.6

(2)基于再分析资料的垂直结构

利用 ERA5 再分析资料(水平分辨率 0.25°，垂直分辨率 25 hPa)，选取位于寿县的格点(经度 116°E，纬度 32.25°N)绘制寿县物理量垂直廓线。

图 3.15 显示 2021 年 8 月 11 日 18 时寿县的相对湿度和垂直速度廓线。如图 3.15a 所示，18 时寿县在 875～1000 hPa 高度的相对湿度高于 85%，较湿，在 750～850 hPa 高度的相对湿度低于 80%，较干。故 18 时寿县上空呈现上干下湿的结构，此结构说明寿县上空有干冷

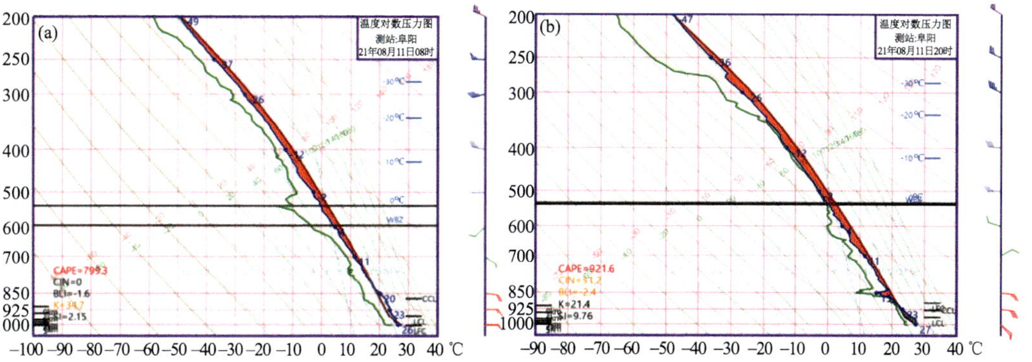

图 3.14　2021 年 8 月 11 日阜阳站的 T-ln$P$ 图

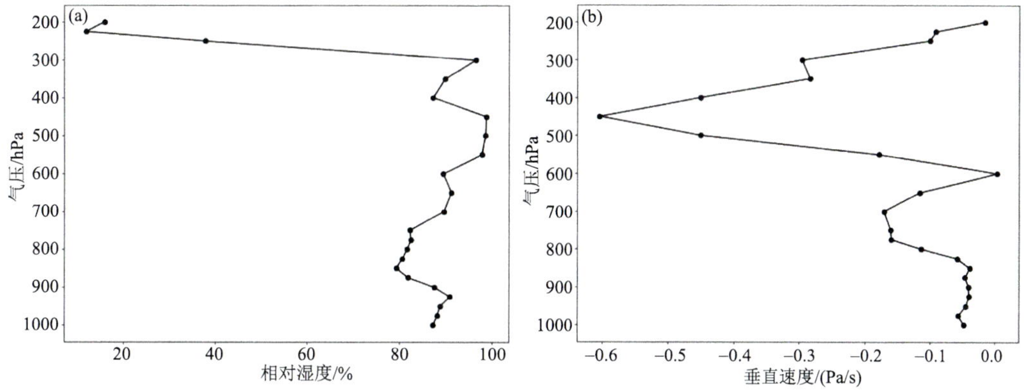

图 3.15　2021 年 8 月 11 日 18 时物理量廓线

(a)相对湿度,(b)垂直速度

空气入侵,易导致强对流天气的发生。如图 3.15b 所示,除了 600 hPa 高度存在很小的下沉气流(垂直速度为 0.005 Pa/s)外,几乎整层都呈现上升气流,尤其是 450 hPa 高度,垂直速度达到了−0.6 Pa/s。整层呈现上升气流说明寿县上空存在较强的对流抬升运动,有利于降水粒子的充分混合,进而导致强降水天气的产生。

3.5.4.3　雷达垂直观测分析

最大反射率因子达到 35 dBZ,最大垂直速度超过 10 m/s,对流伸展高度达到 8 km。

寿县部署了 C 波段连续波雷达、X 波段雷达等探测设备。C 波段连续波雷达是垂直扫描方式,获得的是大气垂直探测数据;X 波段雷达是体积扫描方式,通过分析各层数据而得到垂直结构。

(1)寿县 C 波段连续波雷达

寿县 C 波段连续波雷达主要用于精细化探测大气中的降水目标,其探测方式是垂直扫描,探测范围为 0.03～15 km,时间分辨率为 3 s,空间分辨为 30 m。该雷达可以获得反射率因子、垂直速度等物理量垂直廓线随时间的变化。

图 3.16 显示了 2021 年 8 月 11 日 17—19 时的反射率因子廓线随时间的变化。17:00—

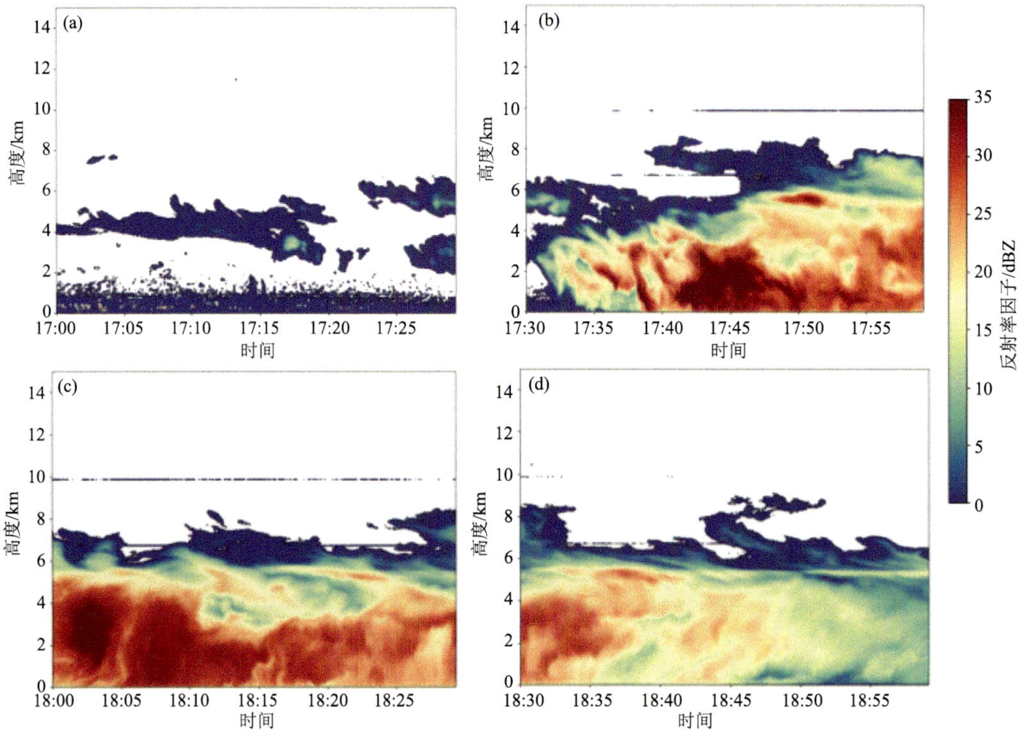

图 3.16　2021 年 8 月 11 日寿县 C 波段连续波雷达的反射率因子

(a)17:00—17:30;(b)17:30—18:00;(c)18:00—18:30;(d)18:30—19:00

17:30,地面的反射率因子在 1 dBZ 以下,可以判定为杂波信号(非气象信号),说明在此时间段内地面无降水;且 17:00—17:30 的反射率因子廓线显示,测站上空基本无对流抬升,除 17:16—17:19 在 3.5 km 高度处探测到反射率因子 5～10 dBZ 的回波外,雷达基本没有探测到有效的回波信号。17:35,开始有对流产生,最大反射率因子超过了 25 dBZ,对流伸展至约 3 km 高度。17:40—17:47,对流进一步发展,对流伸展至约 4 km,从地面至回波顶的反射率因子均超过 25 dBZ,最大反射率因子达到了 30 dBZ。17:47—17:54,对流有所减弱,大于 25 dBZ 回波高度降低至 2.5 km 高度,但从面至回波顶的反射率因子仍然超过 25 dBZ。17:55—18:10,对流迅速发展,对流迅速伸展至 8 km 高度,大于 30 dBZ 回波高度伸展至月 6 km高度,从地面至 6 km 高度的反射率因子高度均超过了 30 dBZ,最大反射率因子达到了 35 dBZ。18:10—18:15,大于 25 dBZ 回波高度有所下降,为 2.5 km 高度,最大反射率因子仍为 35 dBZ。18:15—18:40,回波伸展高度有所上升,但最大反射率因子有所降低。18:40—19:00,最大反射率因子在 20 dBZ 以下且逐渐减小,对流发展逐渐减小,说明降水逐渐减小。较强反射率因子的时段大致为 17:35—18:35 的一个小时;从垂直结构来看,较强反射率因子大多在地面 2～5 km,在空中有最强的高度层,有的时次有多个降水层(17:50 前后、18:20 前后、18:35 前后)。

图 3.17 为 2021 年 8 月 11 日 17—19 时的垂直速度廓线随时间的变化图。如图所示,17:00—17:30,除 17:16—17:19 在 3.5 km 高度处探测到 2 m/s 的垂直速度外,其余时间探测

到的垂直速度均在 0 m/s 左右。17:30—18:30，垂直速度迅速增大，最大垂直速度超过了 10 m/s，说明存在较强的上升气流，对流较为旺盛。18:30—19:00，垂直速度开始逐渐减小（最大垂直速度从 10 m/s 逐渐减小到 3 m/s），说明对流逐渐减弱。一般而言，反射率因子较强的空间结构，其垂直速度也较强，两者大致为正比例关系。

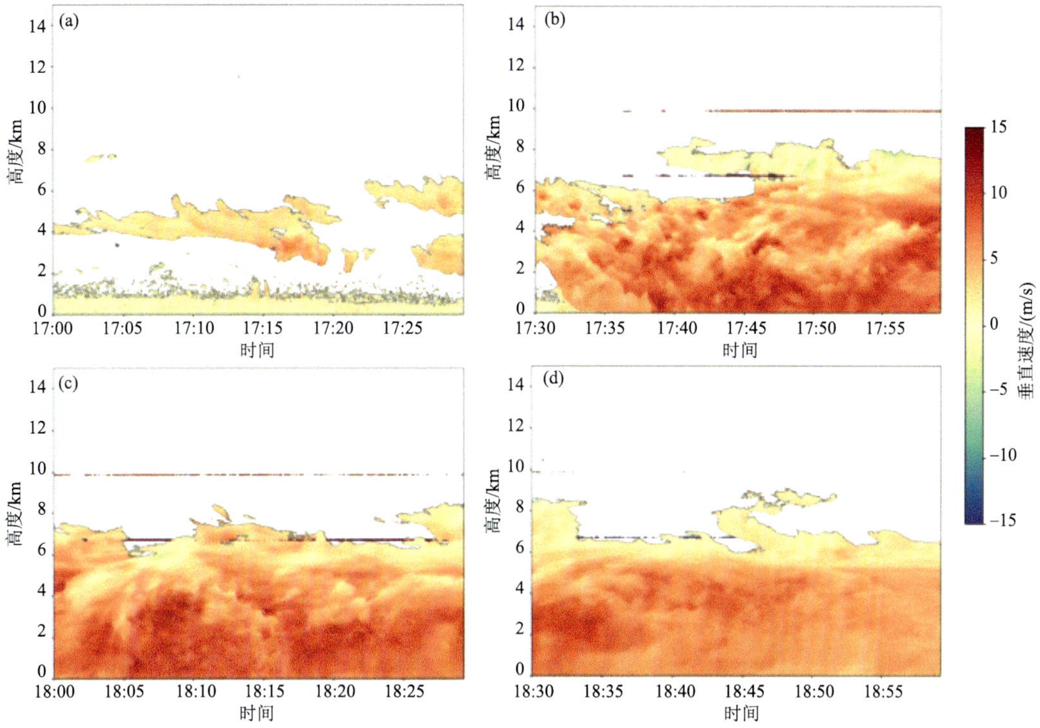

图 3.17　2021 年 8 月 11 日寿县 C 波段连续波雷达的垂直速度（单位：m/s）
(a)17:00—17:30;(b)17:30—18:00;(c)18:00—18:30;(d)18:30—19:00

(2)寿县 X 波段雷达

由于寿县 X 波段雷达的第一层(0.52°)仰角和第二层仰角(0.96°)受到建筑物的遮挡较为严重，故对寿县 X 波段雷达进行分析时，不采用这两个仰角的数据。

图 3.18 展示了寿县 X 波段雷达 8 月 11 日 17 时、18 时、19 时的第三层(1.97°)、第四层(2.94°)和第五层(3.95°)仰角的反射率因子图。如图所示，17 时，寿县地区的最大反射率因子为 40 dBZ；18 时，寿县地区的最大反射率因子有所增强（为 45 dBZ），且反射率因子超过 40 dBZ的区域面积相比于 17 时有所增大；19 时，寿县地区的最大反射率因子相比 18 时有所减弱（为 40 dBZ），且反射率因子超过 40 dBZ 的区域面积相比于 18 时有所增大。

此外，从垂直角度分析寿县 X 波段雷达的反射率因子，第四层仰角(2.94°)的反射率因子比第三层(1.97°)和第五层(3.95°)大。表明最强的反射率因子在中间层次，它也与 C 波段连续波雷达的垂直分析结果大致相同。

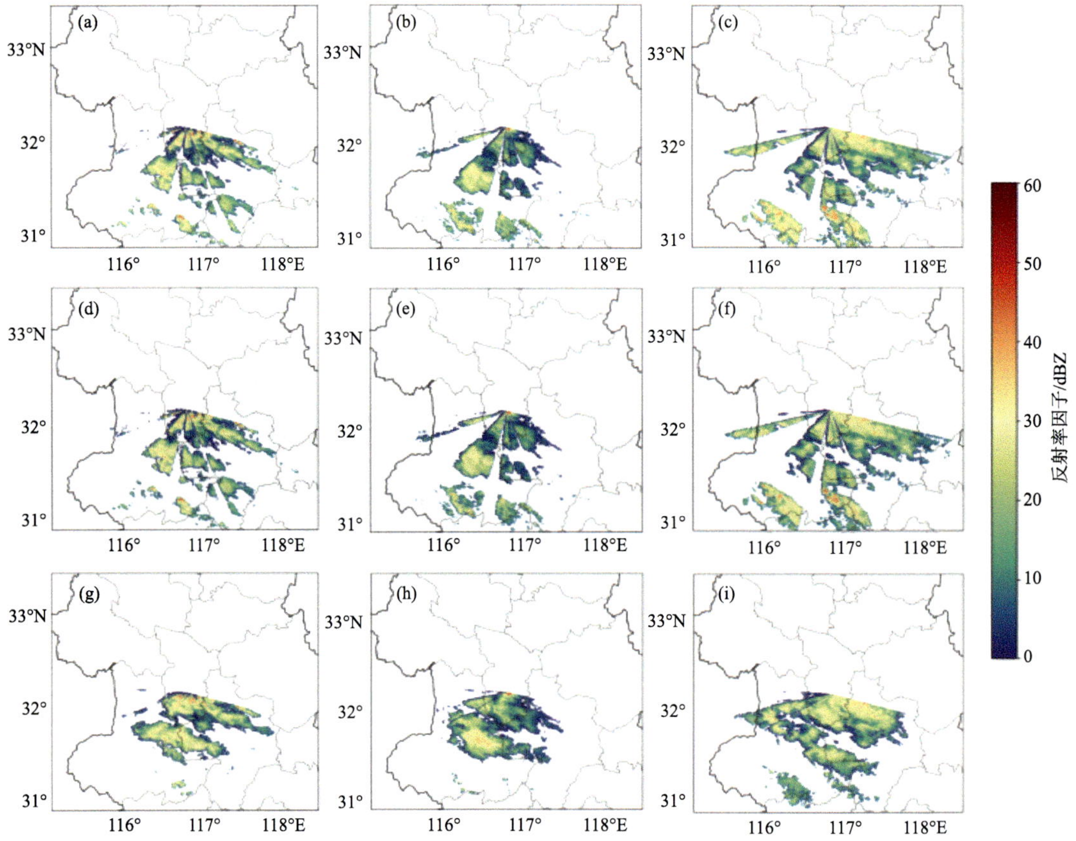

图 3.18 2021 年 8 月 11 日寿县 X 波段雷达反射率因子图(dBZ)

(a)17:00 第三层仰角;(b)18:00 第三层仰角;(c)19:00 第三层仰角;(d)17:00 第四层仰角;(e)18:00 第四层仰角;(f)19:00 第四层仰角;(g)17:00 第五层仰角;(h)18:00 第五层仰角;(i)19:00 第五层仰角

3.6 主要结论

(1)本次试验构建的星地雷达反射率因子匹配算法正确且合理;回波充塞覆盖率阈值等于 1,径向距离 25～150 km,层云降水,亮带以下高度的配对数据评估结果不确定性小,可作为评估分析时的筛选比较条件;合肥、阜阳、蚌埠 3 站地基雷达和 GPM/DPR 一致性好,相关系数分别为 0.92、0.90、0.94,差异标准差分别为 2.36 dB、2.41 dB、2.17 dB,平均偏差分别为 −0.18 dB、−1.18 dB、0.22 dB,3 站地基雷达均无明显定标问题。

(2)本试验应用的星地雨滴谱匹配算法和一致性分析方法正确且合理;从分钟质量加权直径(D_m)参数评估结果看,2021 年两类产品相关系数 0.20～0.41,均方根误差 0.7～1.0 mm,2022 年两类产品相关系数 0.21～0.62,均方根误差 0.6～0.8 mm,均是过境后第 3 分钟评估效果最好;从分钟标准化截断参数(LgNw)评估结果看,2 类产品的相关系数均低于 0.2,一致性较差。

(3)2021 年 8 月 11 日 17—19 时,寿县发生了一次较强的降水过程。本次降水过程是在高空急流、低槽东移的环流形势、上干下湿的局地大气垂直结构下发生的。最大反射率因子达到 35 dBZ，存在最大反射率因子高度层（2～5 km），最大垂直速度超过 10 m/s，对流伸展高度达到 8 km。

3.7　业务应用

本试验专利、软件著作权等成果已应用于中国气象局气象探测中心雷达运控室牵头的中国气象局雷达气象中心“国家级雷达总控业务平台（雷圣-国 1）”，以及长沙气象雷达标校中心“国家雷达标校业务运行系统（雷圣-国 2）”，主要用于星地雷达标校功能的开发和地基雷达一致性业务评估。

第 4 章　基于 LoRa 的海雾观测试验

本试验在福建省已研发的基于远距物联网通信技术(Long Range Radio,LoRa)的海雾观测系统基础上,进一步丰富岸基岛基验证手段,并升级关键观测站点的 LoRa 基站设备。试验采用常规设备观测结果评估 LoRa 海雾观测系统的海雾观测效果,优化改进系统算法。针对应用服务需求完善软件平台功能模块,推进系统迭代优化以满足业务需求,为海雾预报预警监测业务服务。

4.1　试验目的

为解决海雾探测有效技术手段和观测资料匮乏的现状,基于超远距物联网通信技术(Long Range Radio,LoRa)的测雾方法,通过试验完善验证模型、升级海雾观测服务软件,推动基于 LoRa 的海雾观测技术进入业务应用,弥补海雾观测上的短板。

4.2　试验内容

本次试验继续深入开展基于 LoRa 的海雾观测研究,完善比对验证手段,优化 LoRa 信号强度指标与海雾的关系模型,形成较完备的 LoRa 海雾观测方法;升级适用于业务服务的软件模块,完善 LoRa 海雾观测系统,并开展基于 LoRa 的海雾观测技术的业务服务和应用。

4.3　技术路线

LoRa 是一种低功耗 LPWAN 技术,融合了数字扩频、数字信号处理和前向纠错编码技术,广泛应用于无线通信和物联网通信。LoRa 通信系统功耗极低,信号穿透能力强,点对点传输距离长达上百千米。通信信号强度随天气背景呈一定的规律变化,尤其与海雾天气过程变化具有良好的相关性,十分适合用于观测海雾气象信息。2019—2020 年福建省大气探测技术保障中心通过探索总结 LoRa 信号与海雾天气背景的相关规律,建立了 LoRa 信号强度与海雾信息的关系模型:

$$\mathrm{RSSI}=\log_{\mathrm{based}} d-\log_{\mathrm{basex}} X-\log_{\mathrm{basey}} Y-F-R \tag{4.1}$$

式中,RSSI 为 LoRa 测雾数据站接收到的信号实测值;based 为 LoRa 测雾数据站距离对数底数,d 为距离;basex 为绝对湿度影响因子对数的底数,X 为绝对湿度;basey 为风速调整因子对数的底数,Y 表示风速;F 为电磁参数;R 为发射天线调整参数。

在关系模型的基础上,研发了基于 LoRa 的海雾观测技术,搭建部署 LoRa 海雾观测系统并开展海雾观测试验。LoRa 海雾观测系统能够解决地基海雾探测范围严重不足的关键瓶颈问题,为实现海雾的大范围实时精密监测提供解决方案和技术支撑。

业务验证评估是新型观测技术走向业务化的关键环节,本项目依托漳州国家海洋气象观测基地,构建海上 LoRa 测雾试验自组网,在试验海域范围内增加验证手段,开展 LoRa 数据与同区域气象观测资料同步采集分析工作。结合常规观测资料开展区域化海雾观测数据比对验证,迭代优化 LoRa 海雾观测系统,评估观测效果,并从预报服务角度完善业务评估,推进系统应用。

4.4　试验布局

选取东山地区两套区域自动站进行能见度要素升级,升级一套带实景的 LoRa 站点;在东山岛的厦门大学东山太古海洋观测与实验站增加部署一套能见度激光雷达,结合已建的自动站、毫米波雷达、能见度激光雷达,形成由多个自动站、实景观测、1 部毫米波雷达和 2 部能见度激光雷达组成的海雾区域对比观测网(如图 4.1 所示,能见度激光雷达探测半径为 10 km,毫米波雷达探测半径为 15 km)。

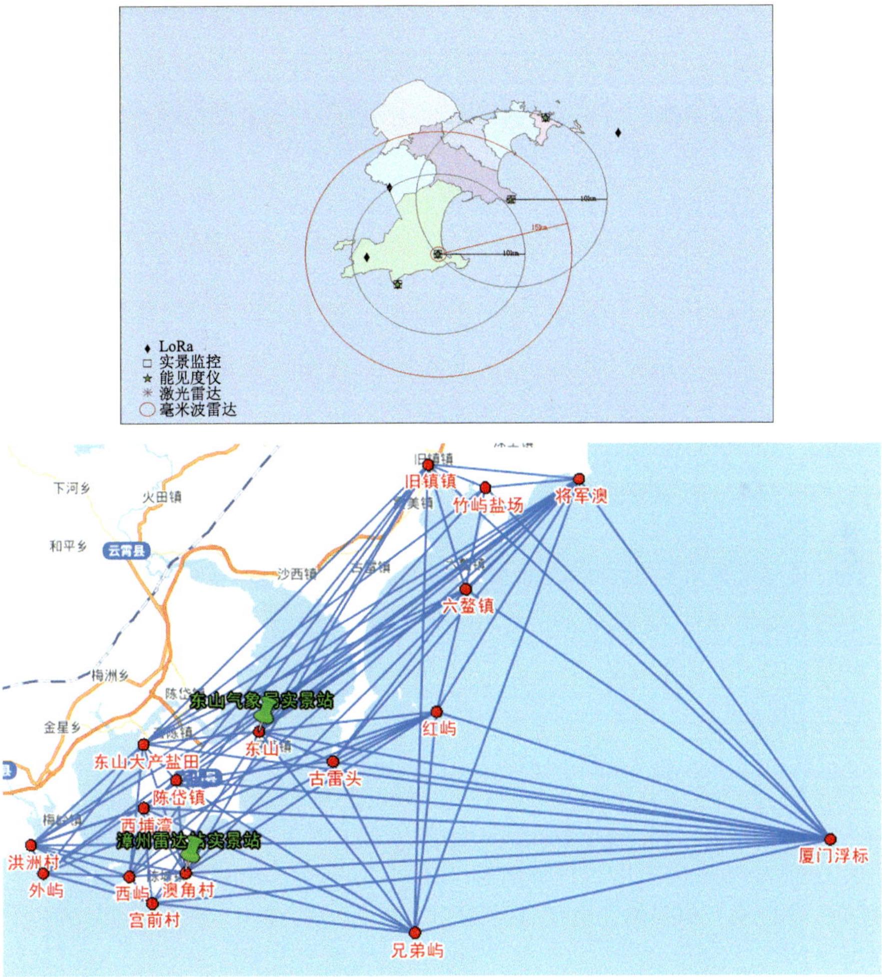

图 4.1　试验区设备布局(下图中红点为 LoRa 海雾观测站)

4.5　试验分析

4.5.1　效果评估

采用 TS 评分、ETS 评分、漏报率 PO、空报率 FAR、偏差 BS 和准确率 PC 等对 LoRa 海雾观测产品进行检验评估。

$$\mathrm{TS}=\frac{\mathrm{NA}}{\mathrm{NA}+\mathrm{NB}+\mathrm{NC}} \tag{4.2}$$

$$\mathrm{ETS}=\frac{\mathrm{NA}-r}{\mathrm{NA}+\mathrm{NB}+\mathrm{NC}-r},r=\frac{(\mathrm{NA}+\mathrm{NB})(\mathrm{NA}+\mathrm{NC})}{\mathrm{NA}+\mathrm{NB}+\mathrm{NC}+\mathrm{ND}} \tag{4.3}$$

$$\mathrm{PO}=\frac{\mathrm{NB}}{\mathrm{NA}+\mathrm{NB}} \tag{4.4}$$

$$\mathrm{FAR}=\frac{\mathrm{NC}}{\mathrm{NA}+\mathrm{NC}} \tag{4.5}$$

$$\mathrm{BS}=\frac{\mathrm{NA}+\mathrm{NC}}{\mathrm{NA}+\mathrm{NB}} \tag{4.6}$$

$$\mathrm{PC}=\frac{\mathrm{NA}+\mathrm{ND}}{\mathrm{NA}+\mathrm{NB}+\mathrm{NC}+\mathrm{ND}} \tag{4.7}$$

式中,NA 为正类正确样本数,NB 为正类漏报样本数,NC 为正类空报样本数,ND 为负类正确样本数,据此可计算各类检验指标。对样本区分正类和负类进行检验的方法称为二分类检验法。

以 2020 年 1 月—2022 年 5 月 22 日的整点观测数据(efz 格式)作为实况观测资料;LoRa 海雾观测数据是对应时间下 LoRa 区域海雾监测系统导出的格点数据(空间分辨率为 1 km)。参与检验的站点只选取位于海上或海岸线上的站点,共有九个站点。

为排除自动站前散能见度仪观测数据偶尔产生的波动或错误的干扰,需要对实况资料进行初步的质控过滤。定义"低能见度时刻"为:①表 4.1 中至少有一个站点能见度≤3000 m;②表 4.1 中与其相邻最近的三个站点中至少有一个站点能见度≤3000 m。同时满足以上两个条件的称为"低能见度时刻",即该时刻至少有两个相邻站点能见度≤3000 m。

表 4.1 以 3 km 为阈值的二分类检验各类检验指标表现

	TS 评分	ETS 评分	漏报率 PO	空报率 FAR	偏差 BS	准确率 PC
邻域半径 1 km	0.8317	0.6692	0.1063	0.0770	1.0329	0.9014
邻域半径 3 km	0.7763	0.5797	0.1606	0.0882	1.0862	0.8671
邻域半径 5 km	0.6951	0.4823	0.2518	0.0927	1.2127	0.8239

(1)以 3 km 为阈值的二分类检验

考虑到实际业务应用的需求和自动站能见度仪的观测稳定性,首先进行以 3 km 为阈值的二分类检验,如表 4.1 和图 4.2 所示,正类为 $V<3$ km,负类为 $V\geqslant3$ km(V 是能见度 Visibility 的简写)。设定邻域半径为 3 km 和 5 km,即认为站点方圆 3 km 和 5 km 的区域内能见度状况与站点观测同级。

(2)以 1 km 为阈值的二分类检验

考虑到实际业务应用的需求和自动站能见度仪的观测稳定性,以 1 km 为阈值的二分类检验,正类为 $V<1$ km,负类为 $V\geqslant1$ km。设定邻域半径为 2 km 递增至 10 km,即认为站点邻域半径的区域内能见度状况与站点观测同级。所有站点的各项指标平均值随邻域半径变化的情况如表 4.2 和图 4.3 所示。

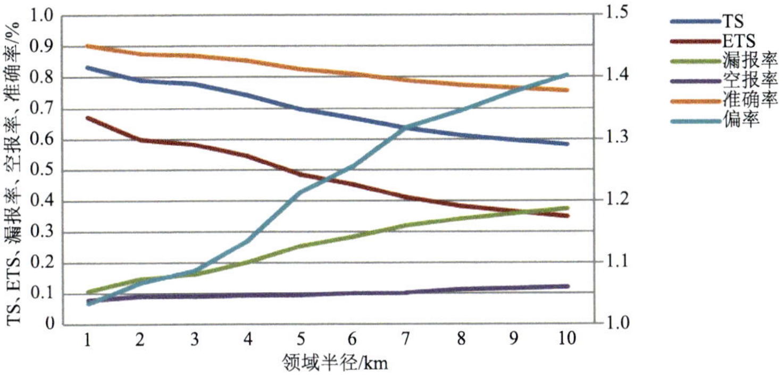

图 4.2　各类检验指标随邻域半径的变化趋势(阈值 3 km)

表 4.2　以 1 km 为阈值的二分类检验各类检验指标表现

	TS 评分	ETS 评分	漏报率 PO	空报率 FAR	偏差 BS	准确率 PC
邻域半径 2 km	0.7429	0.6724	0.1761	0.1169	1.0718	0.9270
邻域半径 3 km	0.7203	0.6432	0.2049	0.1156	1.1123	0.9181
邻域半径 5 km	0.5400	0.4565	0.4189	0.1159	1.5214	0.8755

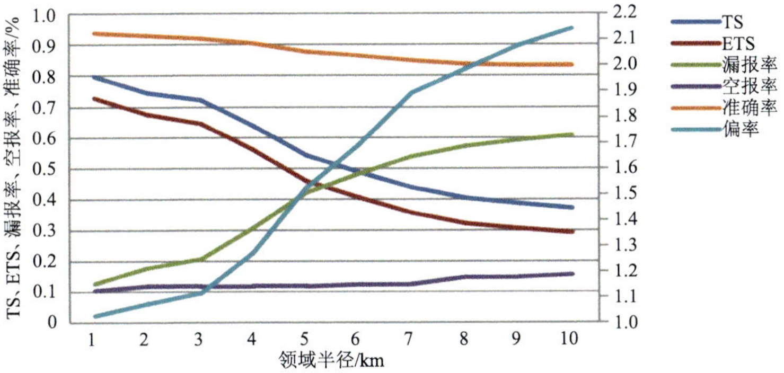

图 4.3　各类检验指标随邻域半径的变化趋势(阈值 1 km)

4.5.2 实景观测分析

对 2020 年 7 月—2022 年 5 月东山区域产生的 145 个海雾过程开展实景观测数据与LoRa 海雾探测产品比对,比对情况如表 4.3 所示。

表 4.3　实景观测与 LoRa 海雾探测产品比对情况

LoRa—实景(浓度)	样本数	占比
一致	122	84%
偏重	16	11%
偏轻	7	5%
合计	145	100%

(1)一致:LoRa 数据与采样数据全部吻合或 LoRa 数据与采样数据吻合的个数≥LoRa 数

据与采样数据不吻合的个数；

(2)偏重：LoRa数据与采样数据吻合的个数＜LoRa数据与采样数据不吻合的个数，且不吻合的数据中LoRa数据比采样数据浓度重的个数＞LoRa数据比采样数据浓度轻的个数；

(3)偏轻：LoRa数据与采样数据吻合的个数＜LoRa数据与采样数据不吻合的个数，且不吻合的数据中LoRa数据比采样数据浓度重的个数＜LoRa数据比采样数据浓度轻的个数。

图4.4为2021年3月19—20日，图4.5为2021年6月8日—9日东山(气象局)站海雾实景观测与LoRa海雾探测产品比对。

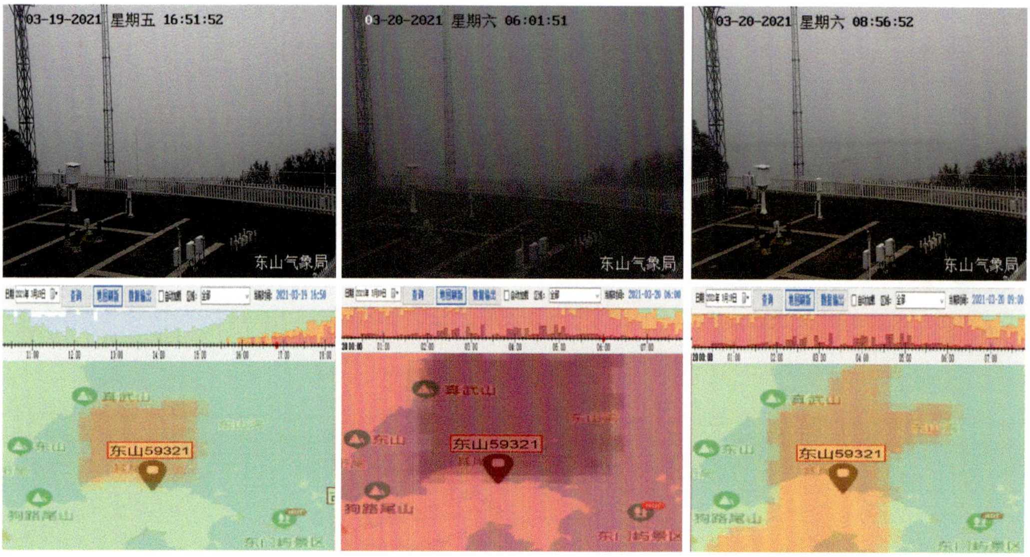

图4.4　雾—浓雾—雾(2021年3月19—20日东山站)

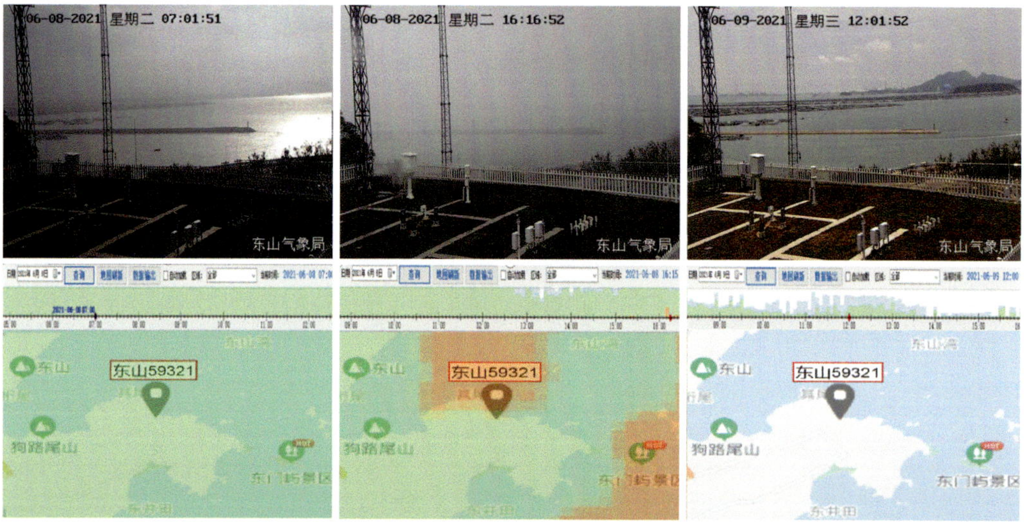

图4.5　轻雾—雾—无雾(2021年6月8—9日东山站)

4.5.3　个例分析

4.5.3.1　2021 年 3 月 31 日漳州地区

2021 年 3 月 31 日，漳州市沿海有一次明显的平流雾过程。3 月 31 日傍晚到上半夜，华南东部处于南支槽前与副热带高压西北边缘的强西南气流影响下，低层位于西南急流右侧，地面有倒槽南侧暖湿气流的影响，同时海上存在弱冷空气渗透，如此高低空系统配置可以在补充水汽的同时又不至于产生明显降水，十分利于海上平流雾的发展和传播。

如图 4.6 所示，从 17 时的观测结果可以看出，东山县东面海域出现较大范围的雾，这也是沿海自动站能见度仪的盲区，而 LoRa 探测的范围明显扩大。

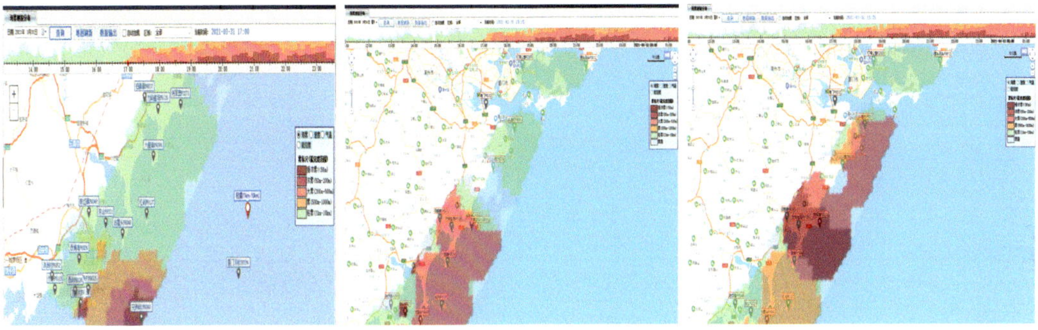

图 4.6　17—19 时 25 分海雾观测图

在 18 时 25 分的观测结果中，漳浦县沿海出现了能见度小于 500 m 的海雾，与沿海站点的能见度仪观测结果一致。

结合 LoRa 连续几个时次的观测分析，判断海雾仍有发展移动趋势，且覆盖部分外海海区，范围宽广。龙海沿海也在 19 时 25 分出现较大范围海雾。此次海雾过程持续时间较长、范围较大，LoRa 系统对此均表现出良好的观测效果。

4.5.3.2　2021 年 5 月 4—5 日漳州地区

2021 年 5 月 4 日 20 时探空资料显示，当日夜间 500 hPa 闽南地区位于南支浅槽和副热带高压（简称副高）西北边缘处，同时中高纬有西风槽东移，为冷暖空气交汇提供了有利的环流背景。700 hPa 和 850 hPa 主要受到西南气流影响，上游有冷式切变线南压，闽南地区处于切变前侧的暖区之中，利于低层水汽补充和静稳层结的维持。近地层存在偏北气流与西南气流的辐合线，闽南地区位于其南侧，提高水汽凝结率但又不至于出现明显降水。地面观测来看处于较为平稳的均压场中，水汽接近饱和，满足大雾发生发展的静稳条件、弱风条件、水汽条件和凝结条件。

地面观测实况，如图 4.7 与图 4.8 所示。

4 日 23 时，东山兄弟屿和龙海镇海角监测到雾，最小能见度为 250 m。

5 日 00 时，东山宫前村、漳浦将军澳和地质公园、监测到雾，最小能见度为 130 m，起雾范围明显扩大。

5 日 04 时，漳浦红屿监测到雾，能见度为 320 m。

5 日 08 时，海雾基本消散。

对比 LoRa 海雾系统观测产品，图 4.9 显示 5 日 00 时东山澳角附近和漳浦大片海域显示有明显雾区。05 时能见度进一步降低，漳浦附近基本存在大雾到浓雾的天气，与实况观测一致。

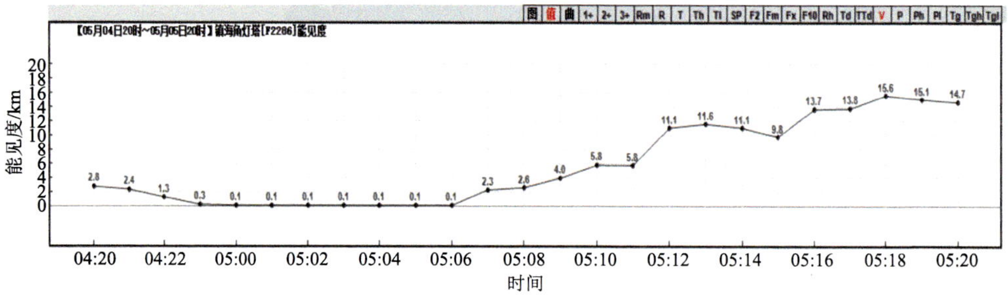

图 4.7　镇海角能见度数据

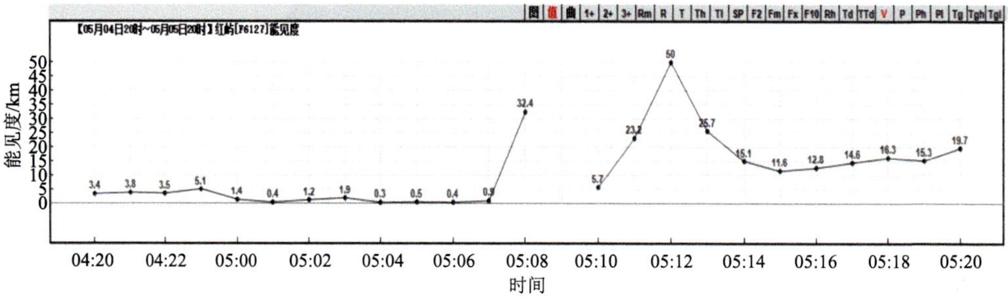

图 4.8　红屿能见度数据

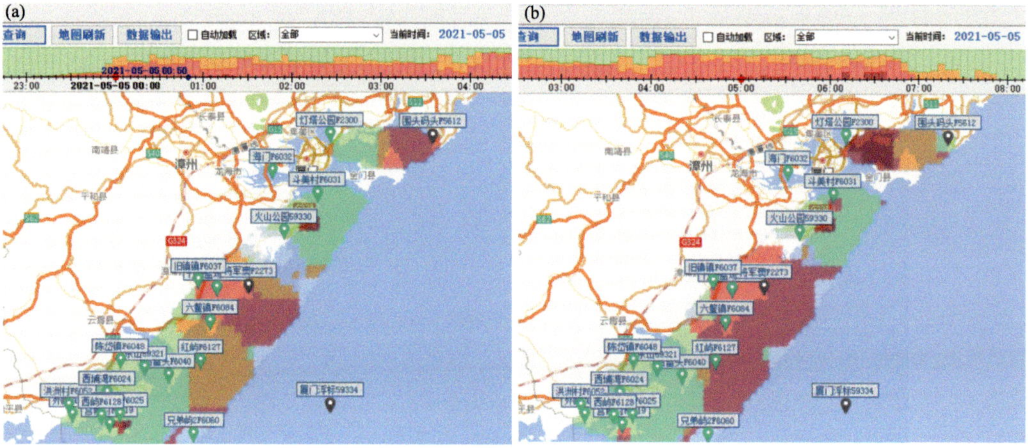

图 4.9　海雾观测产品

(a)5 日 00 时;(b)5 日 05 时

4.5.3.3　2021 年 5 月 11 日东山漳州雷达站

2021 年 5 月 11 日 07 时前后,东山海域出现低能见度情况;其中澳角村站最低能见度在 1000 m,其附近的西屿站和宫前站未见低于 1000 m 的轻雾,如图 4.10 所示。激光雷达10 km 范围内均显示为能见度 1000 m 以下,LoRa 海雾观测显示澳角村及附近为能见度等级为 1000 m 以下,其余为轻雾,比激光雷达观测更贴近实际。

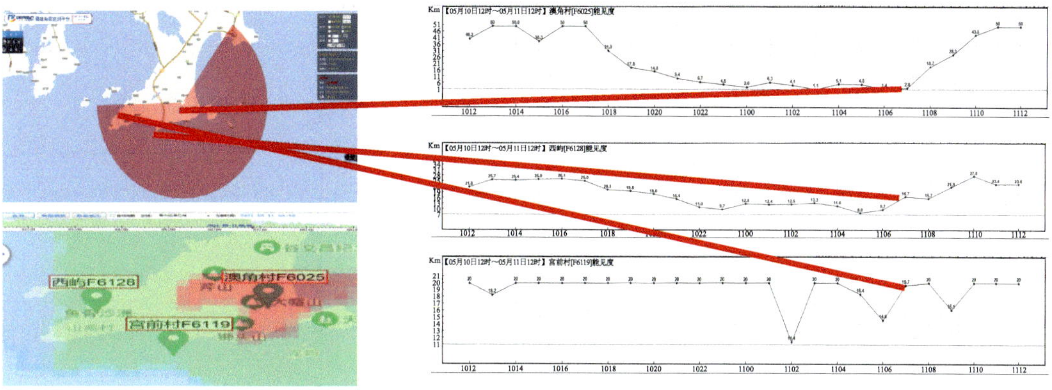

图 4.10　5 月 10 日 20 时多种观测手段对比

4.5.3.4　2022 年 2 月 22—23 日东山漳州雷达站

2 月 22 日 20 时探空资料显示，当日夜间 500 hPa 上闽南地区位于南支槽前，副高有所西伸，中高纬有横槽，为低层强盛的西南气流与来自北方的弱冷空气交汇提供了有利的环流背景。700 hPa 和 850 hPa 上主要受西南急流影响，上游有冷式切变线南压，闽南地区处于切变前侧的暖区之中，利于低层水汽补充和静稳层结的维持。地面冷锋向南缓慢推进，海上有倒槽伸展，冷暖空气交汇，提高水汽凝结率又未产生明显大风，影响地区易出现锋面雾。整体满足大雾发生发展的静稳条件、弱风条件、水汽条件和凝结条件。从沿海自动站观测资料来看，东山澳角村的能见度下降最为明显。22 日午后，澳角村能见度逐渐下降至 500 m 以下，低能见度天气基本维持到 23 日凌晨。

针对本次过程，开展实景观测效果比对。比对情况如图 4.11 所示，观测到海雾出现时间及浓度一致。

4.6　主要结论

试验依托漳州国家综合气象观测专项试验外场，构建海上 LoRa 测雾试验自组网，在试验海域范围内增加验证手段，开展 LoRa 数据与同区域气象观测资料同步采集分析工作。结合常规观测资料开展区域化海雾观测数据比对验证，结果表明：

(1)在邻域半径为 3 km 的情况下，采用二分类法开展海雾观测数据比对验证时各类检验指标表现颇佳，此检验方法在海雾观测数据比对验证中具有较好的显著性和代表性；

(2)LoRa 海雾系统能够较好地观测到东山区域的海雾变化过程。根据实景观测站对比显示，2020 年 7 月—2022 年 5 月共计 145 次海雾过程，两者海雾观测等级基本一致的概率为 84%；

(3)通过对漳州地区典型海雾过程的分析可以发现，LoRa 海雾系统观测到的海雾变化过程与能见度仪、实景站等观测到的海雾变化过程一致性较高。LoRa 海雾观测产品对海雾过程具有较好反映，可用性高。

4.7　业务应用

漳州市气象台多次使用 LoRa 海雾观测系统作为预报补充手段，开展海雾发展演变过程

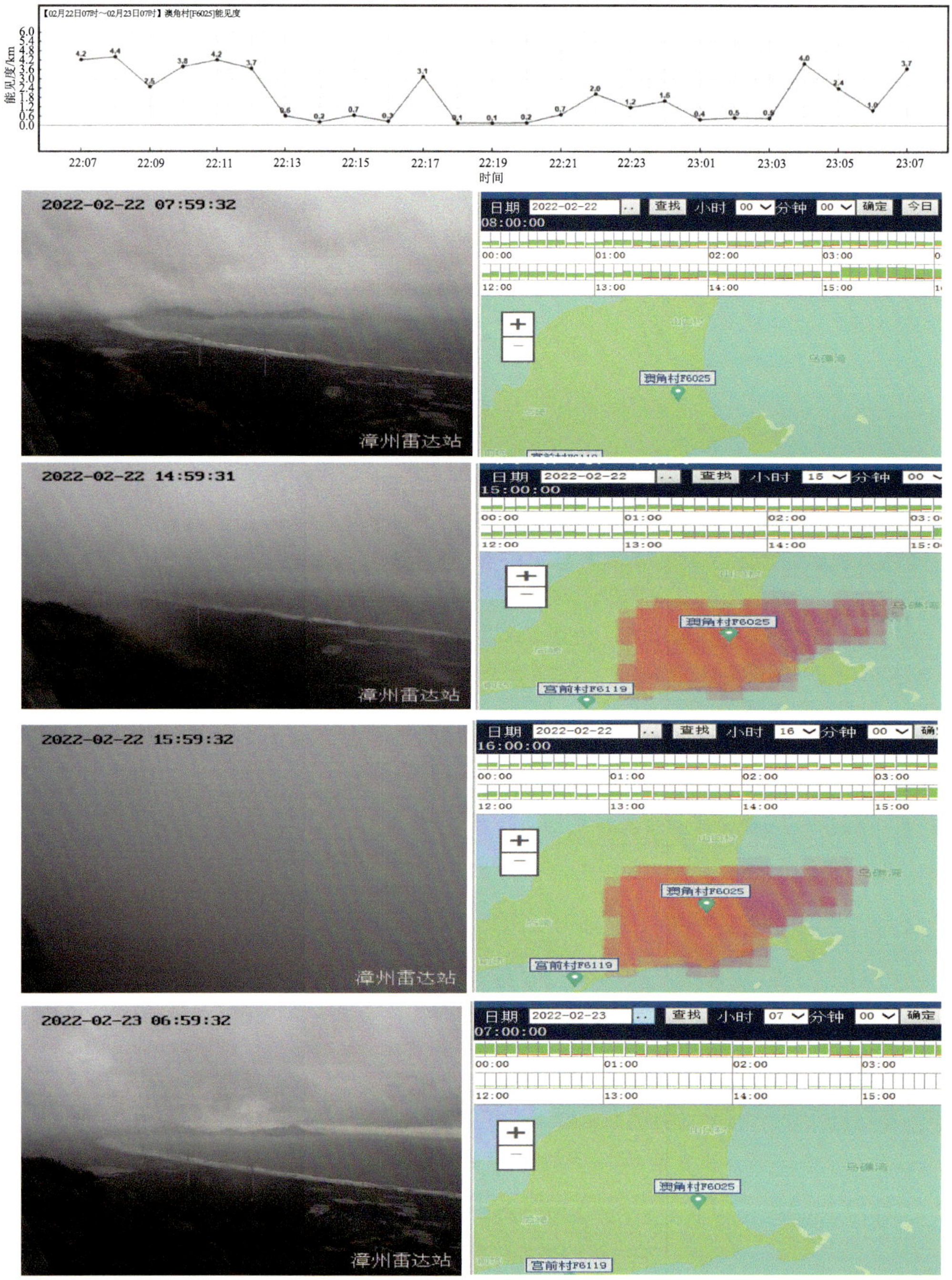

图 4.11　多种观测手段对比

的监测与追踪，指导沿海县市发布大雾预警信号。LoRa 海雾观测系统在确保预警发布的时间提前量和准确性方面发挥了积极作用，在实际业务中能够发挥较好的预警监测作用。

第 5 章　多设备温湿廓线协同观测比对试验

基于同址 L 波段探空廓线数据，在北京国家综合气象观测试验基地（简称北京基地）开展微波辐射计、拉曼测温湿激光雷达探测能力和探测精度连续比对试验，进行温湿廓线的误差比对分析，并开展了地基和星载观测设备融合算法研究。结果表明：在晴天和云天条件下，微波辐射计温度的平均探测精度优于拉曼激光雷达，微波辐射计的相对湿度探测精度与拉曼激光雷达相近；星地联合探测数据融合能有效提高地基遥感数据精度，晴天 0～10 km 温度 RMSE 可以减小 0.6 K，云天温度 RMSE 可以减少 1.3 K；晴天 0～10 km 湿度 RMSE 可以减小 1.5%，云天湿度 RMSE 可以减少 3.6%。本试验提高了拉曼激光雷达与微波辐射计反演大气温湿度结果的实时性和可靠性，获得了更加精细的高时空分辨率的大气结构观测资料，可为天气预报、数值模拟、大气环流分析、人工影响天气等科研业务提供重要的观测数据。

5.1　试验目的

大气温度和湿度是天气预报和气候研究中重要的气象参数，也是大气精细结构观测的基本参数。对于大气温湿廓线的探测技术手段主要包括：无线电探空、星载遥感探测、掩星探测、地基遥感探测等，探测能力各有优劣。本试验尝试将地基微波辐射计与拉曼激光雷达、星载微波辐射计、GPS 掩星探测的温湿度廓线结合起来，实现优势互补，融合产品将弥补单一测量的局限性，并获得全天时、全天候、连续、高分辨率的大气温度及湿度廓线。该技术将提高拉曼激光雷达与微波辐射计反演大气温湿度结果的实时性和可靠性，获得更加精细的高时空分辨率的大气结构观测资料，为天气预报、数值模拟、大气环流分析、人工影响天气等科研业务提供重要的观测数据。

5.2　试验内容

（1）以 L 波段探空的温度和湿度数据为标准，在北京基地同址开展拉曼测温和拉曼测水汽激光雷达、微波辐射计大气廓线探测能力和探测精度连续比对试验，包括晴空、雾/霾、云和降水等天气过程。

（2）建立对比观测技术方案和方法，获取对比数据集，形成不同技术体制温湿廓线探测能力和测量精度对比分析报告。

（3）开展温湿廓线融合算法研究，形成融合产品。

5.3　技术路线

2021 年 3—7 月，在北京基地开展微波辐射计、拉曼测温湿激光雷达和业务探空等多种技术体制温湿廓线探测设备观测比对试验。

5.3.1　数据的收集整理

试验期间，定期维护设备运行稳定，定时收集上述试验设备采集的原始数据和温湿廓线产品数据。同时，根据数据情况及时记录数据缺测原因。

5.3.2　数据的预处理

数据的预处理包括数据时空匹配和不同天气条件筛选，具体如下。

(1)数据时空匹配：根据探空数据的时间分辨率(2～3 次/d)，提取相应时间段的微波辐射计、拉曼激光雷达数据，并将探空数据分别插值到试验设备产品高度上，形成时间、空间一致的探空和微波辐射计、拉曼激光雷达的温湿数据，用于比对分析。

为更全面分析微波辐射计全天时廓线探测性能，采用同址、逐小时、10 km 以下的 ECMWF 再分析资料，生成与 ECMWF 再分析数据时间、高度一致的微波辐射计温湿数据并分析评估。

(2)不同天气筛选：以北京基地内同址的毫米波云雷达的云高数据、地面气象站(54511)降雨、总云量等逐小时观测数据为依据，按照晴天、云天、雨天 3 种天气类型对时间、空间匹配一致的微波辐射计、拉曼激光雷达和 L 波段探空、ECMWF 再分析资料的温湿数据进行分类评估。

5.3.3　数据比对分析

试验利用时空一致的微波辐射计、拉曼激光雷达、L 波段探空及 ECMWF 再分析资料，比对分析微波辐射计、拉曼激光雷达在不同天气条件、不同高度上与参考标准的误差情况，采用相关系数、系统误差和标准差等指标，以图表结合的方式评价各设备在不同天气条件下的探测能力。

具体技术路线如图 5.1 所示。

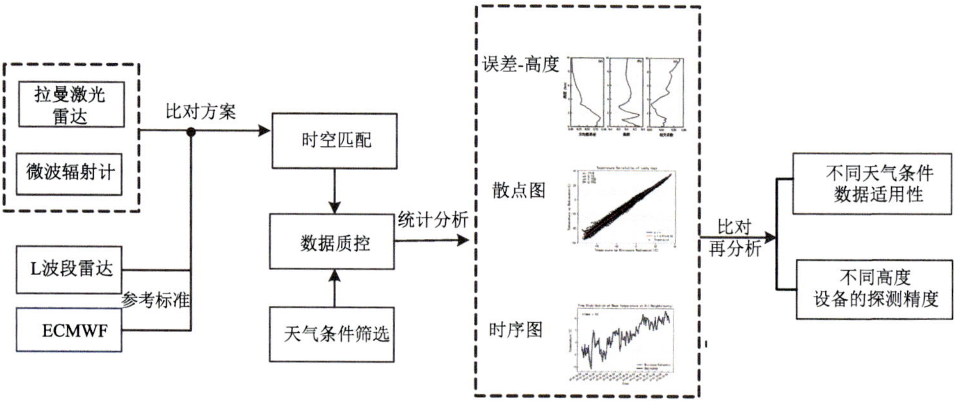

图 5.1　技术路线

主要分析内容如下。

(1)标定时间的影响：采用距设备标定时间的天数和设备数据误差的关系，分析微波辐射计、拉曼激光雷达数据受标定时间的影响程度。

(2)天气条件的适用性：分不同天气条件(晴天、云天、雨天)分析微波辐射计、拉曼激光雷达温湿廓线与 ERA5(欧洲中期天气预报中心)再分析数据的误差。

(3)不同高度的探测精度：分析了 0～10 km 微波辐射计、拉曼激光雷达、FY-4A/GIIRS 温度、相对湿度廓线误差的垂直分布。

(4)微波辐射计的日变化分析：从亮温、温湿产品数据两方面，分别分析了微波辐射计与同址 ECMWF 再分析资料的误差的日变化情况。

(5)将 ERA5 再分析数据与探空数据进行精度检验，分析 ERA5 再分析资料温湿度数据的误差特征，开展再分析数据偏差订正算法研究。

(6)分析地基微波辐射计和拉曼激光雷达温湿度产品误差特征，开展温湿度产品数据偏差订正研究，研究微波辐射计和拉曼激光雷达温湿度产品融合算法，开展地基遥感温湿场产品融合研究。

(7)分析风云四号卫星温湿度产品误差特征，开展地基遥感和星载遥感温湿度产品一维变分反演融合算法研究，完成星地联合温湿度探测数据融合算法技术攻关。

5.4　试验布局

试验包括布设于北京基地的微波辐射计共 3 台、拉曼测湿激光雷达(704)1 台和布设于北京理工大学(中关村校区)的纯转动拉曼-米雷达 1 台，L 波段探空数据为北京 54511 站同址业务观测所得。

5.5　试验分析

5.5.1　不同技术体制温湿廓线探测技术的比对

在有效比对期间，采用设备数据与探空的偏差的相关系数、系统误差和标准差等指标，以图表结合的方式评价各设备在不同天气条件下的探测能力。

5.5.1.1　MWR-A 型微波辐射计比对结果

考虑探空球漂移的影响，对 MWR-A 型微波辐射计温湿数据进行筛选，剔除粗大误差。结果如下。

(1)不同天气条件下温度比对情况

从图 5.2、图 5.3 可以看出，MWR-A 型微波辐射计 0～10 km 的温度在晴天、云天均与探

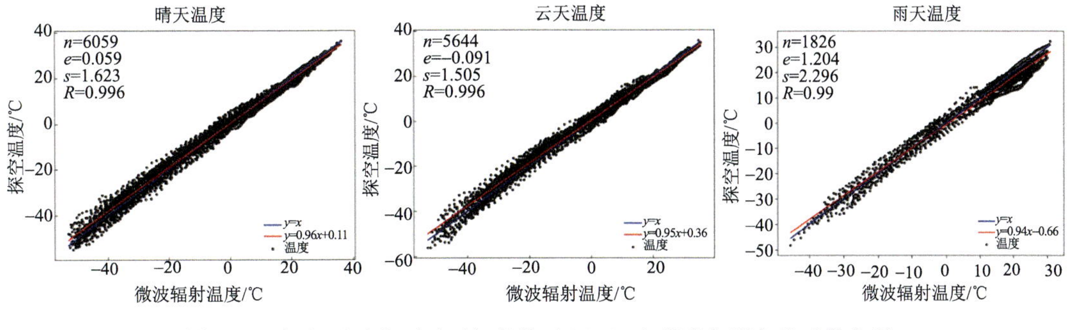

图 5.2　晴天、云天和雨天天气条件下 MWR-A 温度与探空比对散点图

图中 n 为微波辐射计实际参与比对(与探空进行时空匹配的比对数据)的数据点数，e 为系统误差，s 为标准差，R 为微波辐射计与探空数据的相关系数，红实线为所有散点数据的拟合直线，蓝实线为 $y=x$ 的参考线

空拟合较好,时间变化幅度一致,相关系数达到 0.99 以上;雨天温度比探空的时间变化幅度略大。晴天和云天下的 MWR-A 温度与探空的标准差在 1.7 ℃以下,雨天天气下的温度标准差高于晴天和云天。从拟合线(红线)和参考线(蓝线)的靠近程度来看,晴天和云天天气下,温度误差随着高度增加,误差越大(两线分开程度越大,误差越大)。

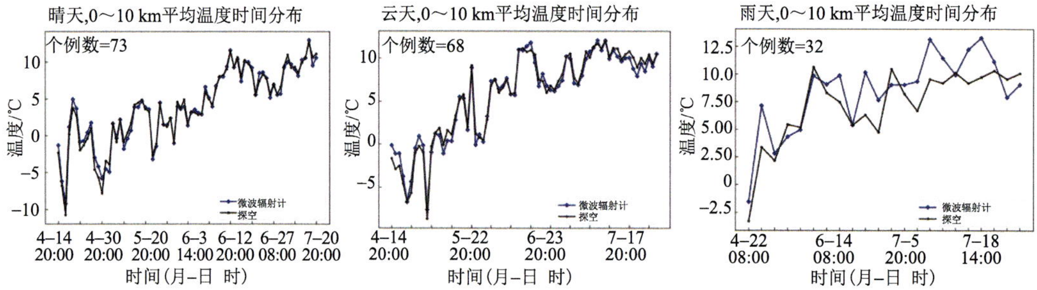

图 5.3 晴天、云天和雨天天气条件下 MWR-A 的 0～10 km 平均温度与探空比对时序图

时序图中蓝色实线为微波辐射计 0～10 km 所有高度层数据的平均值(与探空进行时空匹配的比对数据),黑色实线为探空对应高度的数据平均值

(2)不同天气条件下湿度比对情况

从图 5.4、图 5.5 可以看出,MWR-A 型微波辐射计 0～10 km 的相对湿度在晴天、云天与探空拟合较好,时间变化幅度一致,相关系数达到 0.85 以上;雨天相对湿度点比较离散,这是因为降雨时设备天线罩覆盖的水膜对亮温观测影响导致的。晴天的 MWR-A 相对湿度与探空的标准差最小,为 10.149%。

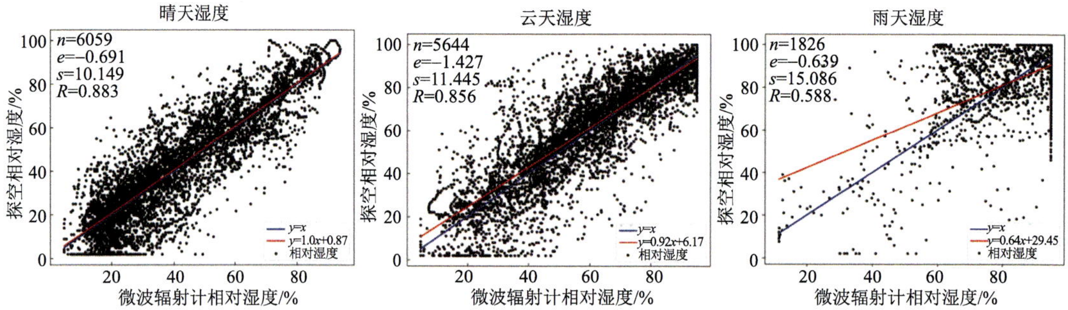

图 5.4 晴天、云天和雨天天气条件下 MWR-A 相对湿度与探空比对散点图

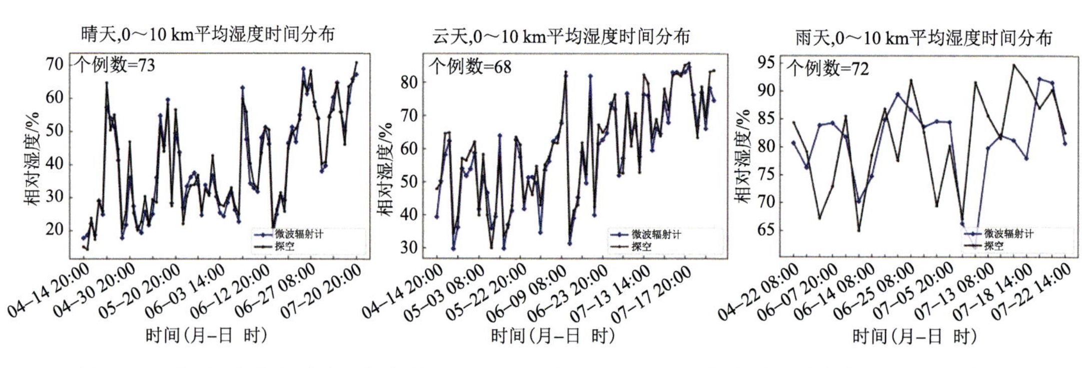

图 5.5 晴天、云天和雨天天气条件下 MWR-A 的 0～10 km 平均相对湿度与探空比对时序图

(3)不同高度下温度比对情况

从 5.6 图综合可以看出，晴天、云天条件下，MWR-A 温度与探空在 2 km 以下偏差较小，标准差在 1 ℃左右，探测能力较好；雨天温度与探空在低层高度上偏差较大。晴天、云天的温度与探空的误差随着高度的升高，误差增大，整体在 3 ℃以内。

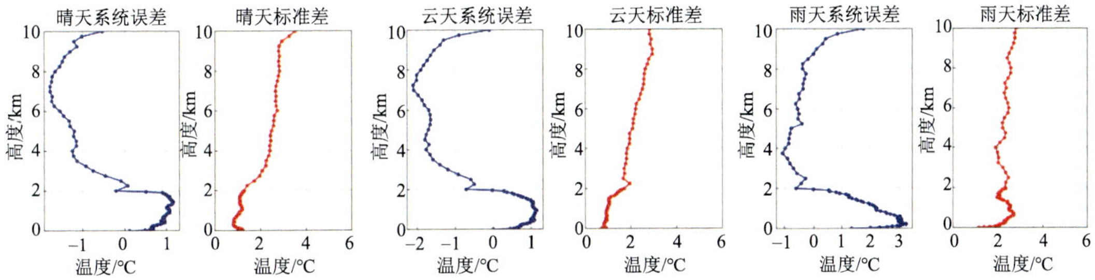

图 5.6　晴天、云天和雨天天气条件下 MWR-A 温度与探空比对的高度分布图
蓝线为不同高度上系统误差，红线为不同高度上标准差

(4)不同高度下湿度比对情况

从图 5.7 可以看出，晴空条件下，相对湿度与探空的偏差在 0 附近摆动；云天条件下，9 km 以下相对湿度与探空的偏差在±5%之间摆动；综合整层高度来看，晴空相对湿度的误差最小，有云天次之，雨天相对湿度误差最大。

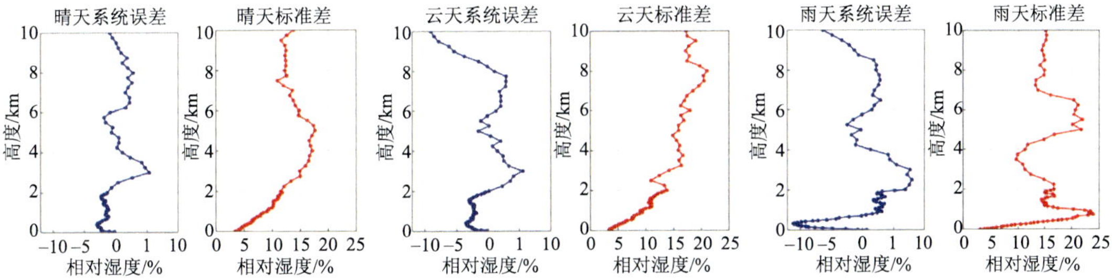

图 5.7　晴天、云天和雨天天气条件下 MWR-A 相对湿度与探空比对的高度分布图
蓝线为不同高度上系统误差，红线为不同高度上标准差

MWR-B 型、MWR-C 型微波辐射计比对结论相同(略)。

5.5.1.2　拉曼测温激光雷达比对结果

(1)样本的筛选

①有效样本的筛选

试验采用了 2021 年 3—7 月位于北京理工大学中关村校区的纯转动拉曼-米雷达(BIT-PRR3)的测量数据，共获取非降雨日 51 d。

根据拉曼激光雷达自身的特性，对样本进行了筛选：由于拉曼激光雷达高低阶信号的回波接收特性不同，几何因子也不同，因此滤除掉最远探测距离<2 km 的数据共 10 d。计算剩余日期的数据绝对偏差的平均值的均值为 2.49 K，将当日绝对偏差的平均值小于 2 倍均值 4.98 K作为筛选有效数据的标准，共剔除 6 d 数据，最终有效数据为 35 d，整体数据有效率为 68.7%。具体如表 5.1 所示。

表 5.1 用于试验的拉曼测温激光雷达样本

编号	标定时间	测量日期	天气	测量最大高度/km	绝对偏差的平均值/K	偏差的标准差/K	备注
1	3月25日	3月25日	云	5.55	0.47	5.13	AQI=88
2		3月31日	云	17.82	2.70	3.81	AQI=115
3	4月6日	4月6日	晴	15.30	1.15	1.93	时间间隔太久,所以选择使用当日探空进行标定。AQI=55
4		4月7日	云	16.35	2.72	3.52	AQI=66
5		4月8日	云	12.78	2.79	3.36	AQI=64
6	4月12日	4月12日	云	7.20	0.34	0.48	时间间隔太久,所以选择使用当日探空进行标定。AQI=74
7		4月13日	晴	19.44	3.49	4.97	4月13日的探空在4 km位置处有一较大逆温层,在拉曼温度中没有出现,因此两者在4 km位置处产生了8.96 K的最大偏差,在5 km以上平均偏差降低到1.51 K。AQI=30
8		4月14日	晴	18.12	3.38	3.93	AQI=66
9	4月19日	4月19日	云	8.04	0.35	0.45	时间间隔太久,所61以选择使用当日探空进行标定。AQI=90
10		4月20日	晴	15.27	2.59	5.13	AQI=87
11	5月7日	5月7日	晴	13.08	1.25	2.44	AQI=142,属于轻度污染天气
12	5月11日	5月11日	云	11.73	2.69	3.55	AQI=50,空气质量优,由于5月11日与5月7日的AQI指数相差较大且相隔时间较远,因此分别使用当天的探空进行标定
13	5月17日	5月17日	云	14.07	0.57	1.02	时间间隔太久,所以选择使用当日探空进行标定。AQI=43
14		5月19日	云	7.41	1.19	1.54	AQI=72
15		5月20日	云	12.54	2.80	3.78	AQI=63
16	5月25日	5月25日	云	4.74	0.83	1.06	时间间隔太久,所以选择使用当日探空进行标定。AQI=67
17		5月26日	云	7.14	1.38	1.98	AQI=52
18		5月28日	云	7.38	1.87	2.20	AQI=39
19		5月29日	晴	13.11	2.65	3.14	AQI=45
20		5月30日	晴	11.46	1.76	2.22	AQI=42
21	6月2日	6月2日	云	10.95	0.35	0.48	时间间隔太久,所以选择使用当日探空进行标定。AQI=45
22		6月3日	晴	13.38	3.95	5.42	AQI=27
23		6月4日	晴	9.09	3.14	3.95	AQI=34

续表

编号	标定时间	测量日期	天气	测量最大高度/km	绝对偏差的平均值/K	偏差的标准差/K	备注
24	6 月 10 日	6 月 10 日	晴	14.70	2.30	4.33	时间间隔太久，所以选择使用当日探空进行标定。AQI=32
25		6 月 11 日	云	6.09	2.37	4.69	AQI=51
26		6 月 12 日	云	8.97	1.11	1.19	AQI=88
27	6 月 17 日	6 月 17 日	云	11.52	1.24	1.39	时间间隔太久，所以选择使用当日探空进行标定。AQI=28
28	6 月 18 日	6 月 18 日	晴	9.75	1.42	2.37	通过观察米通道的数据发现，由于 6 月 17 日在 7～10 km 位置存在极强的云信号，对该区域的标定系数有较大影响，因此 6 月 18 日使用当天的探空进行重新标定。AQI=29
29		6 月 19 日	晴	10.62	1.91	2.28	AQI=36
30		6 月 20 日	云	12.21	3.39	2.31	AQI=39
31		6 月 21 日	云	10.05	3.31	4.41	通过观察米通道的数据发现在拉曼雷达测量的 2～3 km 的位置有一云层，因此温度反演结果在 3 km 左右的区域出现一逆温层。探空与拉曼温度在 3 km 左右的位置出现 5.96 K 的偏差，在 4 km 以上，平均误差减小为 1.60K。AQI=63
32	7 月 4 日	7 月 4 日	晴	11.40	1.14	4.69	时间间隔太久，所以选择使用当日探空进行标定。AQI=64
33		7 月 7 日	云	8.58	2.96	2.54	AQI=32
34	7 月 23 日	7 月 23 日	云	10.29	1.86	4.75	时间间隔太久，所以选择使用当日探空进行标定。AQI=62
35		7 月 25 日	云	7.59	1.85	2.76	AQI=66
平均统计				11.31	1.98	2.68	

由表 5.1 和图 5.8 可见，在使用一天的探空标定近一周数据的情况下，筛选后温度与探空精度标准差为 2.68 K，与探空相关关系达到 0.98。

表 5.1 中采用临近时间标定，主要是由于随着时间的延续，试验采用的拉曼测温激光雷达数据与探空的误差逐渐变大，表 5.2 中显示若要保证拉曼温度的平均偏差为 2.5 K，标准差小于 3.5 K，则需要每 2～3 d 进行一次标定，并且拉曼测温激光雷达也受天气剧烈变化的影响，因此，在试验期间对拉曼测温激光雷达进行了多次标定。

②不同天气条件样本的筛选

由于拉曼测温激光雷达位于北京理工大学内，同址测量点没有毫米波云雷达，且考虑到拉曼温度测量和探空距离相对较远，因此，采用拉曼测温激光雷达中的米通道数据来辅助筛选区分晴天或是有云天。

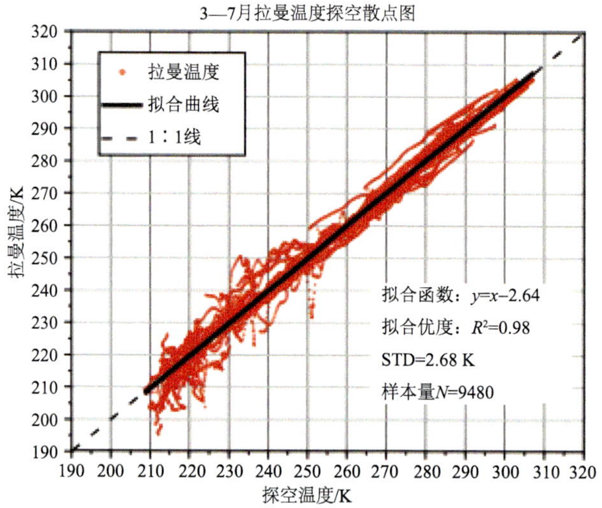

图 5.8　拉曼雷达测温有效数据与探空温度散点图

表 5.2　标定后温度测量偏差及标准差随天数的变化

	使用当天探空标定	使用相邻 1 d 探空标定	使用相邻 2 d 探空标定	使用相邻 3 d 探空标定	使用相邻 4 d 探空标定
绝对偏差的平均值/K	1.02	2.48	2.64	3.07	2.05(样本较少)
偏差标准差/K	1.72	3.22	3.27	4.02	2.02(样本较少)

具体筛选方法如下：依靠 Wang 等(2001)文章中提出的方法，对米通道的回波信号进行距离平方反比校正，观察其是否出现了大的波动，并计算其波动位置峰值与峰底信号的比值，若比值大于 4，则认为有云层，若比值小于或等于 4，则认为只是气溶胶层。

下面以 3 月 25 日与 4 月 6 日的数据为例进行说明，这两天米通道回波信号如图 5.9 所示。

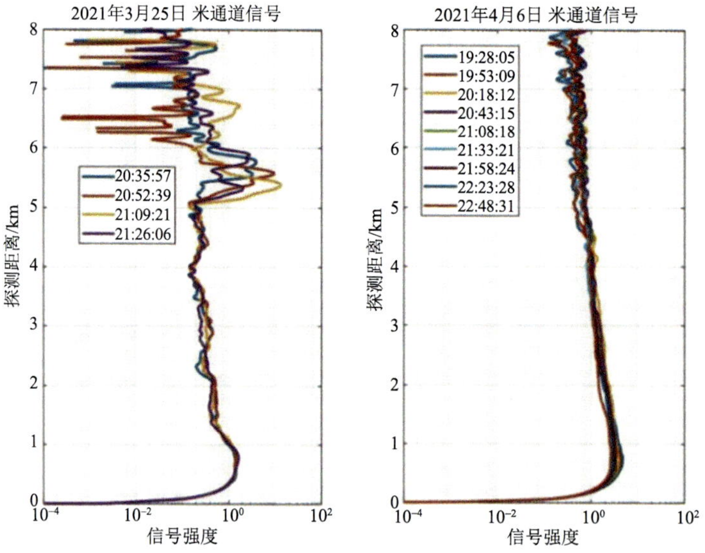

图 5.9　不同天气下的米通道信号对比

由图 5.9 可见，3 月 25 日晚 20:45—21:15 时段内，在 5～6 km 的高度区间，$X_{min}>16$，将其分类为有云天气。而 4 月 6 日晚 20:45—21:15 时间内，在 0～8 km 的高度区间，$X_{max}<2$，将其分类为晴天。依据此标准对有效数据进行了天气条件分类，共分为晴天 10 d、有云天 25 d。

(2)不同天气条件下温度比对情况

从图 5.10 可以看到，无论是晴天还是有云天，散点图的拟合线基本与理想 1:1 线一致，测量散点也较为均匀地分布在拟合线两侧，R^2 则分别达到 0.95 和 0.98，相关系数为 0.98 和 0.99。

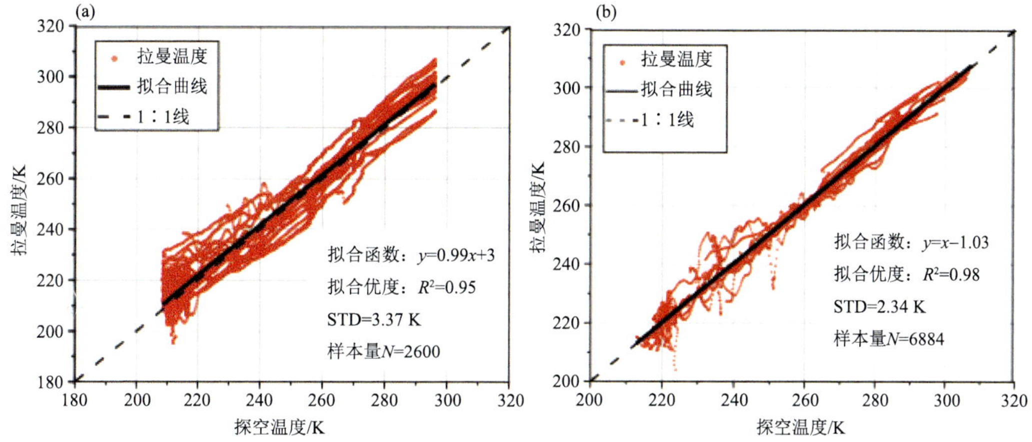

图 5.10　晴天(a)和云天(b)拉曼雷达测温与探空温度散点图

从表 5.3 可以看到，晴天拉曼测温激光雷达的最远探测距离平均可达到 13.44 km，远大于有云天气的最远探测距离均值 10.05 km，但由于晴空下探测距离更远，高空的回波信噪比降低会导致测得的温度数据不准确，导致了晴天条件下温度与探空的平均偏差和标准差均比有云天气条件大 0.6 K 左右。

表 5.3　不同天气下拉曼激光雷达测温与探空温度的误差

	所有天气	晴天	云天
最远探测距离/km	11.31	13.44	10.05
绝对偏差的平均值/K	1.98	2.40	1.78
偏差的标准差/K	2.68	3.37	2.34

(3)不同高度下温度比对情况

从图 5.11 可见，在 12 km 以下时，拉曼测温激光雷达和探空温度的数据在晴天和有云天气下的绝对偏差相近，但在 12 km 以上时，晴天测量的绝对偏差整体迅速增大，其偏差均值在 12 km 以上超过 5 K，分析认为原因有两个：一是激光雷达在高空的回波信噪比降低会导致测得的温度数据不准确；另一个是探空随着距离的升高飘离测量点的距离变大也会导致两者出现偏差。

将高度每间隔 2 km 进行误差分析，结果如表 5.4 和图 5.12 所示。可以看出，温度的平均偏差和标准差都随着探测高度的增加而明显增加，其主要原因是系统回波信噪比随着高度增加而减小。在 0～2 km 高度中平均偏差为 1.59 K、偏差标准差为 0.81 K，而在 8～10 km 平均偏差增长为 7.13 K，偏差标准差增长为 6.21 K，如果只看 8 km 以下数据，则平均偏差和标准差都要小于 2 K。

表 5.4　不同高度下拉曼激光雷达温度与探空的偏差

	0～2 km	2～4 km	4～6 km	6～8 km	8～10 km
绝对偏差的平均值/K	1.59	1.62	1.11	1.94	7.13
偏差的标准差/K	0.81	1.06	0.83	1.57	6.21

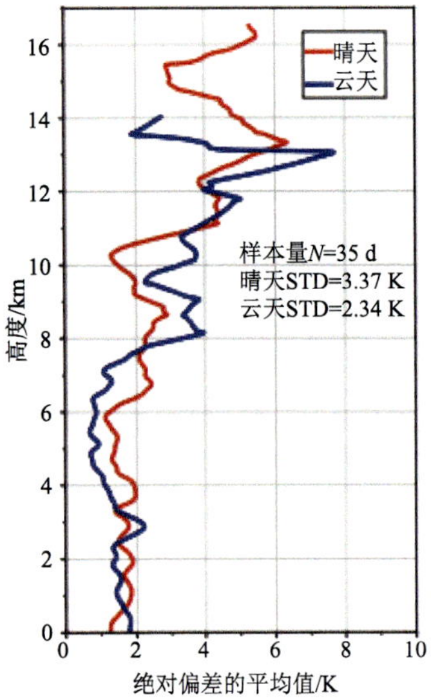

图 5.11　不同天气下温度与探空的绝对偏差平均值随高度的变化

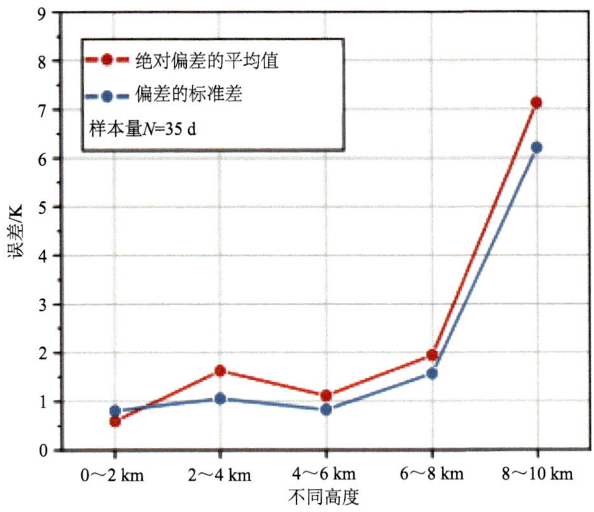

图 5.12　拉曼温度随高度的偏差变化

对不同高度下的拉曼激光雷达温度与探空数据绘制散点图 5.13，拉曼温度数据和探空温度数据的散点图在 0～8 km 内 R^2 均大于 0.85，拟合曲线与 1∶1 线非常接近，说明在 8 km 以下高度的拉曼温度与探空均具有非常好的一致性，数据可靠性高，而在 8～10 km 范围内 R^2 为 0.77，与 1∶1 线偏差相较于 0～8 km 有所增大。

5.5.1.3　AMPLE02 型拉曼测湿激光雷达比对结果

(1)样本的筛选

试验采用了 2021 年 4—6 月 AMPLE02 型拉曼激光雷达湿度数据，共 91 d。其中，有 13 d 的数据中有 1/3 出现相对湿度大于 100％的数值，视为无效数据剔除，剩余数据 78 d。对这 78 d数据进行误差分析(图 5.14)，可以看到绝对偏差均值在 10％～15％的天数最多为 27 d，在 15％～20％区域则下降到了 17 d，但是偏差标准差在 15％～20％范围内达到了 26 d，因此需要对数据进行进一步筛选。

为了最终分析结果具有较高的有效性，在进一步筛选有效数据时进行了以下几种尝试。

①以绝对偏差平均值小于总数据平均偏差的 2 倍作为筛选标准

全部 78 d 数据绝对偏差的平均值的均值为 13.81％，以绝对偏差的平均值小于 27.62％作为筛选有效数据的标准，绘制拉曼激光雷达测湿与探空湿度的散点图，观察其一致性，得到

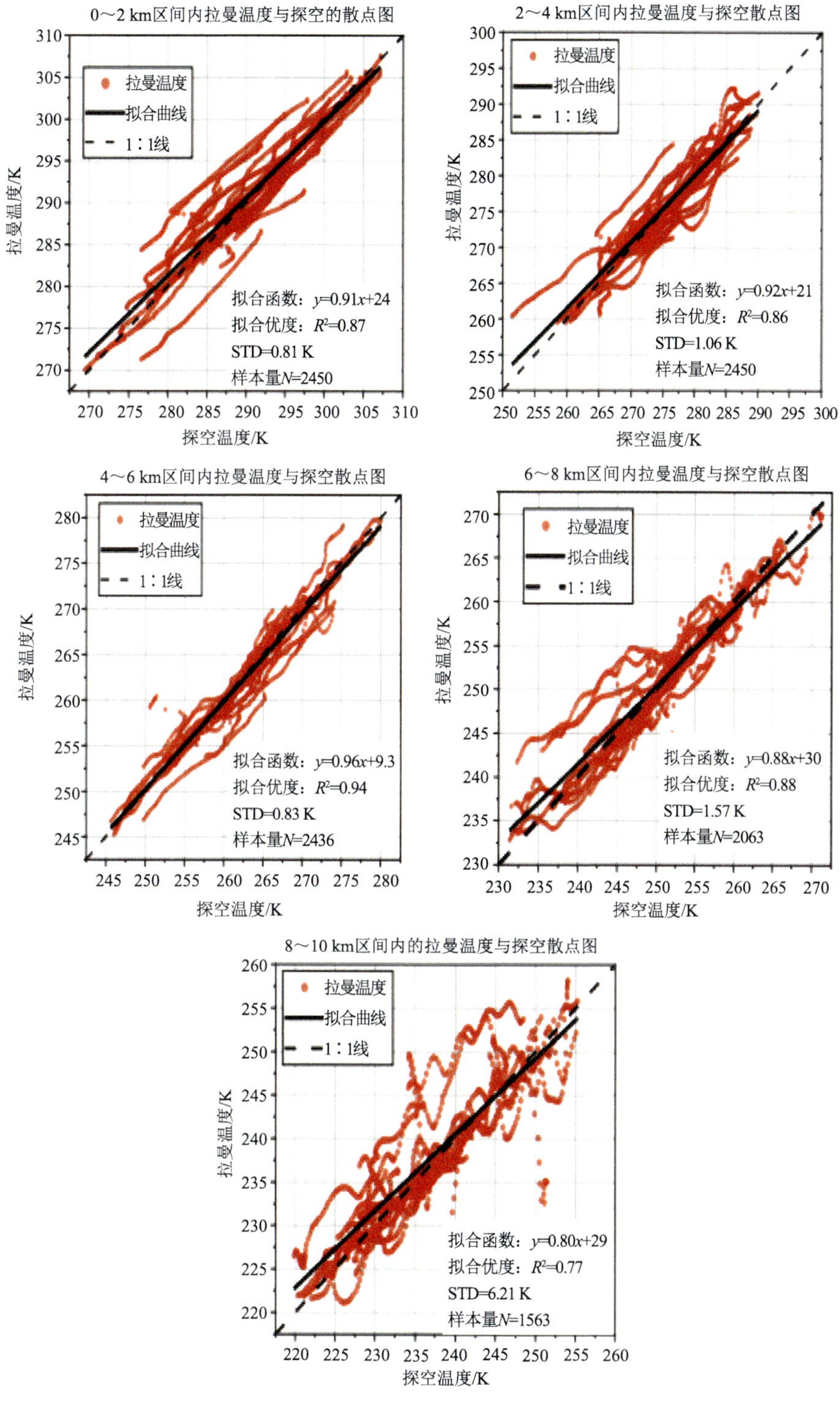

图 5.13　不同高度区间内拉曼激光雷达温度与探空的散点图

的结果见图 5.15，此时拉曼激光雷达测量的湿度与探空湿度数据的散点拟合曲线的拟合优度 R^2 仅有 0.48，说明拉曼激光雷达湿度与探空湿度的一致性和相关性都极差。因此又给出了如

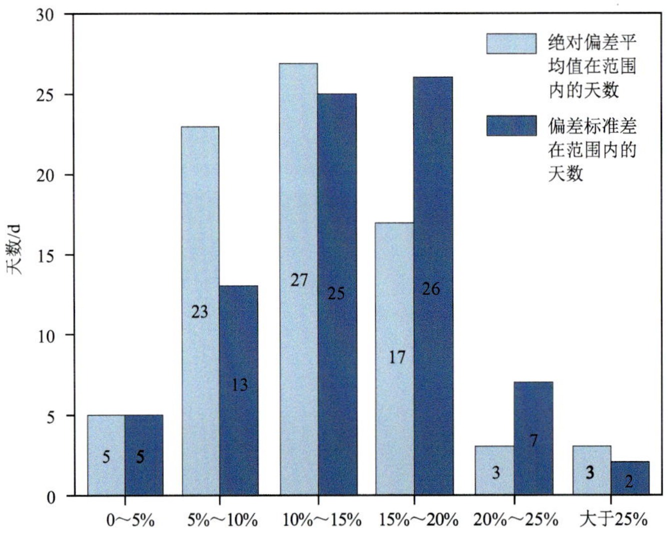

图 5.14 拉曼激光雷达湿度数据平均误差和标准差的天数分布

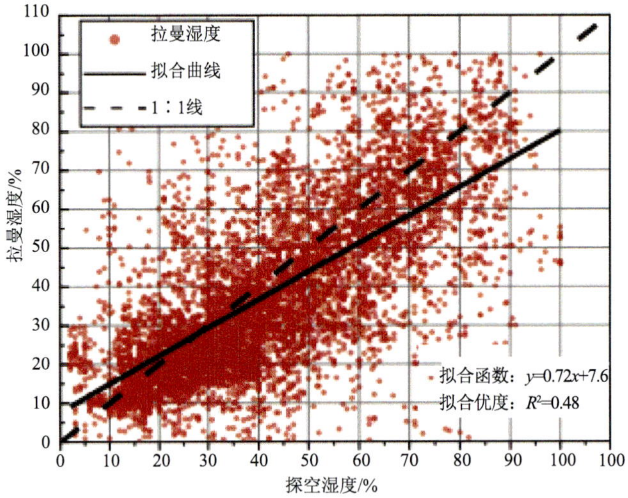

图 5.15 筛选方式①拉曼雷达测湿与探空湿度散点图

下更加严格的数据筛选标准。

②以绝对偏差平均值小于 15％作为筛选有效数据的标准

在 78 d 数据中，绝对偏差的平均值小于 15％的日期共有 55 d。绘制拉曼激光雷达湿度与探空湿度的散点图 5.16，观察其一致性，此时拉曼激光雷达湿度与探空的拟合曲线的线性系数为 0.81，拟合优度虽然有所增加，但 $R^2=0.55$ 还是小于 0.6，拉曼激光雷达湿度与探空湿度的相关性还是较低，这样的数据还是很难直接应用。因此我们尝试再次严格筛选标准。

③以绝对偏差平均值同偏差标准差同时小于 15％作为筛选有效数据的标准

从图 5.17 拉曼激光雷达湿度误差分布中可以看到，绝对偏差平均值与偏差标准差的分布略有不同，在偏差平均值小于 15％的数据中，有一部分的数据由于偏差标准差过大，导致与探空的一致性非常弱，数据可靠性低。因此将偏差标准差加入到筛选数据的标准中，设定阈值同

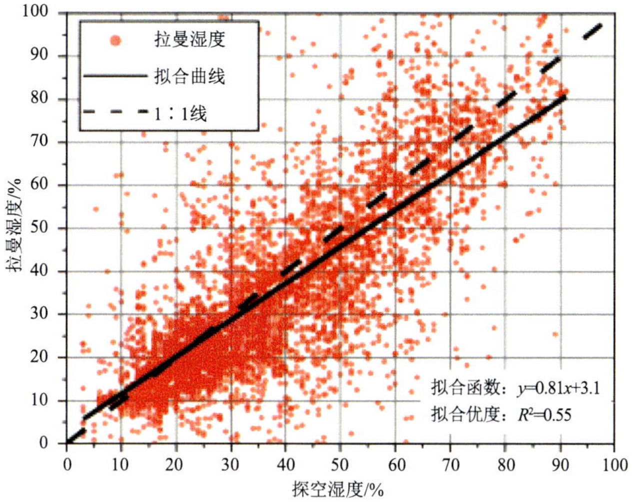

图 5.16　筛选方式②拉曼激光雷达测湿与探空湿度散点图

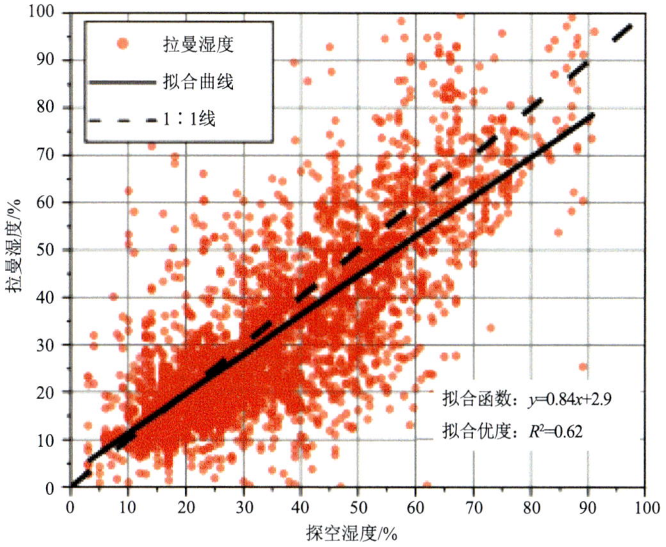

图 5.17　筛选方式③拉曼激光雷达测湿与探空湿度散点图

样为 15%，共得到 37 d 有效数据，绘制拉曼激光雷达湿度与探空湿度的散点图，分析其一致性。

由图 5.17 可知，在筛选方式③下拟合曲线与 $y=x$ 线更为接近，拟合优度 $R^2=0.62>0.6$，拉曼激光雷达湿度与探空数据相关性较高。因此，最终选用绝对偏差平均值同偏差标准差同时小于 15%作为筛选有效数据的标准。获得有效数据的天数共为 37 d，总数据有效率为 41%。具体样本情况如下表，37 d 的相对湿度绝对偏差平均值为 8.84%，平均偏差标准差为 9.97%。经筛选，共筛选出晴天 25 d、有云天 12 d。

(2)不同天气条件下湿度比对情况

从图 5.18 可见，晴天的数据的平均偏差为 8.45%，标准差为 9.1%，有云天气平均偏差为

9.46%,标准差为 10.3%,R^2 值分别为 0.59 和 0.63,相关系数为 0.77 和 0.79,相关性较好,但是都与 1∶1 线存在一定偏差。

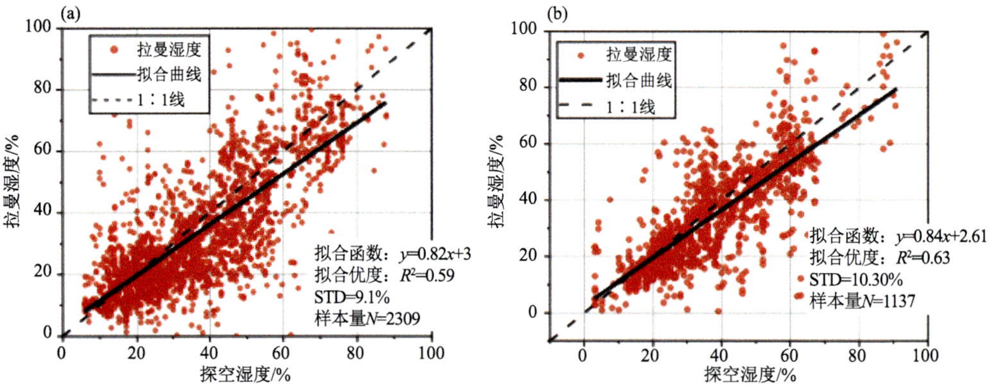

图 5.18 晴天(a)、云天(b)拉曼雷达测湿与探空湿度散点图

(3)不同高度下湿度比对情况

从图 5.19 可以看到,在 1.5 km 以下晴天和云天的绝对偏差均值相近,而 1.5 km 以上晴天数据的绝对偏差均值比云天要大,说明对于 1.5 km 以上高空的探测,云天数据更加准确。

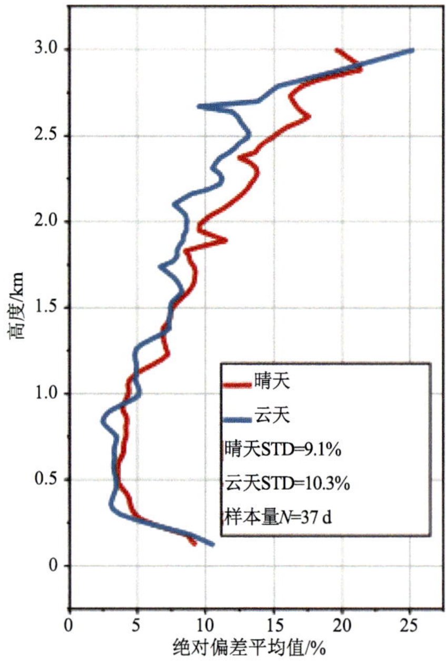

图 5.19 不同天气下拉曼雷达测湿与探空湿度的绝对偏差平均值随高度的变化图

将高度每隔 0.5 km 进行误差分析(图 5.20),0.5 km 以上相对湿度的平均偏差和标准差都随着高度增大而增大,而 0~0.5 km 可能因为存在激光雷达盲区和部分充满区,存在标定误差,因此平均偏差和标准差要大于 0.5~1 km 高度数据误差。在 0~0.5 km 内平均偏差为 5.58%、偏差标准差为 3.49%,在 2.5~3 km 内平均偏差增长为 17.43%、偏差标准差增长为 15.72%。

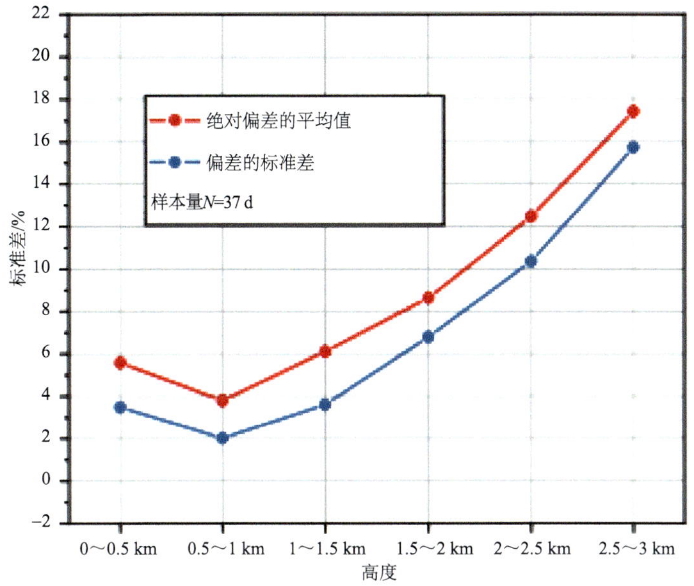

图 5.20　拉曼雷达测湿随高度的偏差变化

对不同高度区间的拉曼激光雷达测湿与探空湿度数据绘制散点图(图 5.21),可以看到,拉曼湿度的线性拟合优度随着高度的增加而增加,在 2 km 以下拟合优度 R^2>0.72,拟合曲线与 1∶1 线非常近似,说明在 2 km 以下拉曼雷达测湿与探空的一致性较好,数据可靠度较高,而在 2～3 km 范围内 R^2 仅有 0.28,与理想 1∶1 线相差也较大,可以认为这台激光雷达在 2 km 以上的拉曼水汽数据的准确性和可靠性是不够的。

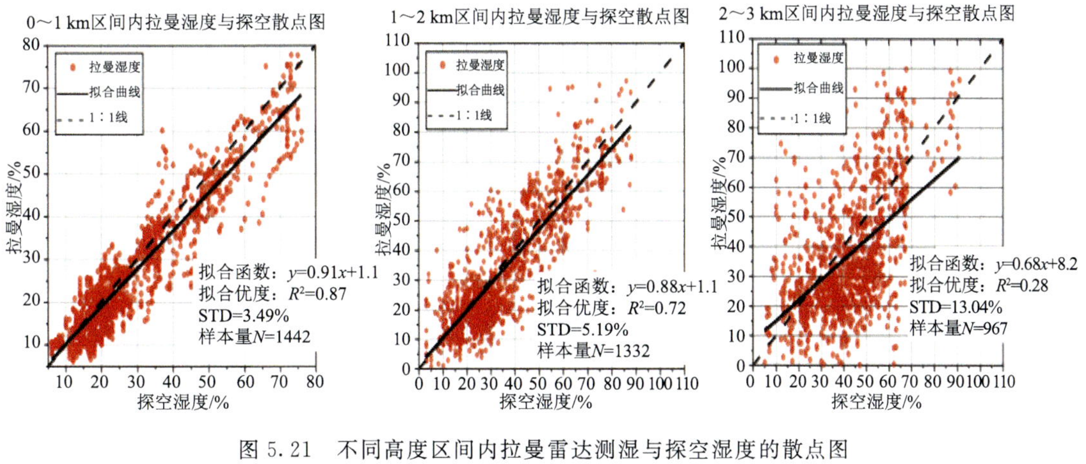

图 5.21　不同高度区间内拉曼雷达测湿与探空湿度的散点图

5.5.1.4　所有设备比对结果

对微波辐射计和拉曼激光雷达连续运行获得的所有有效比对数据,分别以 L 波段探空、ECMWF 数据为标准,统计分析得到不同天气条件下(晴天、云天、雨天)微波辐射计、拉曼激光雷达的统计值,结果如表 5.5 所示。

表 5.5 温湿廓线协同观测对比试验统计比对结果

设备	天气条件	温度						相对湿度					
		有效数据个数	相关系数	系统差/℃	标准差/℃	数据有效率/%	探测高度/km	有效数据个数	相关系数	系统差/%	标准差/%	数据有效率/%	探测高度/km
微波辐射计MWR-A	晴天	6059	0.996	0.06	1.62	77.7	10	6059	0.883	−0.69	10.15	77.7	10
	云天	5644	0.996	−0.09	1.51	85	10	5644	0.856	−1.43	11.45	85	10
	雨天	1826	0.99	1.2	2.3	91.7	10	1826	0.588	−0.64	15.09	91.7	10
微波辐射计MWR-B	晴天	4316	0.996	0.51	1.55	72.9	10	4316	0.846	0.49	10.33	63.4	10
	云天	4067	0.996	0.37	1.47	69.4	10	4067	0.825	−2.98	12.6	69	10
	雨天	1577	0.97	3.04	3.22	82.6	10	1577	0.259	−8.97	17.36	76	10
微波辐射计MWR-C	晴天	5478	0.998	−0.01	1.21	100	10	5478	0.925	2.87	10.77	100	10
	云天	3652	0.998	−0.03	1.04	100	10	3652	0.923	−1.37	11.4	100	10
	雨天	249	0.996	1.15	1.07	100	10	249	0.738	−2.72	9.22	100	10
拉曼激光雷达	晴天	2600	0.975	2.4	3.37	68.7	13.44	2309	0.768	8.45	9.1	41	3
	云天	6884	0.99	1.78	2.34	68.7	10.05	1137	0.794	9.64	10.3	41	3
	雨天	—	—	—	—	—	—	—	—	—	—	—	—

注:(1)数据可用率是设备根据各自的筛选条件剔除后得到的数据量(有效个数)除以总量的百分率。其中,带 * 的数据由于辐射计天线罩有一定的老化现象,降雨对亮温影响时间长,未能反映真实情况,故进行了剔除,从而导致数据有效率偏低。

(2)—表示无可用数据用于统计分析。

试验进一步开展了多设备时空匹配样本个例分析(图 5.22),选取 2021 年 6—7 月测温激光雷达、微波辐射计和探空三者时空匹配的共 15 条样本进行分析,结果显示:有效探测距离内,拉曼激光雷达在低层精度较高;在高层精度较差,这是由于强烈的信号衰减,尤其是在液态云中,无法提供来自云层内部或上方的水汽信息。微波辐射计与拉曼激光雷达相比能够很好地穿透云雾,如 2021 年 7 月 7 日,拉曼激光雷达在 4～10 km 的误差都特别大,但微波辐射计在此处基本在 1 K 左右。

5.5.2 基于一维辨分技术的星地多源温湿廓线资料融合算法

基于上述不同天气条件对地基微波辐射计(MWR)、拉曼激光雷达(RAMAN)和 FY-4A/GIIRS 温湿产品的评估结果对数据进行偏差订正,再利用最优估计理论建立融合模型,结合多种温湿探测设备优势,提升晴云天条件下温湿廓线精度。鉴于所获地基探测设备数据量有限,无法匹配到足量探空数据,而 ERA5 数据时间分辨率较高,可以弥补探空数据量不足的缺点,因此使用经探空校正后的 ERA5 再分析数据作为检验源开展相关误差分析和融合工作。实验结果如下。

(1)ERA5 数据在 4 km 以上与探空数据有明显偏差,经探空校正后其精度有明显改进。微波辐射计晴天和云天线性偏差订正效果相当,雨天温湿廓线精度提升最明显,雨天条件下 10 km 附近温度 RMSE 减小 5 K,相对湿度 RMSE 减小约 15 %。拉曼激光雷达晴天探测精度优于云天,晴天在中层 4～7 km 精度较高,RAMAN 温度廓线在 0～2 km 有明显正订正效果,相对湿度廓线在 0.7 km 和 2～3 km 订正效果较好。FY-4A/GIIRS 晴天温度廓线精度优于两种地基设备,但湿度廓线质量一般,FY-4A/GIIRS 在大气中下层 0～4 km 线性偏差订正

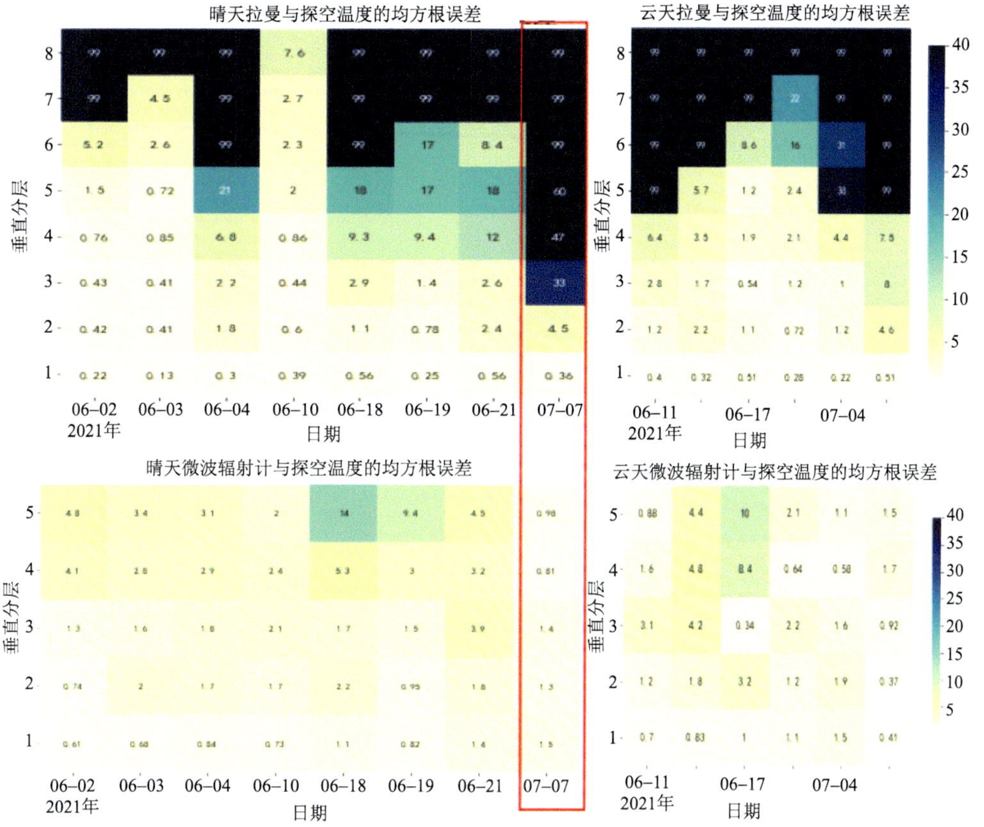

图 5.22　测温激光雷达、微波辐射计和探空三者时空匹配样本分析

效果较好。

(2)最佳融合实验结果表明,晴天融合实验所获温湿廓线精度明显大于云天条件。晴天温度融合后 RMSE 为 1.774 K,云天温度融合后 RMSE 为 3.496 K,晴天相对湿度 RMSE 为 11.633 %,云天相对湿度 RMSE 为 16.894 %。

(3)晴天星地融合实验能够显著提高温湿廓线精度,云天条件下两种地基设备融合结果更优。晴天温度实验中 MWR 与 FY-4A/GIIRS 融合效果最佳,温度 RMSE 相对 MWR 和 FY-4A/GIIRS 分别减小 0.223 K 和 1.387 K;云天温度实验中 MWR 与 RAMAN 融合效果最佳,RMSE 相对 RAMAN 减小 0.46 K。晴天相对湿度实验中 MWR 与 FY-4A/GIIRS 融合效果最佳,RMSE 相对 MWR 和 FY-4A/GIIRS 分别减小了 0.29%和 1.961%。云天相对湿度实验中 MWR 与 RAMAN 融合效果最佳,RMSE 相对 MWR 和 RAMAN 分别减小 1.047%和 2.495 %。

5.6　主要结论

5.6.1　不同技术体制温湿廓线探测技术的比对

本试验以同址探空和 ECMWF 再分析资料为参考,依托放置于在北京基地(北京南郊)和北京理工大学(中关村校区)的微波辐射计和拉曼激光雷达数据进行误差比对分析。采用的指标为设备数据与参考标准的差值的相关系数、系统误差和标准差，并对试验数据绘制散点图、时序图、日变化趋势图和误差随高度分布图。

比对结果如下。

(1)依据《多设备温湿廓线协同观测比对试验实施方案》，在北京基地(北京南郊)、北京理工大学(中关村校区)开展 3 台微波辐射计、1 台拉曼测温激光雷达、1 台拉曼测湿激光雷达与 L 波段探空比对观测试验试验结果具有可重复性，方法合理可行。

(2)通过比对发现，3 台微波辐射计、2 台拉曼激光雷达稳定性高，均能 7×24 h 无人值守连续运行。

(3)通过对不同天气条件下(晴天、云天和雨天)微波辐射计和拉曼激光雷达与 ERA5 的相关系数、系统误差、标准差进行计算。结果表明：在晴天和云天条件下，微波辐射计温度的平均探测精度优于拉曼激光雷达，但在 2～8 km 拉曼更接近 ERA5 真实值，标准差为 1.15 ℃；微波辐射计的相对湿度探测精度与拉曼激光雷达相近。

(4)在 3 种天气条件下，微波辐射计温湿廓线的探测高度均为 10 km；拉曼激光雷达晴天和云天时温度探测高度分别为 13.44 km、10.05 km，相对湿度的探测高度为 3 km。因此，开展微波辐射计和拉曼激光雷达在高低空的融合是必要的。

5.6.2　基于一维辨分技术的星地多源温湿廓线资料融合算法

通过统计地基设备微波辐射计和拉曼激光雷达的误差，统计 FY-4A/GIIRS 的观测误差，以地基设备为背景场，以卫星数据为观测场，进行地基设备和星载观测设备的融合。

试验结果表明：

(1)ERA5 再分析资料误差存在高度差异，4 km 以下误差较小，4 km 以上误差偏大；利用线性偏差订正的方法能够明显改进 4 km 以上温湿度数据精度；

(2)地基微波辐射计在 2 km 以下探测精度明显高于 2 km 以上，通过建立的温湿度廓线偏差订正模型，能有效减小地基微波辐射计温湿度廓线误差；

(3)星地联合探测数据融合能有效提升地基遥感数据精度，晴天 0～10 km 温度 RMSE 可以减小 0.6 K，云天温度 RMSE 可以减小 1.3 K；晴天 0～10 km 湿度 RMSE 可以减小 1.5%，云天湿度 RMSE 可以减小 3.6%。

5.7　业务应用

卫星和地基温湿度遥感数据融合方法取得了一定的效果，证明了星地观测数据融合的良好前景。但面向星地联合观测数据融合方法的业务化应用，仍需开展更系统的研究。

第 6 章　基于三维层析技术的 GNSS/MET 水汽精度改进试验

针对对流性天气过程中 GNSS/MET 水汽与数值模式湿度场存在的偏差问题，在云贵地区开展水汽精度改进试验。本试验将一种快速增量网格遍历算法（Woorаytrace）应用在三维水汽层析技术中，使用试验区域 GNSS/MET 台站观测数据搭建网格层析模型，将观测的大气可降水量（PWV）作为输入，对试验区域上空的水汽密度进行层析。试验结果显示该区域上空的网格水汽密度垂直分布满足指数分布特征，水汽主要分布在层析网格第一层至第四层之间。地基 GNSS/MET 与 ECMWF 再分析 0.25°垂直观测资料反演的水汽密度相关系数在 0.804～0.878，标准偏差在 4.686～7.338 mm。利用 GNSS 三维水汽层析技术获取水汽密度的垂直分布，结合探空、ECMWF 等资料研究其与模式湿度偏差的垂直结构和变化规律，为改善对流过程中水汽的同化效果提供依据。

6.1　试验目的

云贵地区地形复杂，处于西南水汽通道上游，地基 GNSS/MET 观测精度对于分析研究该地区水汽变化和输送特征至关重要。试验针对云贵两省大气水汽观测精度进行分析研究，选取典型天气过程，利用云贵地区地基 GNSS 反演的大气可降水量，搭建三维层析模型，研究观测和模式的水汽密度偏差的垂直结构及变化规律，提高 GNSS/MET 观测资料精度提供支持。

6.2　试验内容

（1）选择西南具有典型干、湿季气候特征的云贵地区开展试验研究。首先，收集该地区地基 GNSS 观测数据，选择合适子网网型，利用 GAMIT 软件进行双差解算得到台站的大气可降水量（PWV）、天顶总延迟（ZTD）和天顶湿延迟（ZWD）。其次，使用同址探空站数据和再分析数据对地基 GNSS 解算结果进行精度评估，按照 Offiler（2010）等提出的 10 mm 为 ZTD 偏差阈值，对于偏差大于该阈值的台站进行处理算法的检查订正。针对解算网型、匹配气象数据正确性、映射函数、台站初始信息等可能的误差源进行分析。质量控制后的地基 GNSS 台站数据将作为下一步层析模型的输入。

（2）利用全球大气延迟映射函数（Niell Mapping Function，NMF）模型，将地基 GNSS 接收机上空的水汽含量映射到接收机接收到的卫星信号路径上，结合南北、东西方向的湿延迟梯度计算出倾斜路径方向的湿延迟，计算台站和卫星的经纬度。其次，根据选取的目标台站构建三维层析网格，将台站、卫星的坐标与层析网络坐标系统一，以最西南角的台站坐标为原点，计算其他台站的相对坐标，以及卫星信号线与层析网格顶层的交点坐标，求出每条信号线与层析网格的交点，并求出每段截距的长度和截距所在的网格索引，使用高斯加权函数作为水平约束,顶层边界约束条件等组建矩阵方程,求出每个网格中的水汽密度。使用探空数据计算每层高度上的水汽密度,评估 GNSS 层析结果精度。最后,结合雷达观测和天气分析来判断对流性天气过程,将过程中层析结果与模式背景湿度场每个高度的偏差进行分析,研究偏差垂直结构及变化规律。项目实施内容框架见图 6.1。

数据源:地基 GNSS 反演的 PWV、ZTD 和 ZWD 资料来自中国气象局气象探测中心的全球导航卫星水汽数据处理中心,NCEP 全球再分析和预报资料来自 NCAR/UCAR 的 NCEP GFS 0.25 Degree Global Forecast Grids Historical Archive 数据集,探空资料来自美国怀俄明大学 http://weather.uwyo.edu/upperair/sounding.html,ECMWF 的再分析资料来自 ECMWF 网站的 Public Datasets 中的 ERA5 数据集。

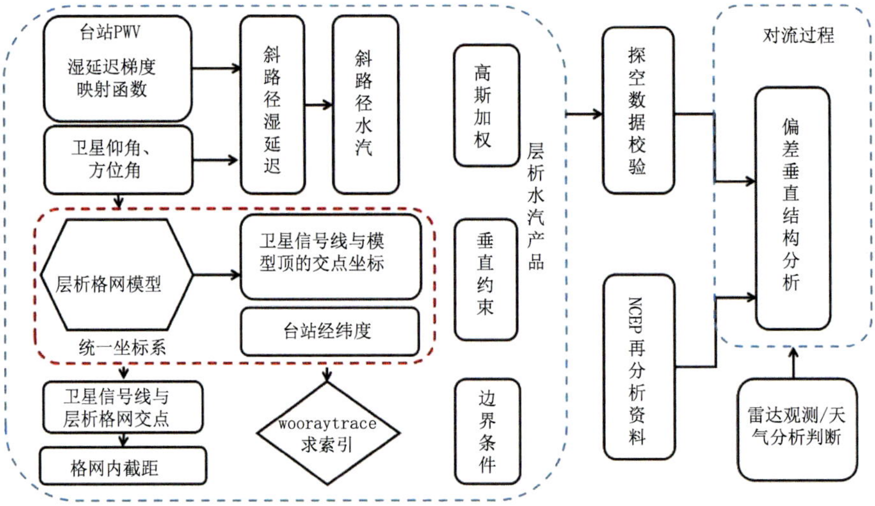

图 6.1 项目研究内容框架

6.3 技术路线

6.3.1 层析数据源

结合实况天气分析,判断对流性天气过程的发展趋势和路径,将天顶方向的大气水汽总量通过映射函数转化为卫星倾斜路径上的水汽含量。对流层总延迟可以表达为:

$$\mathrm{STD}=M_{\mathrm{dry}}(e)\mathrm{ZHD}+M_{\mathrm{wet}}(e)\mathrm{ZWD}+M_{\Delta}(e)(G_{\mathrm{N}}\cos(\varphi)+G_{\mathrm{E}}\sin(\varphi)) \tag{6.1}$$

式中,ZHD、ZWD 分别代表天顶干延迟和天顶湿延迟,$M_{\mathrm{dry}}(e)$、$M_{\mathrm{wet}}(e)$分别为干、湿映射函数,G_{N}、G_{E} 分别为南北、东西方向的梯度,$M_{\Delta}(e)$为水平梯度的映射函数,e 为卫星仰角,φ 是卫星方位角。使用解算软件 GAMIT 进行数据处理的时候,首先计算出天顶总延迟 ZTD 和总的延迟梯度项。可以使用 Saastamoinen 经验公式,结合地面气象观测计算出 ZHD,将 ZTD 减去 ZHD 即得到 ZWD。公式(6.2)显示 PWV 和 ZWD 可以直接根据系数转换,那么公式(6.1)可以转化为直接使用 PWV 的形式,SWV_i^k 代表第 i 个台站接收到的第 k 颗卫星的斜路径水汽含量,λ =0.15(Liu et al.,2010),PWV_i 为台站 i 上空的大气水汽总量。

$$\mathrm{SWV}_i^k=M_{\mathrm{wet}}(e_i^k)\mathrm{PWV}_i+\lambda[M_{\Delta}(e)(G_{\mathrm{N}}^{\mathrm{W}}\cos(\varphi)+G_{\mathrm{E}}^{\mathrm{W}}\sin(\varphi))] \tag{6.2}$$

GAMIT 软件没有区分干、湿延迟梯度项，可以利用干延迟梯度项一般较稳定的特点，即假定干延迟梯度在某一段时间内（12 h）为一常数，通过对该时间段内的梯度解 G_N、G_E 做时间平均可以降低或消除干延迟梯度的影响，进而得到湿延迟梯度项 G_N^W、G_E^W。

湿映射函数可以用以下公式计算（Herring，1992）：

$$M_{wet}(e_i^k)=\frac{1+a_w/(1+b_w/(1+c_w)}{\sin e+a_w/(\sin e+b_w/(\sin e+c_w))} \tag{6.3}$$

式中，$M_{wet}(e_i^k)$代表了第 i 个台站接收第 k 颗卫星的湿映射函数，a_w、b_w、c_w 是 Niell（1996）发展的新的映射函数的参数，与气象观测无关，与地理位置、日期有关。

$$a_w=a_{avg}(\varphi_i)-a_{amp}(\varphi_i)\cos(2\gamma\times\frac{t-T_0}{365.25}) \tag{6.4}$$

$\gamma=3.14$，$a_{avg}(\varphi_i)$、$a_{amp}(\varphi_i)$可在（Niell et al.，1996）中查询；φ_i 代表台站 i 的经度；t 为年积日；$T_0=28$，b_w、c_w 使用同样方法求得。水平梯度的映射函数按照以下公式计算，其中 $c=0.0032$（Wang et al.，2014）；

$$m_\Delta(e)=1/(\sin(e)\tan(e)+c); \tag{6.5}$$

6.3.2　层析模型搭建

（1）统一坐标系

以中间位置的台站为原点生成分辨率为 4×4×20 的基础网格，然后根据各台站相对坐标和卫星仰角、方位角计算出信号线与网格顶层的交点坐标。

（2）信号线与网格截距

称垂直于 X 轴的面为 X 轴型面，同理命名 Y、Z 型面。以求解信号线与 Z 型面的交点为例，利用信号线与型面夹角的正弦将 X 轴格网的间距投影成信号线上交点之间的截距，加上 X 值的范围限制，可以得到 X 轴型面与信号线的交点坐标。按照相同的方法可以得到信号线与 Y 轴型面和 Z 轴型面的交点坐标。将以上得到所有的交点坐标按照 Z 坐标进行排序，即为所有交点的空间位置顺序，因为所有台站和卫星的坐标都为正值，并且信号线的方向始终沿着 Z 轴从小到大的顺序，将交点之间的距离计算出来即得到信号线穿过每个网格的截距。

（3）快速网格射线追踪求索引

水汽层析建模中重要的一步就是求射线穿过模型网格的索引。快速网格射线追踪算法有两个重要步骤，首先要判断射线的起点的索引，其次是计算信号线的起始索引 X_{Index}^{start}，起点索引确定以后要判断信号线前进的方向，定义 X 轴方向的比例尺为 $t_{max}X=(X_{Index}^{start}\cdot \mathrm{voxelsize}X-X_{start})/X_{vec}$，$X_{vec}$代表信号线在 X 轴的投影总长度。同理可以求出 Y 轴和 Z 轴方向的比例尺 $t_{max}Y$、$t_{max}Z$，比较三个值的大小，选择最小的比例尺方向前进，索引号就沿着该方向前进一步。使用指针实现比例尺的移动，能够有效提高信号线的追踪效率。

判断信号线结束的索引号和起始索引相似，当信号线前进至索引号为 X_{Index}^{end} 时结束：$X_{Index}^{end}=\max(1,\mathrm{ceil}((X_{end}-\mathrm{Grid}X[0])/\mathrm{voxelsize}X)$。

（4）方程组组建及求解

①观测方程

信号线在每个格网中产生截距，该截距是观测方程的系数，格网内水汽密度为待估参数，观测信号方向上的斜路径水汽含量为观测值。

②建立水平约束矩阵方程

将空格网与同一水平面内其他格网建立关系，有观测信息的格网可以通过水平约束将水汽信息传递出去到空格网，充分地将观测值的信息传递到所有格网内。

③建立垂直约束矩阵方程

网格中同一个水平位置的网格在垂直方向上的水汽密度满足指数分布，同一水平位置上高度 i 的水汽满足以下公式，

$$SWV_i = SWV_1 \cdot (-e^{\frac{h_i - h_1}{H}}) \tag{6.6}$$

④边界约束矩阵方程

为了更合理地确定水汽垂直剖面变化情况，通常还可以给出边界信息。根据探空资料显示，水汽一般主要集中在近地面至 3 km 的高度范围内，并随高度的增加水汽迅速减少，在10 km高度上水汽密度约为 0.1 g/m³，因此在本试验中将顶层网格水汽密度约束为 0.1 g/m³。

⑤方程组的联合求解

把以上四部分的矩阵方程联合起来，它们的未知量都是 $X_1 - X_m$，即每个格子里的水汽密度，用 Matlab 的奇异值求解方法，$[\boldsymbol{U}, \boldsymbol{S}, \boldsymbol{V}] = \mathrm{svd}(\boldsymbol{C})$，其中 $\boldsymbol{C}$ 代表了观测矩阵的系数阵，结果中的 $\boldsymbol{V}$ 矩阵即为层析格网中的水汽密度。

$$\begin{bmatrix} S \\ W \\ E \\ I \end{bmatrix} \cdot X = \begin{bmatrix} \mathrm{SWV} \\ 0 \\ 0 \\ 1.6 \end{bmatrix} \tag{6.7}$$

6.4 试验布局

选择西南具有典型干、湿季气候特征的云贵地区开展试验研究。该地区东西部海拔高度变化明显，有利于研究地形对于该地区大气水汽含量解算精度的影响。云贵地区夏季明显的西南低涡等对流性天气过程频发，水汽输送活动明显，有利于研究天气过程中大气水汽的变化特征以及水汽的垂直分布。但由于云南、贵州两省的 GNSS/MET 台站数量较少，如图 6.2 所示，平均站间距超过了 260 km，无法满足三维水汽层析试验站网基本要求(50～100 km)，试验加入 GFS 0.25°网格垂直等压面的数据，把站网间隔缩小至 100 km 以内。

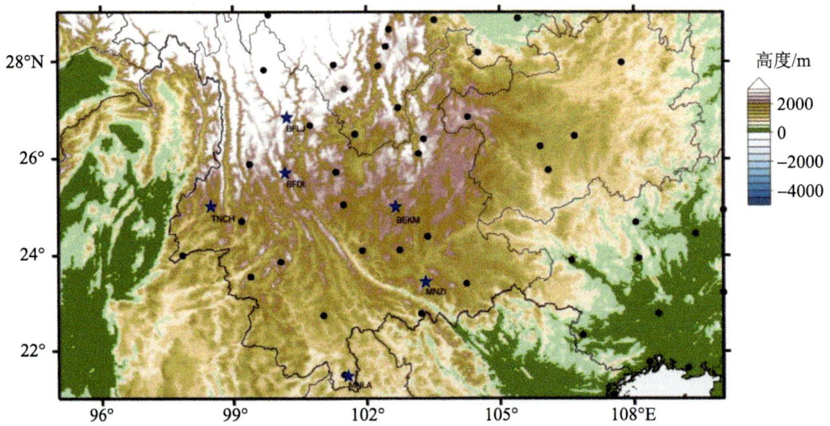

图 6.2 试验区域的站网布局

6.5　试验分析

6.5.1　PWV 精度分析

首先分析云贵地区 PWV 单站数据质量情况(图略)，TCWV(欧洲中期天气预报中心的 ERA5 数据集中的大气水汽总量产品)和 PWV 两种资料都与海拔高度有正相关的关系。这可能与海拔低，观测路径变长有关系，再加上大气水汽主要分布在海拔 3 km 以下，水汽含量随海拔变化的波动就更加明显了。两种数据分布均匀，低海拔的 PWV 分布相对较分散。其中勐腊、蒙自和昆明站 PWV 的异常值在上下限之外都有，其他站的 PWV 主要分布在下限以下，然而 TCWV 所有的异常值是低于下限的，说明这三个站某些时段的 PWV 变化幅度较大。勐腊站的 PWV 中位线超过了 50 mm，明显高于同站的 TCWV。

通过计算两种资料之间的相关系数、标准偏差和平均偏差发现，6 个台站的 TCWV 和 PWV 之间的相关性超过了 80%，并且相关系数随着台站海拔高度升高而变小。由表 6.1 可见，标准偏差分布在 4.686～7.338 mm，平均偏差分布在 2.213～6.748 mm，大致与台站的海拔高度呈现正相关的关系。

表 6.1　PWV 和 TCWV 两种资料的对比分析情况

站名	站号	样本量	相关系数	标准偏差/mm	平均偏差/mm
勐腊	MNLA	11895	0.878	7.338	6.647
蒙自	MNZI	13393	0.824	6.406	6.748
腾冲	TNCH	14002	0.828	4.73	2.36
昆明	BEKM	10964	0.817	5.47	3.17
大理	BFDI	14029	0.805	4.79	2.213
丽江	BFLJ	13496	0.804	4.686	2.775

6.5.2　PWV 初步质控

图 6.3 显示了 6 个台站 TCWV 和 PWV 月平均值的偏差，2015—2020 年多数时段的偏差是大于 0 的，说明 PWV 的观测是偏湿的。2015 年 6—9 月的偏差较其他时间段偏小，丽江和大理两个站的偏差出现了负值，PWV 在这个时间段的观测偏干，这与其他时段的结果相反。另外，勐腊和蒙自两个台站的偏差明显比其他台站大，多数超过 5 mm 的，而其他台站都小于 4 mm，这个结果也是和表 6.1 的结果吻合的。2020 年 6 月，针对该地区的 PWV 解算偏差较大的问题，使用 TEQC 软件收集了长时间序列的原始观测资料，重新解算了云贵两省的台站坐标，该信息作为 PWV 解算的关键元数据，影响了大气水汽含量的解算精度。从结果可以看出，采用以上质控技术后，PWV 的解算精度有明显提升，与 ECMWF 再分析资料的偏差减少 1～1.5 mm。

6.5.3　典型过程分析

选取 2019 年 9 月 8—11 日西南地区发生的低涡系统作为分析对象，该系统是 2019 年度对西南地区影响范围最大的低涡过程，生成于四川纳溪，历时 4 d。该低涡生成于 9 月 8 日 08 时，中心强度为 309 dagpm，生成后低涡向北移动，8 日 20 时至 9 日 20 时，低涡在源地附近活动，略微南行，中心强度维持在 308～309 dagpm，10—11 日，低涡先南行至贵州之后向西南移

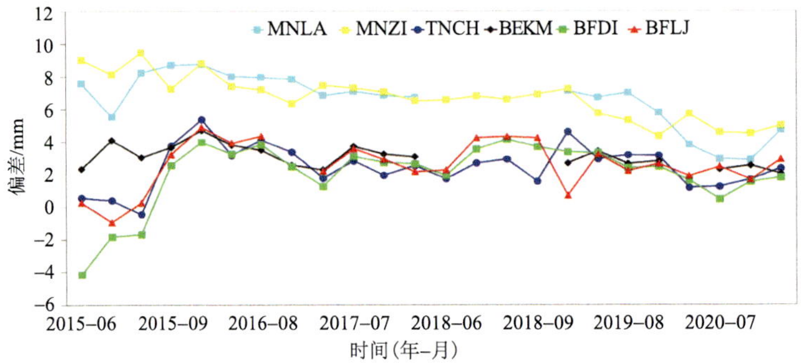

图 6.3　6 个台站的 TCWV 和 PWV 月平均值偏差

动，移至云南省后低涡中心强度先增强再减弱，直至最后减弱消散。

选取昆明站和腾冲站 2019 年 9 月 7—12 日的地基 GNSS/MET 观测 PWV 和 ECMWF 的再分析数据集进行对比，初步判断在此次西南低涡发生前后两种观测的大气水汽含量结果之间的偏差较小，而在低涡发生期间，两种观测结果之间的偏差变大，达到了 4 mm 左右。从图 6.4 可以看出，昆明站两种结果的偏差开始增大的时间早于腾冲站，与本次低涡的移动路径是从四川南行至贵州再向西南方向移至云南省省内相吻合。

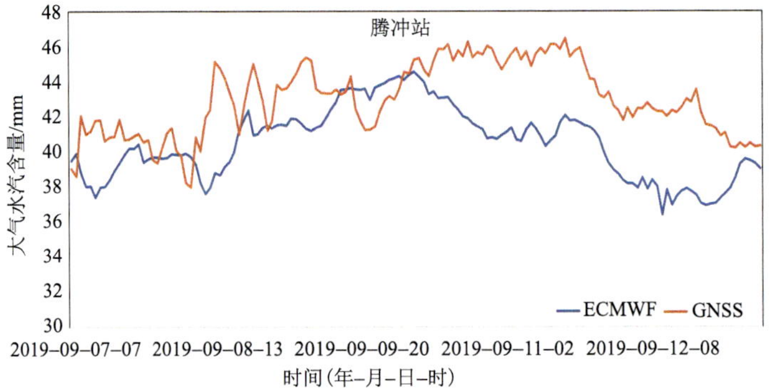

图 6.4　西南低涡发生前后昆明和腾冲站的大气水汽含量 PWV 与 ECMWF 结果对比

图 6.5 将昆明、腾冲两个站的层析、探空及 GFS 的水汽密度廓线进行对比分析，层析的水汽密度廓线整体偏湿，这与前期大气水汽总量的分析结果吻合，从偏差的垂直分布可以看出，在 5000 m 以上层析与 ECMWF 的偏差较明显。在层析模型的底层 1000 m 以下出现了突然

减小的趋势，初步判断是层析模型的系统性偏差。在 6～10 km，层析结果出现波动，下一步将分析产生波动的原因。

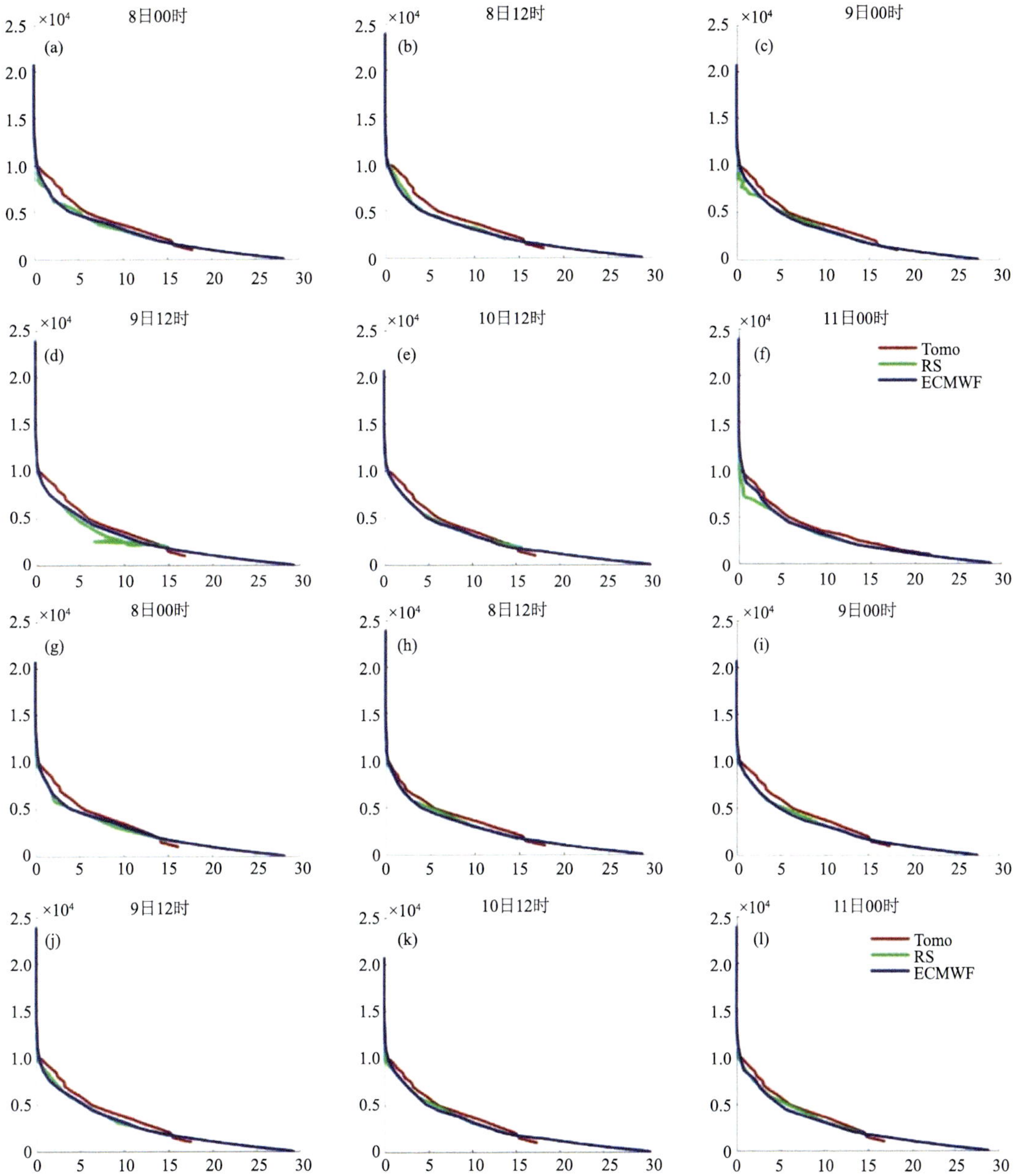

图 6.5　2019 年 9 月西南低涡过程中昆明站(a—f)、腾冲站(g—l)层析、探空和 ECMWF 的水汽密度廓线对比

2019 年 9 月 9 日 12 时昆明站的水汽密度廓线结果在 1～3 km 出现了明显的变化过程，初步判断是低涡过程造成的大气水汽垂直分布的变化。但层析和 ECMWF 再分析的结果都将其平滑了，这可能造成大气水汽总量观测的偏差，但这一结论仍需进一步分析研究。

腾冲站的水汽密度对比结果与昆明站比较一致，但腾冲站的探空观测没有捕捉到低涡过境水汽变化的垂直分布,层析模型存在的系统偏差仍然存在,将进一步分析偏差原因对模型进行改进。

6.5.4 模型优化

由于西南地区 GNSS/MET 站点间距大,之前层析结果显示模型与再分析的偏差较大,单使用指数函数作为垂直约束不能满足需求,改成从 NCEP 下载 GFS 数值预报模式资料并根据需要内插成背景场文件。以 GFS 数据作为背景场,实测数据反算得到的 SWD 作为观测数据,测站气象文件作为补充数据,利用自适应联合迭代算法对测区进行三维层析计算。将层析结果与 ERA5 再分析资料、无线电探空数据进行对比,评估其精度,流程如图 6.6 所示。

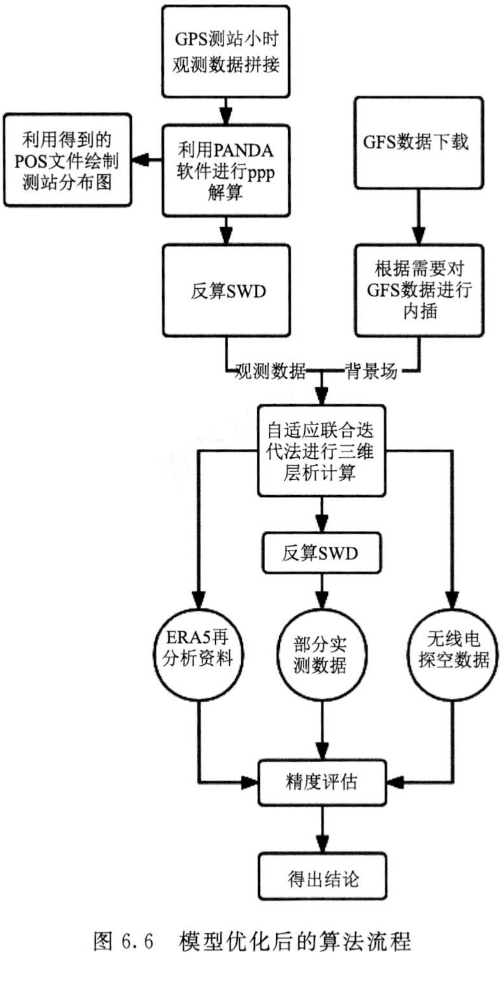

图 6.6 模型优化后的算法流程

改进后层析采用的是自适应联合代数重构算法,其基本原理如下:

$$x_j^{k+1} = x_j^k + \lambda \sum_{i=1}^{m} \frac{a_{ij}(\mathrm{swd}_i - \sum_{j=1}^{n} a_{ij} x_j^k)}{\sum_{j=1}^{n} a_{ij}^2} \tag{6.8}$$

式中,λ 表示松弛因子,取值一般为 0.05~2;x 表示格网的湿折射率值;m 表示所有观测值方程的行数,包括输入的 SWD 观测方程,地面观测方程和约束方程;n 表示观测方程的行数,即未知参数的个数；swd 表示输入的观测值，k 为卫星信号序号；a_{ij} 为第 i 行第 j 列网格的截距。

令权值为：

$$w_{ij}=\frac{a_{ij}x_j^k}{\sum_{j=1}^{n}a_{ij}^2x_j^k} \tag{6.9}$$

带入式(6.8)可得：

$$x_j^{k+1}=x_j^k+\lambda\sum_{i=1}^{m}\frac{a_{ij}x_j^k(\mathrm{swd}_i-\sum_{j=1}^{n}a_{ij}x_j^k)}{\sum_{j=1}^{n}a_{ij}^2x_j^k} \tag{6.10}$$

松弛因子 λ 的选择对层析结果的质量而言是至关重要的，根据相关的试验，自适应联合代数重构算法的松弛因子为 0.015 时层析效果较好，本次实验松弛因子取值在 0.015 附近波动，根据实际情况进行调整。在选取迭代终止条件时，首先求得观测值误差的均方根误差 RMS，之后求得连续五次该 RMS 的均方根误差 std，当该 std 小于一个微小量时，迭代终止。

6.5.5　改进算法评估

由改进后层析结果(图 6.7)可以看出，使用 GFS 数值预报模式资料作为垂直约束进行层析解算，对 SWD 的层析精度改进较明显。但由于低层水汽含量较高，所以层析绝对误差较大、相对误差较小，而在高层，水汽含量较少，层析绝对误差较小但相对误差较大。在中间层层析结果较好，可能原因是相比于底层，中间层的穿刺点的分布更为离散，对节点处的待估参数所起的修正作用也更为显著。

6.6　主要结论

(1)针对 2015—2020 年云南贵州地区 GNSS/MET 台站观测的大气水汽含量进行了对比分析，地基 GNSS/MET 与 ECMWF 再分析资料的相关系数在 0.804～0.878，标准偏差在 4.686～7.338 mm，通过分析月平均偏差可以看出两种资料的偏差随着台站的海拔高度升高而减少。采用初步质控流程，重新解算了云贵两省的台站坐标，该信息作为 PWV 解算的关键元数据，影响了大气水汽含量的解算精度。从结果可以看出采用以上质控技术后，PWV 的解算精度有明显提升，与 ECMWF 再分析资料的偏差减少 1～1.5 mm。

(2)选取典型西南低涡过程进行分析，对流过程前后大气水汽含量观测和模式的偏差有明显变化，搭建层析模型，将获得的大气水汽密度廓线与探空和再分析结果进行对比，发现层析水汽密度在海拔高度 2000～8000 m 存在偏湿现象，偏湿 10%左右。另外层析模型在底层 1 km 以下及 5～10 km 存在波动及系统偏差，其原因需进一步研究确定。

(3)由改进后层析结果可以看出，使用 GFS 数值预报模式资料作为垂直约束进行层析解算，对 SWD 的层析精度改进较明显。由于低层水汽含量较高，所以层析绝对误差较大而相对误差较小，在中间层层析结果较好，可能原因是相比于底层，中间层的穿刺点的分布更为离散，对节点处的待估参数所起的修正作用也更为显著。

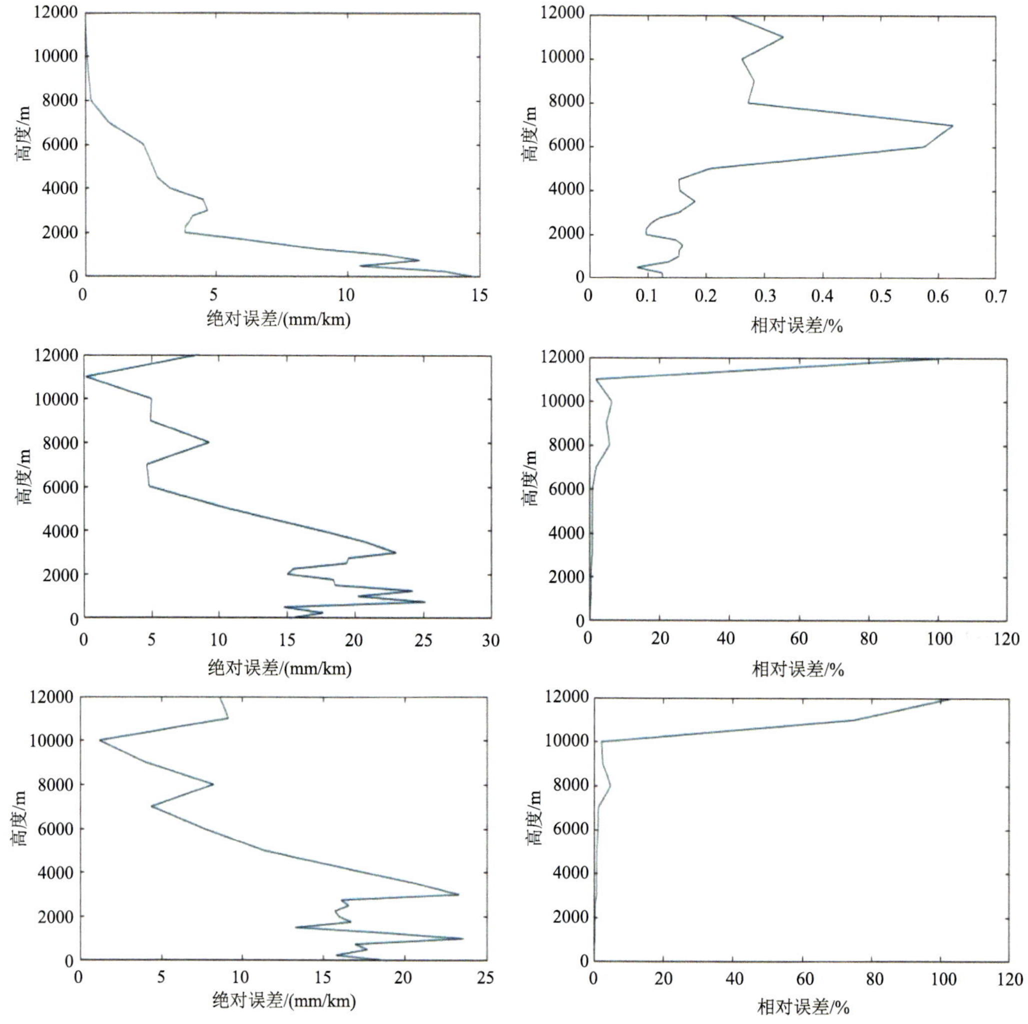

图 6.7 云贵地区三维层析精度评估

上:指数垂直约束;中:GFS 预报场作为垂直约束;下:ERA5 资料作为垂直约束

6.7 业务应用

通过本观测试验搭建的基础层析模型现已应用在京津冀区域层析系统中,该系统完成了工程化部署,实现了实时解算,满足水汽区域层析业务化应用的需求。

第 7 章　基于不同下垫面的高温观测业务试验

探究不同下垫面的夏季高温特征，在河北省内林地、草地、湿地、城镇等典型下垫面开展高温观测业务试验。垂直方向上，分析不同下垫面条件下地表温度、空气温度和体感温度之间的垂直变化规律；水平方向上，对比分析不同下垫面条件对地表温湿影响变化特征，并分别拟合气温、相对湿度与不同下垫面的特征关系，为不同下垫面条件下温度垂直变化规律分析、气候变化预测以及精细化预报提供重要参考。

7.1　试验目的

城市气候在除太阳辐射外主要受下垫面性质、空间形态影响，城市建设大幅度改变地表覆盖类型，大范围的下垫面变化将导致城市气候整体产生变化。开展城市不同下垫面温度观测，掌握其对气温变化的影响规律。

但传统的温度观测，例如气温、地面温度、体感温度等，具有诸多局限性，如常规观测到的气温表示的只是百叶箱内距地 1.5 m 高度处的空气温度，并不能代表室外环境状况下空气的实际温度。地面温度 0 cm 表示下垫面为土壤的地面温度，而不能表示植物叶面所承受的实际温度、沥青路面行走的人体能感受到的真实温度。天气预报中预报的气温通常是百叶箱内的气温，这是一种理想状态下的气温，与现实环境状况的体感温度有较大差异。对城市中不同下垫面使用统一的气温数据显然是不合理的，不同下垫面上气温的变化已经导致城市小气候环境发生明显变化，常规的气象温度已经不能完全表征各种下垫面环境下的温度值，观测不同下垫面下的温度特点及变化特征并能够为精准气象预报提供参考是非常必要的。

7.2　试验内容

在河北省内遴选具有林地、草地、湿地、城镇不同下垫面特征的城市开展温湿度观测试验。在充分考虑典型下垫面特征和观测代表性的基础上，经过充分调研，选取衡水和雄安新区作为此次观测试验的建设地点，分别在衡水湖湿地、衡水市城区、青年林、白洋淀湿地、千年秀林、安新城区等典型区域建设 8 套温湿梯度观测设备开展自动连续观测。观测在垂直方向上分 3 层，获取不同下垫面条件下地表温度、空气温度和体感温度之间的垂直变化规律；水平方向上，对比分析不同下垫面条件对地表温湿影响变化特征，并分别拟合气温、相对湿度与不同下垫面的特征关系，便于针对复杂下垫面地区进行温湿要素插值试验，从而为不同下垫面条件下温度垂直变化规律分析、气候变化预测以及实际精细化预报中温湿度高分辨率网格插值提供重要参考。

7.3　技术路线

7.3.1　高温站设计选型

设计高温观测站、编制功能规格需求书，遴选符合要求的观测设备。在距离地面 2 m 高度内架设 3 层温湿测量设备构成观测试验系统，进行梯度观测，实时采集试验数据。

7.3.2 典型下垫面选取

按照林地、草地、湿地、城镇四种下垫面代表的典型区域，初步选定衡水和雄安新区高温频现区域，对衡水湖湿地、白洋淀湿地以及雄安“千年秀林”、雄安“气象大脑”、城市建设提供技术支撑。

7.3.3 典型下垫面选取

在 4 种下垫面分别布设高温观测设备，按照 10 km 格点化设计，共布设 8 套设备。

7.3.4 典型下垫面选取

垂直方向上：构建不同下垫面条件下不同高度温度垂直分布规律模型，对比分析日平均温度、日最高温度、日最低温度和日较差之间的关系。

水平方向上：构建林地、草地、湿地、城镇 4 种下垫面日极值温度、日平均温度关系模型，分析 4 种下垫面日较差。

与气温相关性：对比百叶箱平均气温、最高气温和最低气温，分别给出四种下垫面条件下不同气温的关系模型，判断气温变化规律。

预报预测适用性：一是进行不同下垫面最高温度预报研究，对其进行回归分析的基础上，建立一元线性回归方程，搭建 4 种下垫面日最高温度数学模型；二是分析相对湿度、总云量、日照时数等观测要素对下垫面最高温度的影响；三是初步搭建黑球温度和体感温度之间关系模型，分析黑球温度与预报体感舒适度关系。

7.4 试验布局

在河北省内选取衡水和雄安新区高温频现区域，开展温湿度观测试验。在距离地面 2 m 高度内架设 3 层温湿测量设备(辐射测温湿传感器、湿球黑球温度仪、百叶箱温湿传感器)进行梯度观测，获取并分析林地、草地、湿地、城镇等不同下垫面条件下温湿度观测资料。试验布局如图 7.1 所示。

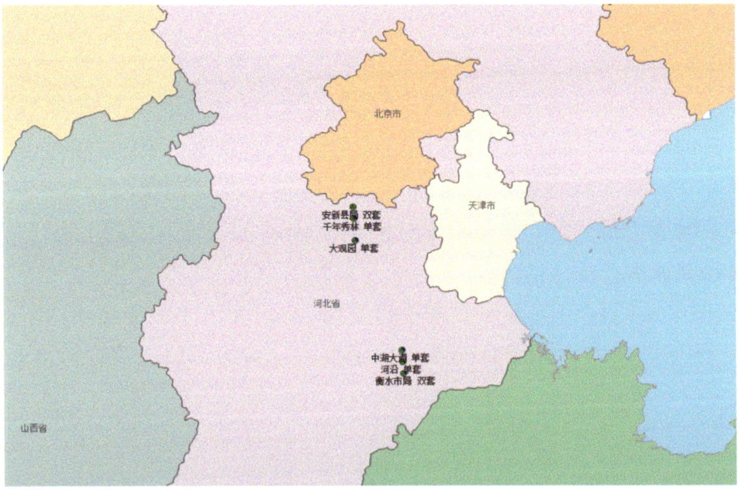

图 7.1 观测试验布局

7.5　试验分析

7.5.1　不同下垫面垂直方向温湿观测比较

7.5.1.1　观测日平均温度比较

衡水、雄安在不同下垫面垂直方向上黑球温度、1.5 m 空气温度和近地面红外地温的变化趋势基本一致，温度较高时相差大，温度较低时接近，在 5 ℃以内，如图 7.2 所示。

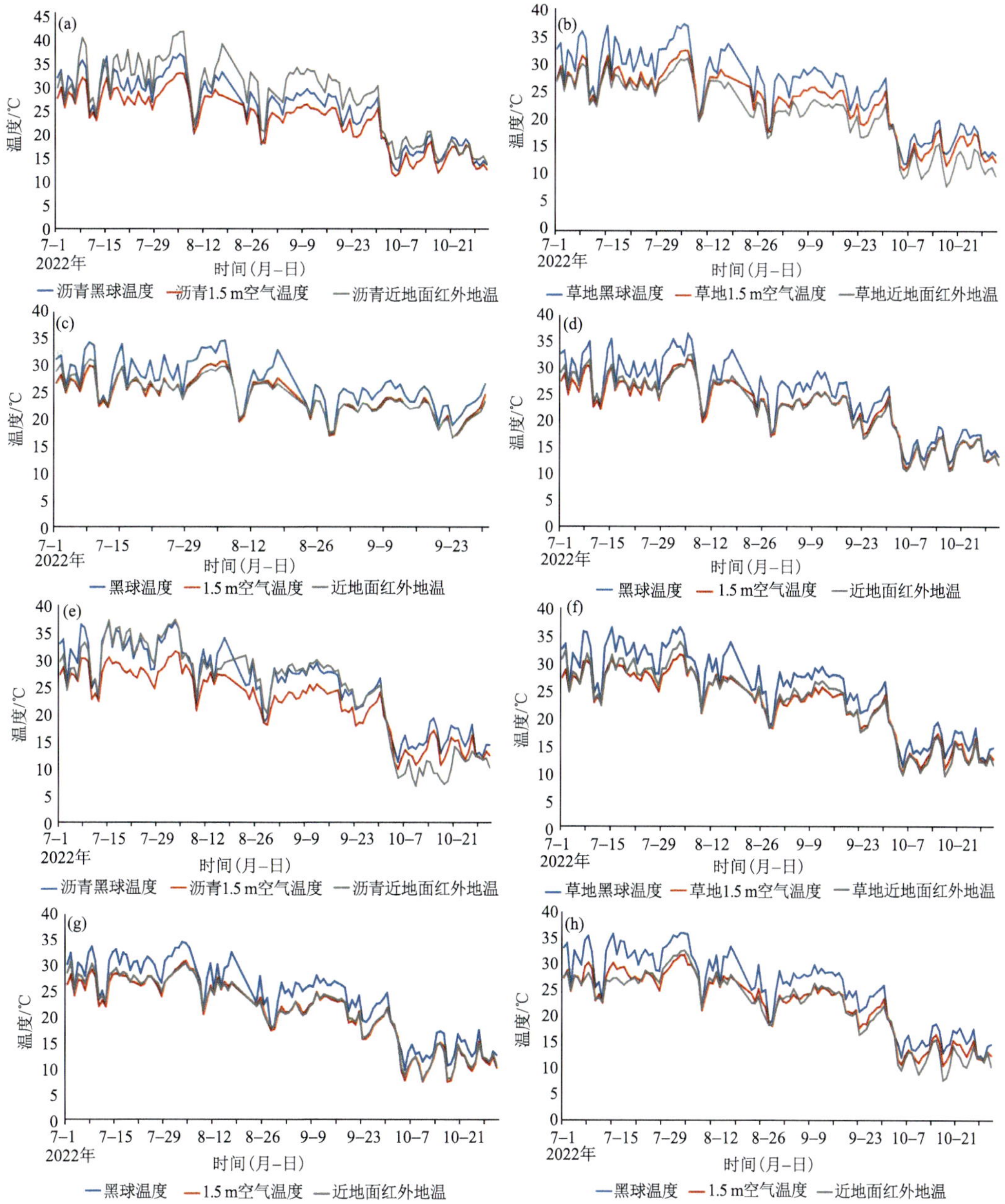

图 7.2　不同下垫面垂直方向日平均温度比较

(a)衡水沥青；(b)衡水草地；(c)衡水林地；(d)衡水湿地；(e)雄安沥青；(f)雄安草地；(g)雄安林地；(h)雄安湿地

7.5.1.2 观测日最高温度比较

衡水、雄安不同下垫面垂直方向上最高黑球温度、1.5 m 最高温度和近地面最高红外地温的变化趋势基本一致，在温度较高时三者相差大，温度突然降低时数值接近，如图 7.3 所示。

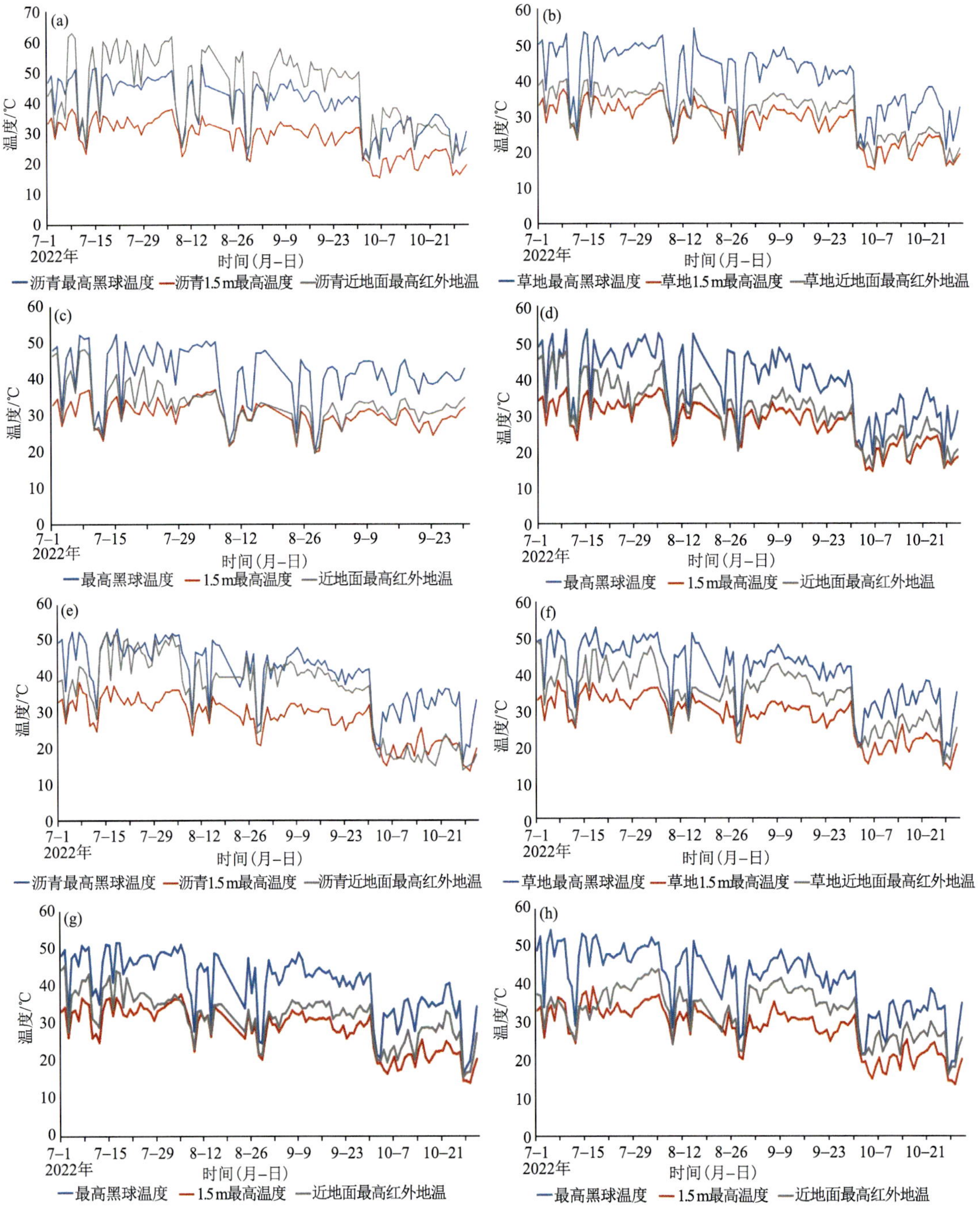

图 7.3 不同下垫面垂直方向日最高温度比较

(a)衡水沥青；(b)衡水草地；(c)衡水林地；(d)衡水湿地；(e)雄安沥青；(f)雄安草地；(g)雄安林地；(h)雄安湿地

7.5.1.3　观测日最低温度比较

衡水、雄安不同下垫面垂直方向上黑球最低温度、1.5 m 最低温度和近地面最低红外地温的变化趋势基本一致，在温度较高时三者相差大，温度较低时数值接近。雄安沥青下垫面一般是黑球最低温度最低，在 15 ℃以上时，近地面最低红外地温最高，15 ℃以下时，1.5 m 最低温度最高，如图 7.4 所示。

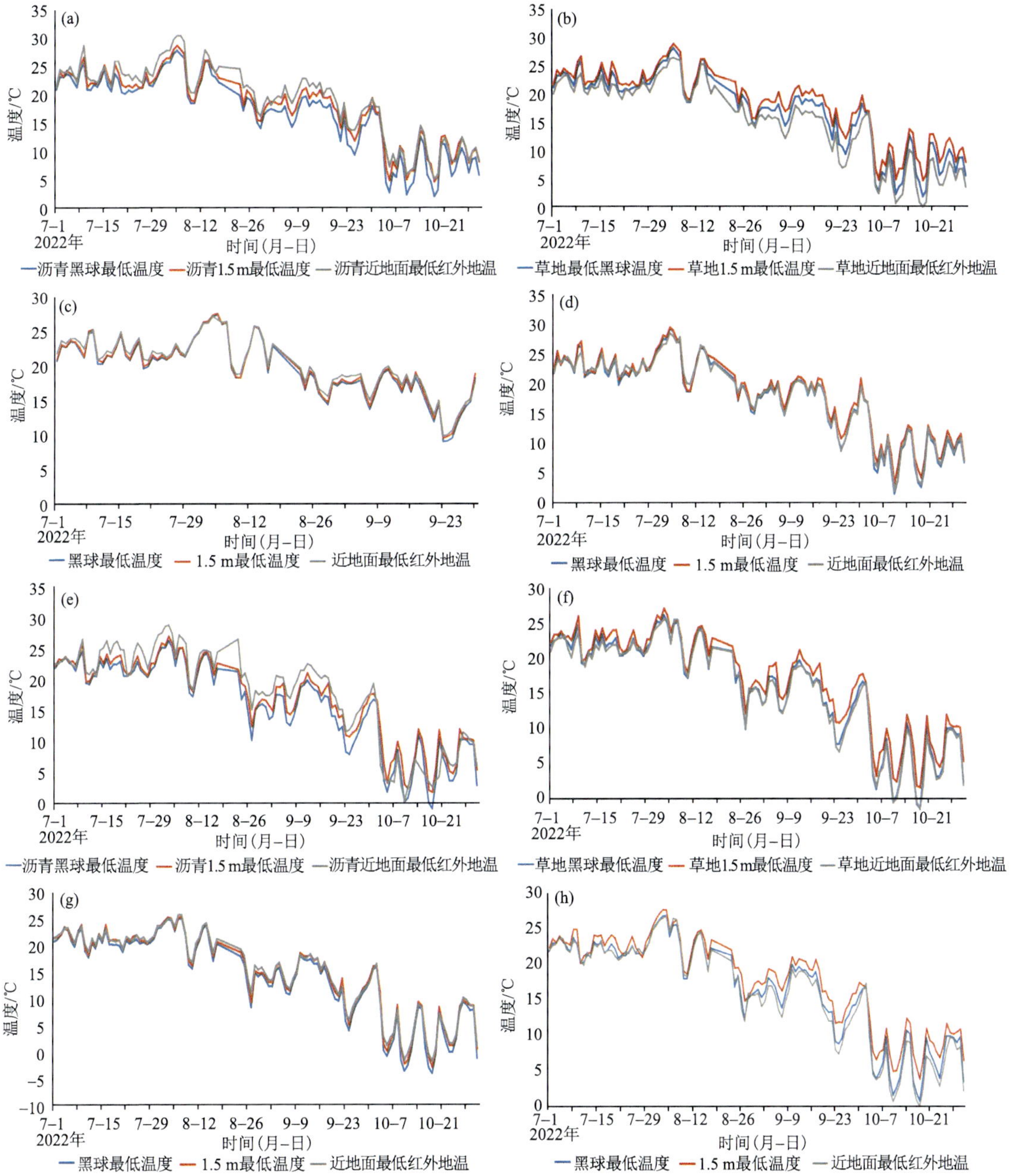

图 7.4　不同下垫面垂直方向日最低温度比较

(a)衡水沥青；(b)衡水草地；(c)衡水林地；(d)衡水湿地；(e)雄安沥青；(f)雄安草地；(g)雄安林地；(h)雄安湿地

7.5.1.4 观测日较差比较

衡水、雄安不同下垫面近地面红外温度日较差、黑球温度日较差、1.5 m 温度日较差的变化趋势基本一致。衡水林地和湿地下垫面的黑球温度的日变化远大于 1.5 m 温度和近地面红外温度。值得注意的是,进入 10 月后,雄安沥青下垫面的 1.5 m 温度日较差和近地面红外温度日较差曲线非常接近,如图 7.5 所示。

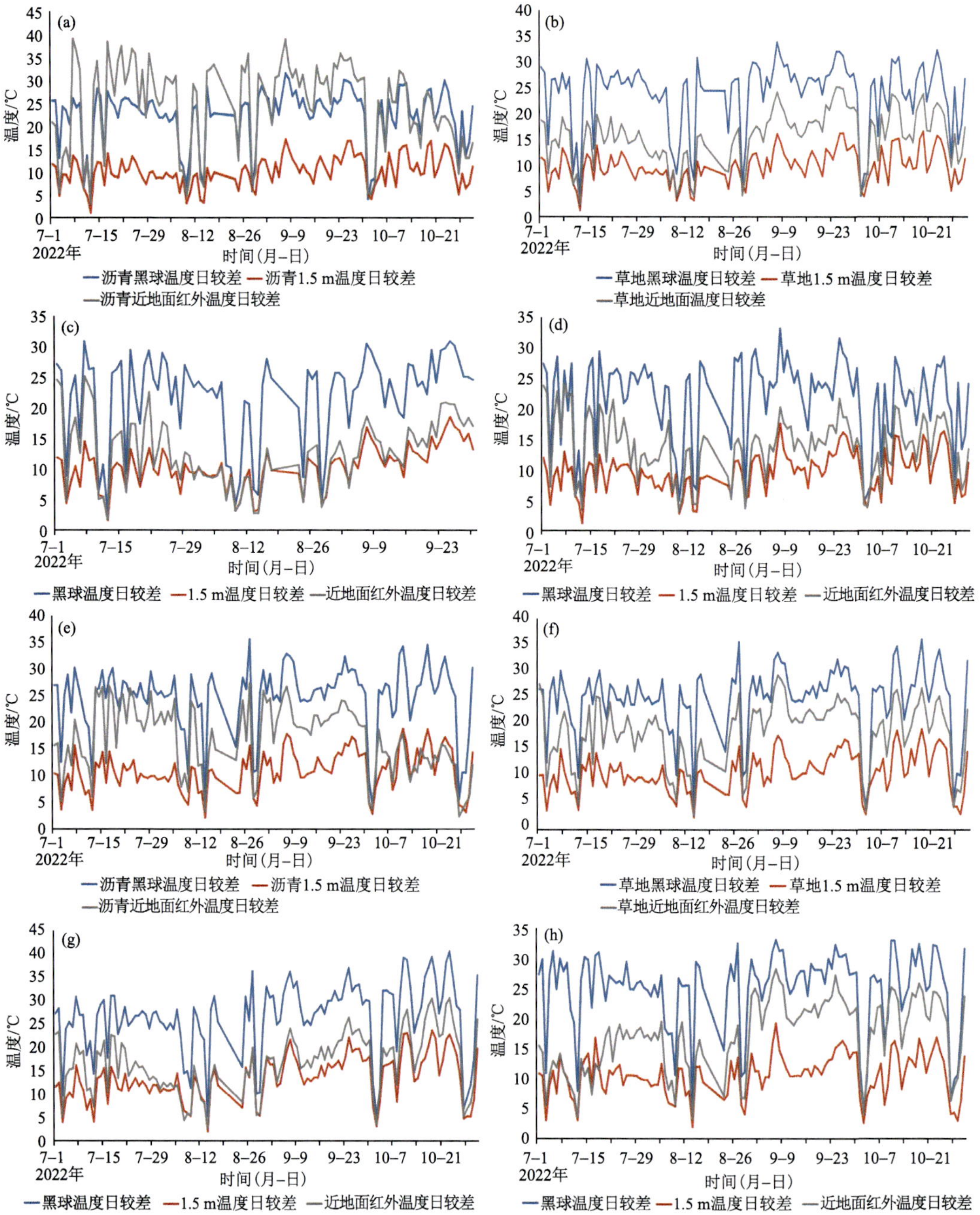

图 7.5 不同下垫面垂直方向日较差温度比较

(a)衡水沥青;(b)衡水草地;(c)衡水林地;(d)衡水湿地;(e)雄安沥青;(f)雄安草地;(g)雄安林地;(h)雄安湿地

7.5.2 不同下垫面水平方向温湿观测比较

7.5.2.1 观测日平均温度比较

总体看来，日平均温度受不同下垫面影响各不相同，存在地区性差异。日平均地面温度中，沥青各类参数高于其他下垫面；日平均空气温度、黑球温度中，4 种下垫面之间的差异不明显，差值基本在 1～2 ℃，如表 7.1 所示。

表 7.1　不同下垫面日平均温度各类参数对比

观测参数		衡水				雄安			
		沥青	草地	林地	湿地	沥青	草地	林地	湿地
日平均地面温度/℃	平均值	31.23	24.17	24.52	25.56	24.43	22.39	21.13	21.71
	最大值	41.09	31.01	31.3	33.08	37.53	33.77	30.61	32.56
	最小值	20.33	16.66	16.87	16.79	6.81	9.28	7.61	7.75
日平均空气温度/℃	平均值	25.66	25.73	24.48	25.35	22.19	22.11	20.88	22.22
	最大值	32.44	32.43	31.01	32.13	31.64	31.5	30.88	31.71
	最小值	17.76	17.83	16.68	17.43	9.97	9.87	7.35	10.57
日平均黑球温度/℃	平均值	28.28	28.89	26.9	28.26	25.45	25.12	23.76	25.32
	最大值	36.41	37.22	34.89	37.05	37.17	36.46	34.63	35.95
	最小值	17.6	17.67	16.98	17.22	11.31	11.03	9.75	11.75

从两地温度变化曲线（图 7.6）中可以看出，日平均地面温度、空气温度、黑球温度随时间变化明显，演变曲线逐渐降低，10 月后降低显著，说明日平均地面温度、空气温度、黑球温度的变化具有季节性特征。日平均地面温度中，沥青变化曲线明显高于其他下垫面，说明日平均地面温度受下垫面的影响较大；日平均空气温度、黑球温度中，沥青、草地、湿地曲线接近，几乎重合，林地明显低于其他下垫面，说明日平均空气温度、黑球温度受下垫面的影响较小。

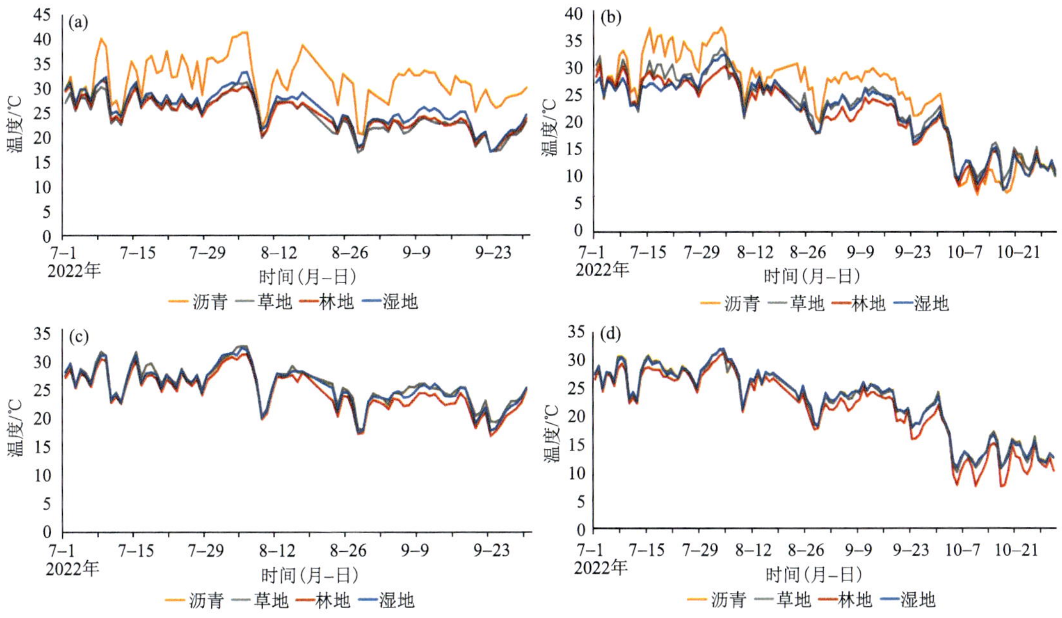

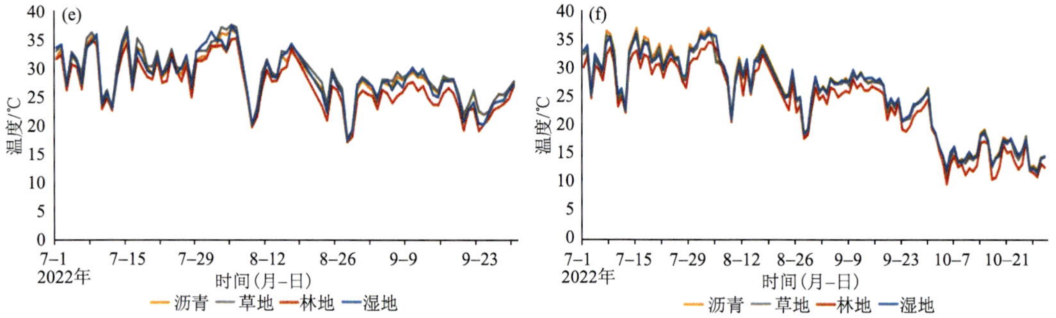

图 7.6 日平均温度变化曲线

(a)衡水地面温度;(b)雄安地面温度;(c)衡水空气温度;(d)雄安空气温度;(e)衡水黑球温度;(f)雄安黑球温度

7.5.2.2 观测日最高温度比较

总体看来,日最高温度受不同下垫面影响各不相同,存在地区性差异。日最高地面温度中,沥青各参数最大;日最高空气温度、黑球温度中,4 种下垫面各类参数比较接近,如表 7.2 所示,差值基本在 1～2 ℃,考虑水汽的蒸腾作用对日最高黑球温度效果显著。

表 7.2 不同下垫面日最高温度各类参数对比

观测参数		衡水				雄安			
		沥青	草地	林地	湿地	沥青	草地	林地	湿地
日最高地面温度/℃	平均值	48.51	33.81	33.02	34.56	34.64	33.59	31.82	32.73
	最大值	62.5	40.3	48.2	47.5	52	48.5	45.4	44
	最小值	24.4	19	19.9	20	13.8	14.2	15.6	16.1
日最高空气温度/℃	平均值	31	30.89	30.18	30.48	27.83	27.7	28.32	28.14
	最大值	37.8	37.5	37	37.3	38.2	37.7	37.7	39.3
	最小值	20.3	20.2	19.8	21	13.5	13.3	14.1	13.5
日最高黑球温度/℃	平均值	42.37	44.39	41.52	42.74	40.55	40.19	40.55	41.06
	最大值	52.2	54.4	52.3	53.4	52.9	52.2	51.4	54.2
	最小值	20.8	21.1	19.5	20.5	15.8	15.6	16.4	16.2

从两地温度变化曲线(图 7.7)中可以看出,日最高温度随时间变化明显,逐渐降低,除日最高黑球温度外,进入 10 月后降低显著,说明日最高温度的变化具有季节性特征,但季节对日最高黑球温度的作用效果较慢。日最高地面温度中,相较其他下垫面,沥青降低更加明显,说明沥青下垫面受季节影响更显著;日最高空气温中,四种下垫面变化曲线趋势相同,说明最高空气温度受下垫面影响较小;日最高黑球温度中,相较于衡水日最高黑球温度,雄安四种下垫面变化曲线几乎重合,说明雄安地区日最高黑球温度受不同下垫面的影响更小。

7.5.2.3 观测日最低温度比较

总体看来,日最低温度受不同下垫面影响各不相同,存在地区性差异。如表 7.3 所示,日最低地面温度中,沥青各类参数最大,说明相较于沥青,草地、林地、湿地保温性差;衡水地区沥青与其他下垫面的差值并不明显,说明日最低地面温度受地区性影响不如日最高地面温度大。日最低空气温度、黑球温度中,四种下垫面的各类参数比较接近,差值基本在 1～2 ℃,因为黑

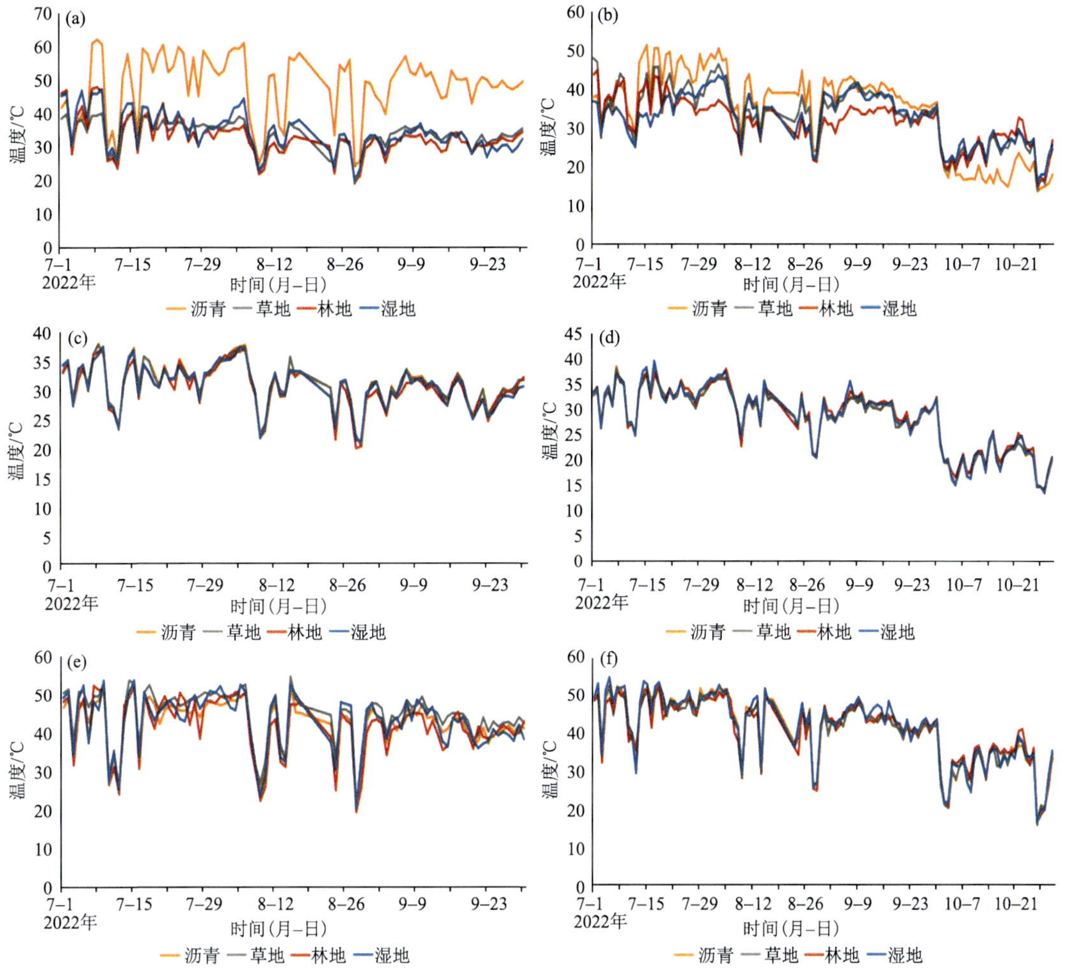

图 7.7　日最高温度变化曲线

(a)衡水地面温度;(b)雄安地面温度;(c)衡水空气温度;(d)雄安空气温度;(e)衡水黑球温度;(f)雄安黑球温度

球温度反应体感温度,说明不同下垫面对最低体感温度作用差异不大。

表 7.3　不同下垫面日最低温度各类参数对比

观测参数		衡水				雄安			
		沥青	草地	林地	湿地	沥青	草地	林地	湿地
日最低地面温度/℃	平均值	22.16	18.39	20.21	20.51	17.59	15.1	14.84	15.64
	最大值	30.4	26.3	27.2	28.2	28.9	25.5	25.9	26.7
	最小值	13.7	6.8	9.8	8.5	0.3	−1.5	−1.8	0
日最低空气温度/℃	平均值	20.96	21.13	19.87	21.01	16.84	16.79	14.66	17.6
	最大值	28.6	28.8	27.6	29.2	27.1	27	25.5	27.6
	最小值	11.8	12	9.5	10.7	1.7	1.6	−2.9	3.9
日最低黑球温度/℃	平均值	19.8	19.87	19.54	20.4	15.66	15.41	13.84	16.18
	最大值	27.7	28	27.4	29	26.3	26	25.1	26.8
	最小值	9.3	9.2	9	9	−1	−1.4	−4.2	0.8

从两地温度变化曲线(图 7.8)中可以看出,日最低温度曲线随时间逐渐降低,进入 10 月后雄安地区降低明显,说明日最低温度具有显著的季节性和地区性特征。日最低地面温度中,两地沥青的变化曲线最高,衡水地区草地最低,雄安地区林地最低。日最低空气温度、黑球温度中,4 种下垫面的变化曲线基本一致,林地明显低于其他下垫面,雄安地区日最低黑球温度受不同下垫面的影响更大。

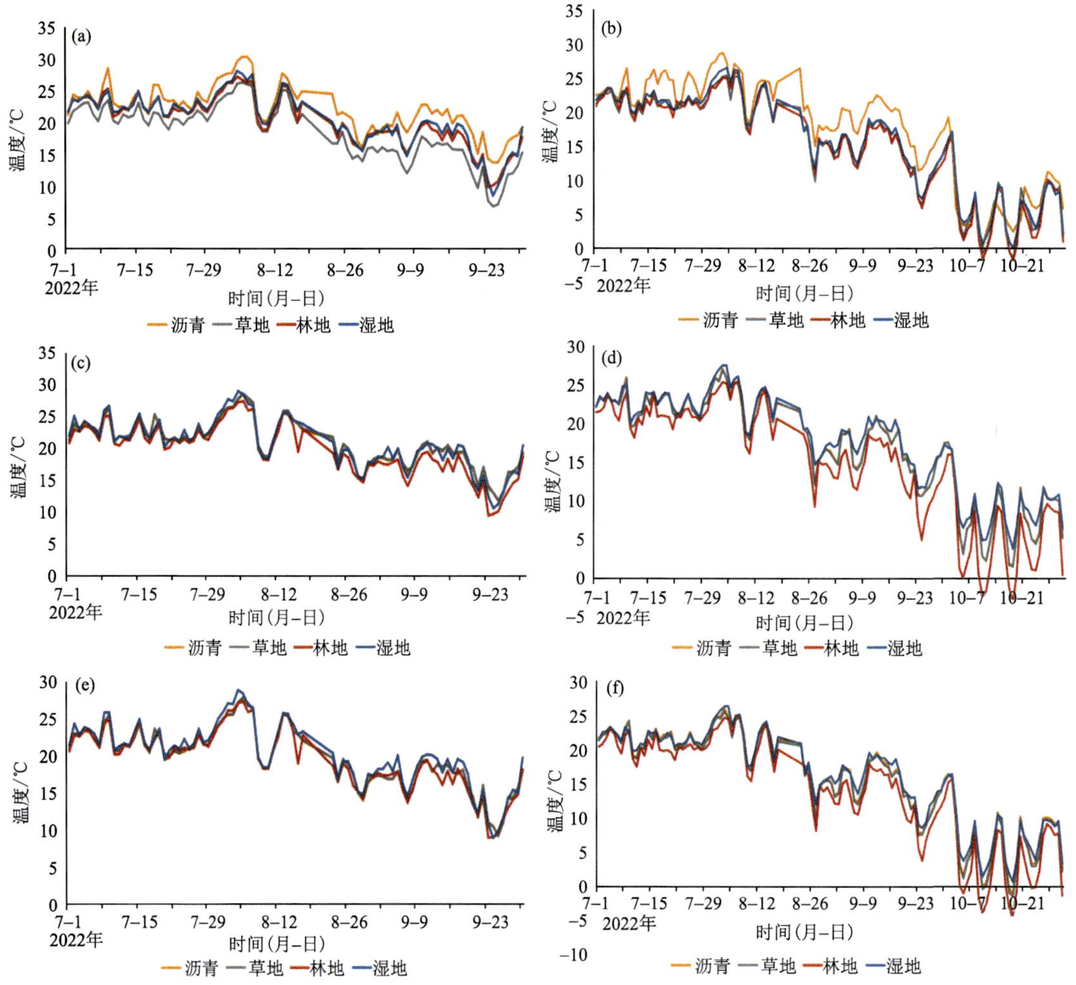

图 7.8 日最低温度变化曲线

(a)衡水地面温度;(b)雄安地面温度;(c)衡水空气温度;(d)雄安空气温度;(e)衡水黑球温度;(f)雄安黑球温度

7.5.2.4 观测日较差比较

如表 7.4 所示,总体看来,日较差温度受不同下垫面影响各不相同。日较差地面温度中,衡水地区沥青最大,雄安地区草地最大,说明日较差地面温度地区性差异显著。日较差空气温度、黑球温度中,不同下垫面的各类参数比较接近,沥青、草地、林地、湿地之间的差异不明显,基本在 1～3 ℃范围内。

从两地日较差温度变化曲线(图 7.9)中可以看出,日较差地面温度中,演变曲线趋势基本一致,但各下垫面曲线之间差异较大,说明季节性特征不显著,受下垫面影响更大。日较差空气温度中，演变曲线逐渐振荡增大，进入 10 月后增大显著，说明日较差空气温度变化具有一定的季节性特征，但受下垫面影响有限。日较差黑球温度，与日较差地面温度类似，具有季节性特征，但季节作用效果缓慢，衡水地区受不同下垫面的影响更小。

表 7.4　不同下垫面日较差温度各类参数对比

观测参数		衡水				雄安			
		沥青	草地	林地	湿地	沥青	草地	林地	湿地
日较差地面温度/℃	平均值	26.35	15.42	12.83	14.05	17.05	18.49	16.98	17.09
	最大值	39.2	25.3	25.2	24.1	27.5	29.3	30.7	28.1
	最小值	2.9	2.3	1.7	3.2	2.4	2.8	2.9	3.2
日较差空气温度/℃	平均值	10.05	9.76	10.33	9.47	10.99	10.91	13.67	10.54
	最大值	17.1	16.4	18.5	17.6	18.9	19.1	23.8	19.1
	最小值	1.1	1.2	1.5	1.2	2.2	2.4	2.1	1.9
日较差黑球温度/℃	平均值	22.57	24.52	22.01	22.34	24.89	24.78	26.71	24.88
	最大值	31.5	34.1	30.9	33.2	35.8	36.1	40.7	33
	最小值	3.1	3.2	2.6	3.5	4.8	4.7	5.4	4.6

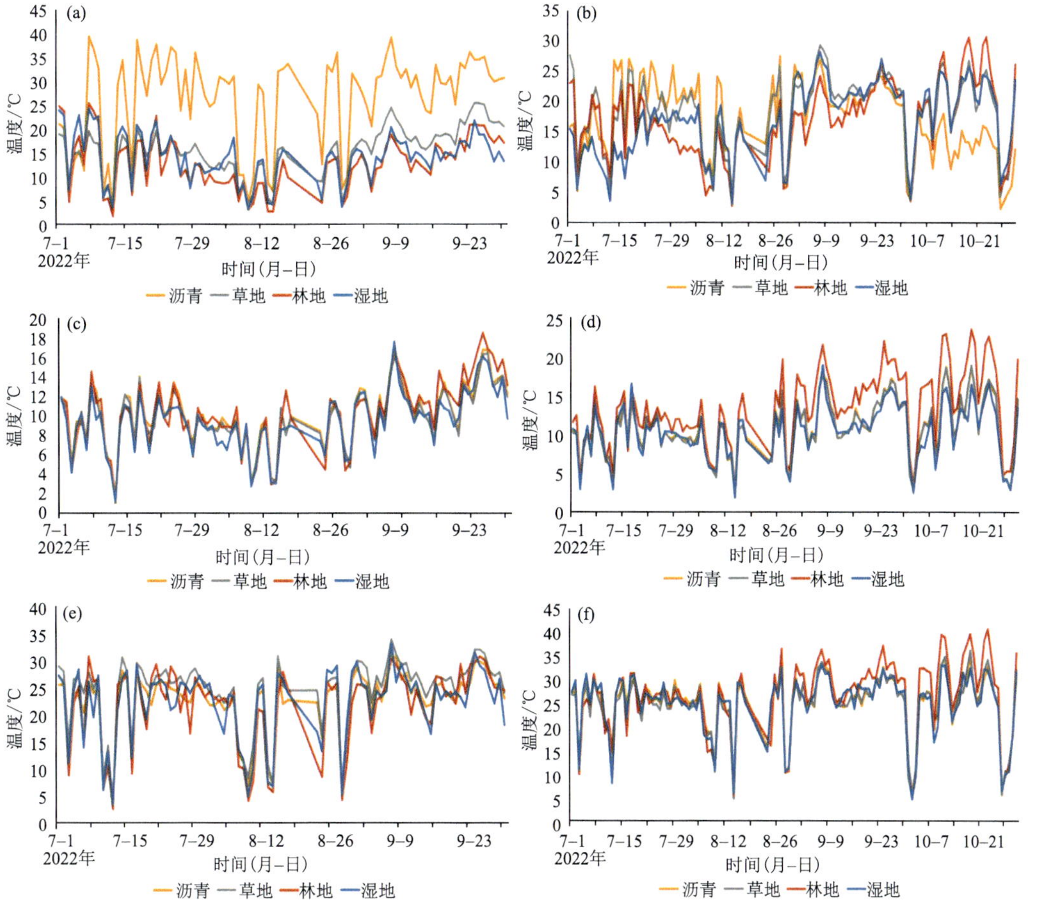

图 7.9　日较差温度变化曲线

(a)衡水地面温度；(b)雄安地面温度；(c)衡水空气温度；(d)雄安空气温度；(e)衡水黑球温度；(f)雄安黑球温度

7.5.3 不同下垫面对于气温的影响分析

7.5.3.1 观测温度与日平均温度比较

衡水、雄安不同下垫面垂直方向日平均温度(黑球温度、1.5 m空气温度、近地面红外地温)与当地国家站观测温度曲线变化趋势一致。1.5 m空气温度与国家站观测温度曲线几乎重合,雄安湿地略高,如图7.10所示。

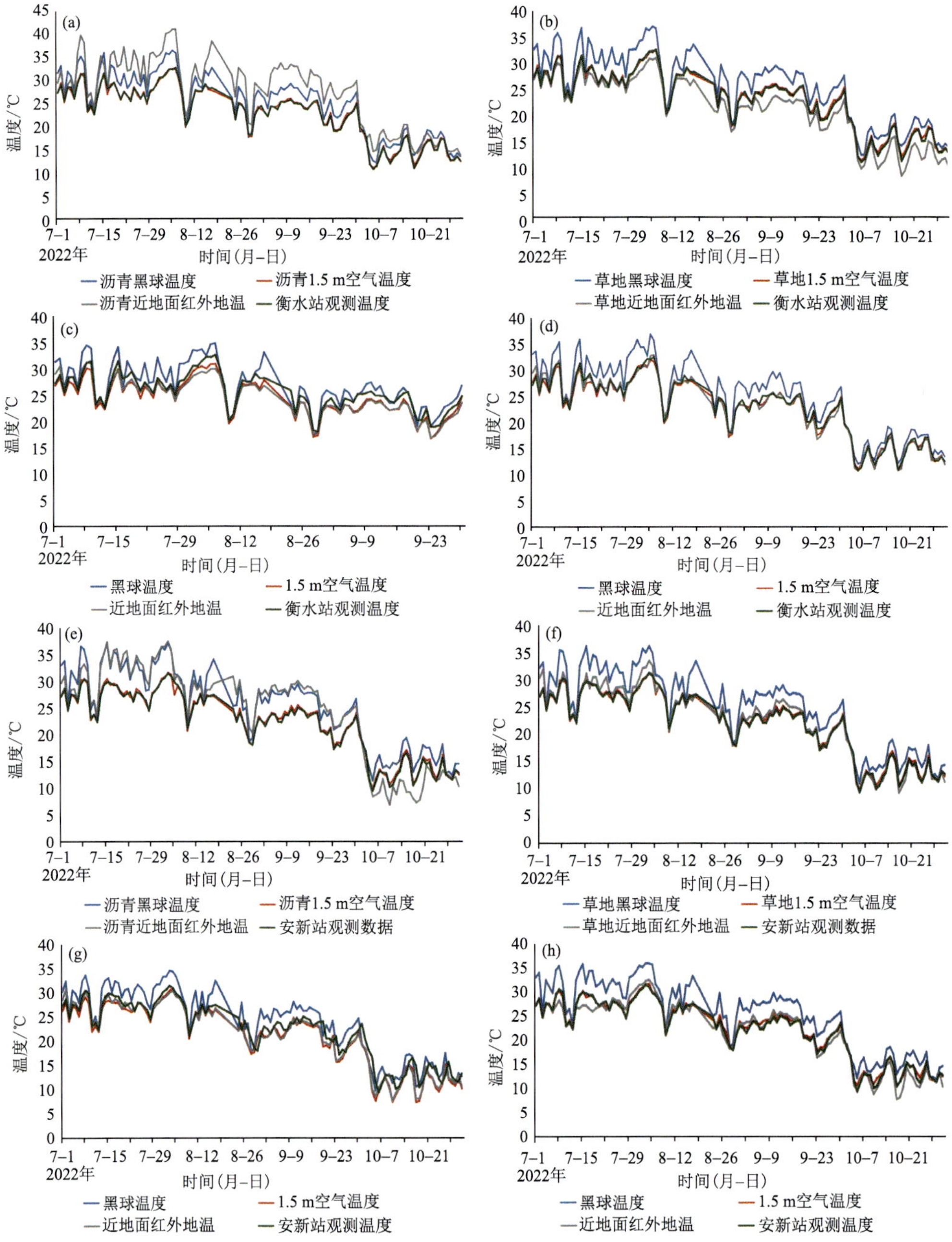

图7.10 不同下垫面垂直方向日平均温度与国家站观测温度比较

(a)衡水沥青;(b)衡水草地;(c)衡水林地;(d)衡水湿地;(e)雄安沥青;(f)雄安草地;(g)雄安林地;(h)雄安湿地

7.5.3.2　观测温度与日最高温度比较

衡水、雄安不同下垫面垂直方向日最高温度(最高黑球温度、1.5 m 最高温度、近地面最高红外地温)与当地国家站观测最高温度曲线变化趋势一致。1.5 m 空气温度与国家站观测温度曲线几乎重合,衡水林地和湿地略低,雄安林地略高、湿地略低,如图 7.11 所示。

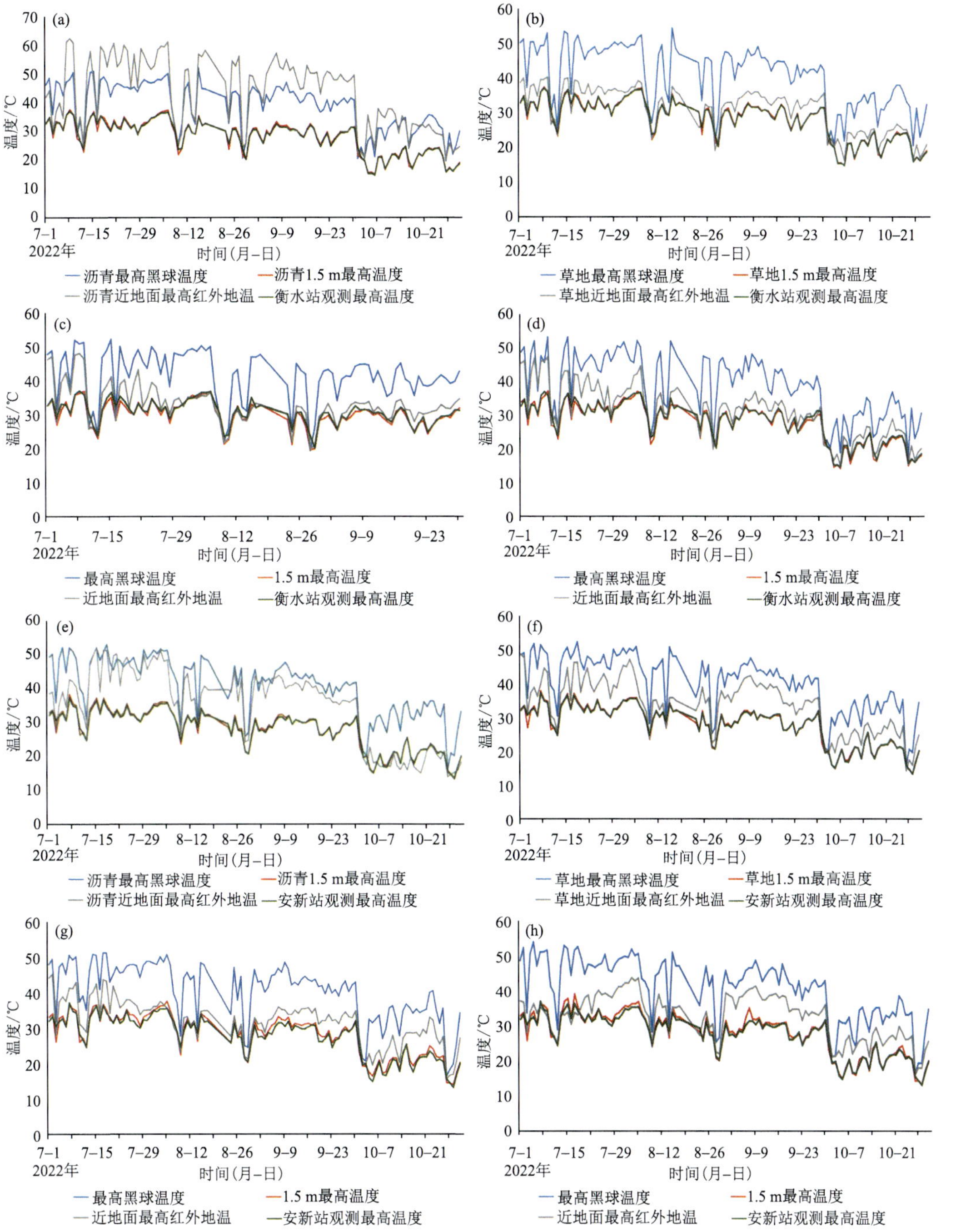

图 7.11　不同下垫面垂直方向日最高温度与国家站观测温度比较

(a)衡水沥青;(b)衡水草地;(c)衡水林地;(d)衡水湿地;(e)雄安沥青;(f)雄安草地;(g)雄安林地;(h)雄安湿地

7.5.3.3 观测温度与日最低温度比较

衡水、雄安不同下垫面垂直方向日最低温度(黑球最低温度、1.5 m 最低温度、近地面最低红外地温)与当地国家站观测最低温度曲线变化趋势一致,如图 7.12 所示。

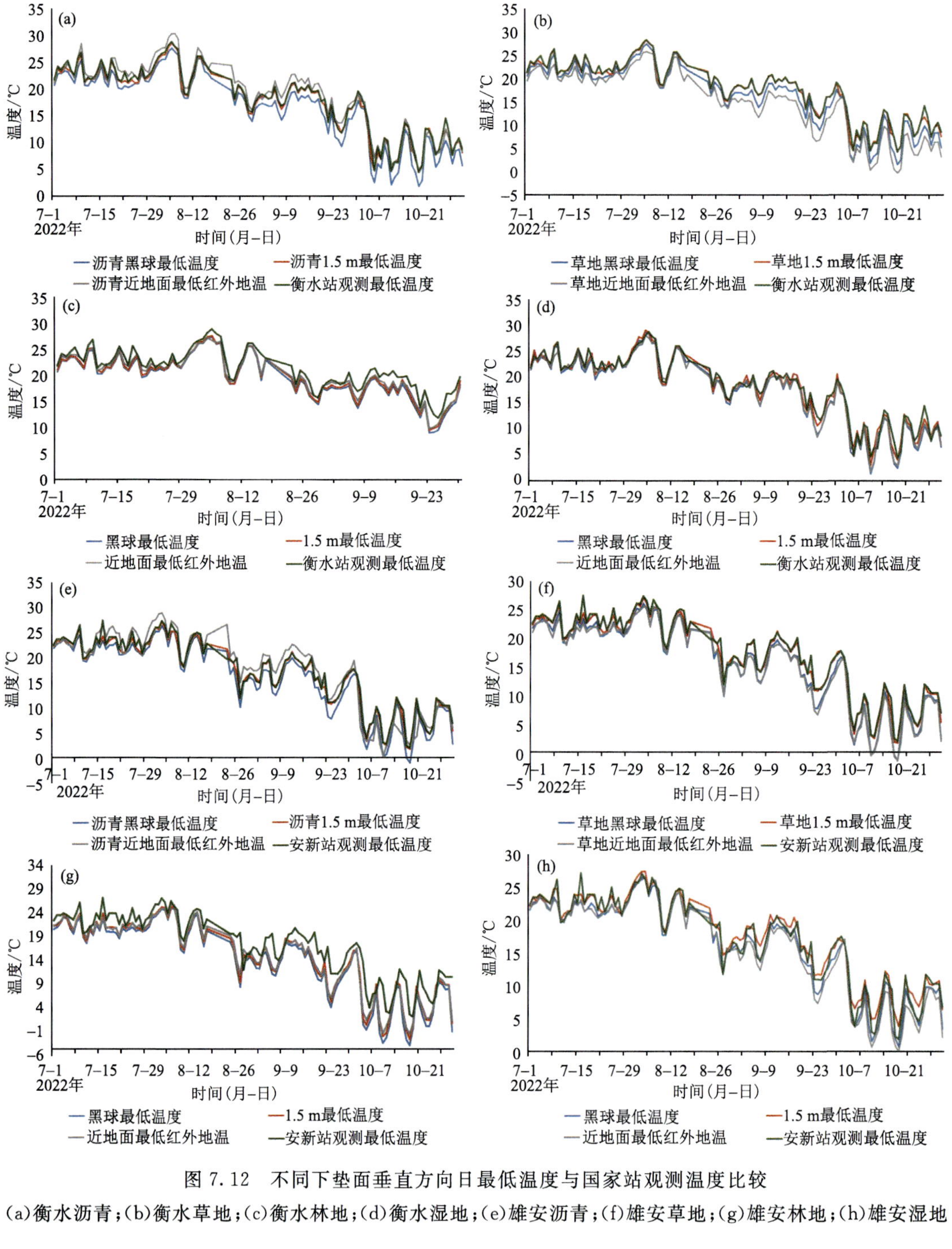

图 7.12 不同下垫面垂直方向日最低温度与国家站观测温度比较

(a)衡水沥青;(b)衡水草地;(c)衡水林地;(d)衡水湿地;(e)雄安沥青;(f)雄安草地;(g)雄安林地;(h)雄安湿地

7.5.4　不同下垫面高温观测模型在预测中的适用性

7.5.4.1　下垫面最高温度与气象影响因子的关系

选取盛夏时节 7—8 月雄安新区每日气象实况数据，分别对日平均气温、日最高气温、日最低气温与下垫面最高气温进行相关性分析研究，以 4 种下垫面为代表进行气温相关系数分析，相关系数计算方法见式(7.1)，x、y 均表示变量。

$$r = \sum_{i=1}^{n}(x_i - \bar{x})(y_i - \bar{y}) \Big/ \sqrt{\sum_{i=1}^{n}(x_i - \bar{x})^2} \sqrt{\sum_{i=1}^{n}(y_i - \bar{y})^2} \tag{7.1}$$

4 种下垫面日平均气温相关系数均在 0.89 以上，日最低气温相关系数均在 0.91 以上，日最高气温相关系数最高在 0.93 以上，日最高气温的相关系数比日平均气温的相关系数高约 4 个百分点，比日最低气温的相关系数低约 2 个百分点。日最高气温是对不同下垫面日最高温度影响量最大的因子，且呈现很强的正向相关。

另外，在连续观测中发现，不同下垫面的日最高温度与日最高相对湿度、日总云量、日照时数密切相关，尤其是日总云量的影响最为显著，表 7.5 给出与下垫面日最高温度相关显著的气象要素关系，置信概率 98.8%($U_{95,K=2}$)。其中，日最高相对湿度和日总云量与下垫面日最高温度呈现负相关性，日照时数与下垫面的最高温度呈现正相关性。

表 7.5　下垫面最高温度与气象其他影响因子的关系

不同下垫面	日最高相对湿度	日总云量	日照时数
沥青日最高温度	−0.578	−0.803	0.895
草地日最高温度	−0.542	−0.889	0.821
林地日最高温度	−0.549	−0.894	0.799
湿地日最高温度	−0.521	−0.882	0.754

综上，4 种下垫面最高温度与日最高气温相关性最强，这可以为我们不同下垫面最高温度预报模型搭建提供有益参考。

7.5.4.2　不同下垫面高温预报研究初探

由上文可知，下垫面最高温度与日最高温度相关性最强，选用日最高气温作为下垫面最高温度预报因子，选择 7—8 月雄安新区不同下垫面最高温度作为样本，我们在对其进行回归分析的基础上，建立一元线性回归方程，搭建 4 种下垫面日最高温度数学模型，见式(7.2)—(7.5)。

其中，通过分析沥青、草地、林地、湿地 4 种不同下垫面预报与实况的相关系数分别为 0.912、0.936、0.876、0.984，在 $k=2$，置信概率为 95.4%的情况下，

沥青下垫面最高温度预报模型：

$$T_a = -25.66 + 2.24t \tag{7.2}$$

草地下垫面最高温度预报模型：

$$T_b = -12.23 + 1.46t \tag{7.3}$$

林地下垫面最高温度预报模型：

$$T_c = -32.35 + 2.13t \tag{7.4}$$

湿地下垫面最高温度预报模型：

$$T_d = -4.32 + 1.16t \tag{7.5}$$

式中,t 表示预报最高温度,T_a、T_b、T_c、T_d 依次为沥青、草地、林地、湿地 4 种不同下垫面日最高温度。

将预报值与各下垫面实际值进行比较,如图 7.13 所示,对于最高温度预报沥青下垫面最高温度与实况拟合程度最好,最高温度日较差绝对值在 0.2～6.3 ℃。湿地预报模型出现了预报值的最大差 8.2 ℃。但从整体来看,4 种下垫面模型最高温度与次日最高温预报值拟合程度均较好,相关系数可达 0.876 以上,能够满足预报高温需求。但此次使用观测样本仅为夏季高温时段,且观测样本偏少,不排除偏差影响。

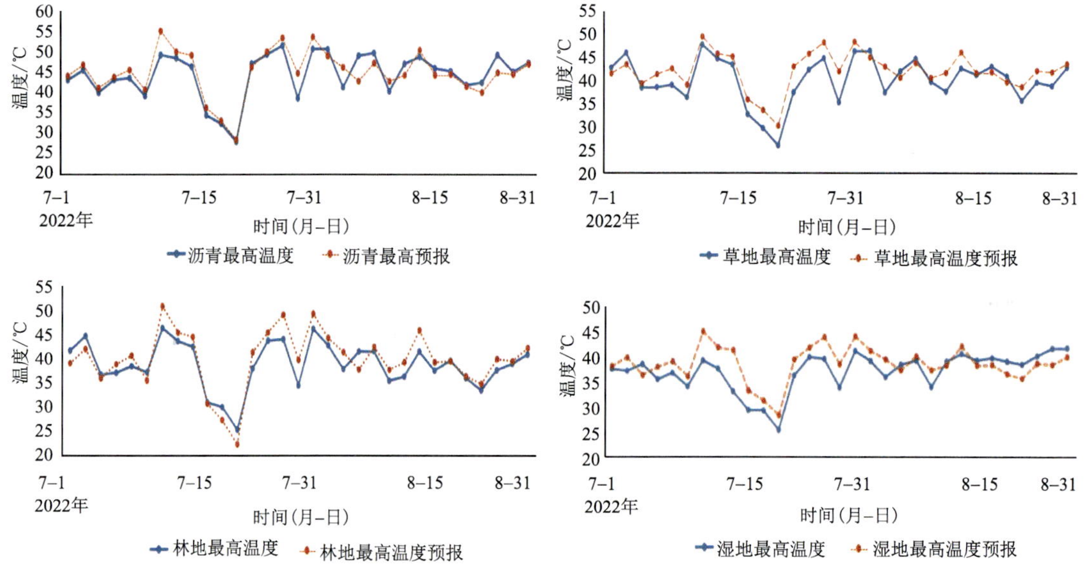

图 7.13 各种下垫面最高温度与预报值比对

7.5.4.3 黑球温度与人体舒适度指数关系

(1)人体舒适度指数影响要素

人类机体对外界气象环境的主观感觉有别于大气探测设备获取的各种气象要素结果,人体舒适度指数是为了从气象角度来评价在不同气候条件下人的舒适感,根据人体与大气环境之间的热交换而制定的生物气象指标。人体舒适度受多种气象要素的影响,例如:大气温度、湿度、气压、日照、风等。但实验表明,影响人体舒适程度最多的是气温,其次是湿度,但湿度对于人体的影响有限。由于湿度主要影响人体的热代谢和水盐代谢,有研究表明,当温度在 15.5 ℃时,即使相对湿度波动达 50%,对人体的影响也仅为气温变化 1 ℃的作用,因此本节在进行人体舒适度指数研究时更多考虑气温的影响。舒适度指数一般分为 9 级,分别为舒适、温暖、暖、热、很热、凉爽、凉、冷、很冷。

全国有很多城市已经开展了人体舒适度预报,很大程度上满足了人们对于精细化服务的需求,也有些城市根据大众的服务需求开展了穿衣指数、洗车指数等个性化预报。为了更好地探究人体舒适度指数与其他指数的对应关系,本节在查阅相关文献的基础上做了相互对照,见表 7.6。

表 7.6　人体舒适度等级与穿衣指数等级对照

人体舒适度等级	穿衣指数等级	人体热感觉		温度/℃
3～4 级	1 级	很热、热	极不舒适、不舒适	≥33
2 级	2 级	热	不舒适	28～33
1 级	3 级	温暖	较舒服	25～28
0 级	4 级	舒适	最可接受	20～25
−1 级	5 级	凉爽	较舒服	15～20
−2 级	6 级	凉	不舒服	5～15
−3 级	7 级	冷	很不舒适	−15～5
−4 级	8 级	很冷	极不适应	≤−15

(2)黑球温度与人体舒适度指数预报

黑球温度也叫实感温度，标志着在辐射热环境中人或物体受辐射热和对流热综合作用时，以温度表示出来的实际感觉温度，其受到太阳辐射的作用很大，对人体的热感觉影响强烈，最接近人体感觉温度，所测的黑球温度值一般比环境温度也就是空气温度值高一些。本节采用不同下垫面的黑球温度与人体舒适度指数预报进行对比，分析其相关性和符合程度。

因衡水和雄安新区穿衣指数预报暂无人体舒适度指数资料，我们通过穿衣指数与人体舒适度指数的对应关系得到黑球温度与人体舒适度指数间联系。选取资料为 7—8 月雄安新区和衡水 8 个站点黑球温度与穿衣指数预报等级、人体舒适度指数对比，得到等级较差图，等级较差为 0 视为最接近预报值，偏离越大视为离预报值偏差越大。详见图 7.14 和图 7.15。

图 7.14　雄安新区各下垫面黑球温度等级较差

（横坐标为雄安新区 7—8 月间的 57 个天数个例）

图 7.15　衡水各下垫面黑球温度等级较差

（横坐标为衡水 7—8 月间的 57 个天数个例）

由图7.14和图7.15可见，林地下垫面的黑球温度等级较差为0的概率最高，认为最接近人体舒适度指数预报。

7.6 主要结论

本试验根据衡水和雄安新区两地的沥青、草地、林地、湿地4种不同下垫面高温观测资料，从垂直方向、水平方向、与气温相关性和预报预测适用性4个方面进行了详细的处理分析，简要总结结论如下。

(1)4种不同下垫面垂直方向日平均、日最高、日最低、日较差温度(地面温度、黑球温度、空气温度)变化趋势一致，在温度较高时相差大，温度较低时数值接近。在温度较高时，草地、林地、湿地下垫面的黑球温度日平均、日最高、日较差高于空气温度和地面温度。

(2)4种不同下垫面垂直方向日最低温度(地面温度、黑球温度、空气温度)变化曲线几乎重合，差距远小于日平均、日最高、日较差变化。

(3)衡水沥青下垫面垂直方向日平均、日最高、日较差温度中地面温度明显最高，而雄安黑球温度与地面温度相差不大，表现出一定的地区性特征。

(4)沥青下垫面的地面温度日平均、日最高、日最低均为最高，衡水地区沥青地面温度高于其他下垫面7～15 ℃，雄安地区1～4 ℃；地面温度日较差存在地区性差异，衡水地区沥青高于其他下垫面，而雄安地区草地最高。

(5)4种下垫面的空气温度、黑球温度日平均、日最高、日最低、日较差差异不明显，相差在1～3 ℃范围内，林地下垫面最低的情况最多，占比75%。

(6)4种不同下垫面垂直方向日平均、日最高、日最低温度(地面温度、黑球温度、空气温度)与国家站观测温度曲线变化趋势一致。空气温度与国家站观测温度曲线几乎重合。

(7)日最高气温是对不同下垫面最高温度影响量最大的因子，且呈现很强的正向相关。日最高相对湿度和日总云量与下垫面的最高温度呈现负向相关，日照时数与下垫面的最高温度呈现正向相关。

(8)不同下垫面高温预报研究中，4种下垫面最高温度预报模型与次日最高温预报值拟合程度均较好，沥青下垫面最高温度预报与实况拟合程度最好。

(9)尝试分析黑球温度与人体舒适度指数的关系，林地下垫面黑球温度被认为与人体舒适度指数预报最为接近。

7.7 业务应用

在充分考虑典型下垫面特征和观测代表性的基础上，经过充分调研，在衡水和雄安新区，分别选取衡水湖湿地、衡水市城区、青年林、白洋淀湿地、千年秀林、安新城区等典型区域开展自动连续观测。得到的高温分析结论和拟合关系，为不同下垫面条件下温度垂直变化规律分析、气候变化预测，以及实际精细化预报中温湿度高分辨率网格插值提供重要参考。

第 8 章　雪深观测仪比对试验

对业务在用观测设备进行比对试验是提升观测质量的重要手段。2021—2022 年冬季在佳木斯国家综合气象观测专项试验外场(简称佳木斯外场)安装 3 台不同型号业务在用雪深自动观测仪，进行雪深观测仪比对试验，与人工观测的雪深数据对比分析，评估不同类型的自动雪深观测仪运行稳定性和数据精准性。试验结果表明，3 台自动雪深观测仪在积雪期运行稳定，观测数据完整；在不同积雪阶段，3 台自动雪深观测仪数据与人工观测数据相比，整体的准确性和稳定性最好的为 DSJ1 型，其次为 DSS1 型，稳定性和准确率最差的为 DSS2 型；气温和雪温在积雪稳定阶段与自动雪深观测仪误差相关性最强，故在自动雪深观测仪的技术升级时应更加注重气温、雪温和风速等气象要素带来的误差。

8.1　试验目的

雪深自动化观测不仅节省人力，还可以提高数据及时性，能连续、全面反映积雪的变化过程，以人工观测为参考标准，对自动雪深设备开展为期 3 个月以上的比对试验，评估运行稳定性、数据质量，总结归纳设备故障的判断及处理方法，为雪深自动观测仪的业务应用、观测质量提升提供技术参考。

8.2　试验内容

试验于 2021—2022 年冬季在佳木斯外场进行，以人工观测雪深数据为参考，安装 3 套自动雪深观测仪，分别为航天新气象 DSS1 型激光雪深观测仪、杭州赛玛 DSS2 型激光雪深观测仪以及华云升达 DSJ1 型超声雪深观测仪，分析自动雪深观测数据的完整性、准确性、可比性，评估自动雪深设备的测量性能。

运行稳定性评估：在试验开始前，对设备进行标定校准，在试验阶段采取日巡视制度，对设备运行情况、故障现象、故障原因、维修手段进行详细记录，试验结束后对仪器运行稳定性进行综合评价，并总结归纳设备故障的判断方式及处理方法，探索设备日常维护事项及操作要求。

数据质量分析：试验阶段人工雪深观测由每日 08 时调整为每日 08 时、14 时、20 时 3 次观测。针对积雪形成、维持、消融阶段的数据进行深度分析，计算评估数据完整性(缺测率)、准确性(差值、极值差和标准偏差等)和可比性(一致率、积融趋势)。

8.3　技术路线

以人工雪深观测为参考，对 3 种不同型号的自动雪深观测仪进行运行稳定性和数据质量的对比分析。设备稳定性通过日常维护和故障率来分析；数据质量包括完整性、准确性、可比性和相关性，具体技术路线见图 8.1。

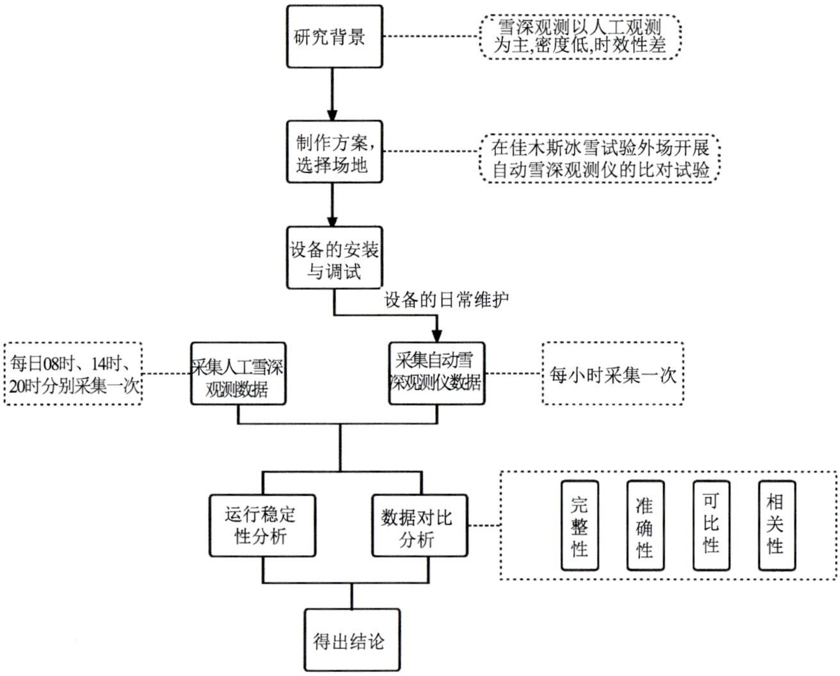

图 8.1　技术路线

8.4　试验布局

8.4.1　场地布局

参考地面气象观测规范要求,DSS1 型、DSS2 型和 DSJ1 型雪深观测仪均建设于佳木斯外场内,布局合理,场地平整,试验环境良好。

8.4.2　数据采集

人工观测数据:为及时掌握积雪深度变化趋势,提升数据的准确性,提高对比数据的频次,试验阶段人工雪深观测由每日 08 时的一次观测调整为 08 时、14 时、20 时的 3 次观测,按照《地面气象观测规范》(中国气象局,2003)规定,雪深以厘米(cm)为单位,取整数,每次观测进行 3 次测量并计算平均值。

自动雪深数据:DSS1 型雪深观测仪于 2021 年 10 月 29 日安装调试完成,DSS2 型雪深观测仪于 2021 年 10 月 27 日安装调试完成,DSJ1 型自动雪深观测仪于 2021 年 12 月 6 日安装调试完成,在正式使用前均完成标定。按照《地面气象自动观测规范》(第一版)(中国气象局,2020)规定,雪深以厘米(cm)为单位,取整数,每分钟采集一次数据,每小时产生一个平均数,试验取小时观测值。

8.5　试验分析

8.5.1　设备运行稳定性评估析

8.5.1.1　设备维护

观测试验期间，业务人员每日巡视自动雪深数据采集是否完整，并与人工观测值进行比较，在出现较大误差时及时排查原因，开展维护，并对维护过程进行详细记录。每周一次或遇到重大天气过程时增加巡视观测场环境和仪器设备的次数，检查取样基点处积雪表面是否平整、有无破损痕迹，是否与观测场周围积雪高度保持一致，发现问题及时处理。

主要内容有：

(1)检查雪深传感器发射口是否有遮挡，如果有异物遮挡，需对传感器的波束通路进行清洁，检查外部线材是否完好；

(2)主要检查接插件表面及线缆是否存在氧化或锈蚀，机箱内部是否存在凝露或积水等，检查蓄电池是否存在漏液、爆裂、变形等情形，若发现存在异常情况，立即处理；

(3)保持栅格板水平且表面平整。定期在测雪桩、立柱周围除草，避免造成数据异常；

(4)清洁时，应使用超细纤维布(如眼镜布、麂皮巾)及中性清洁剂；

(5)观测仪长时间不使用时，需切断 AC220 交流电源，断开蓄电池连接，套上防护罩；

(6)每年冬季启用雪深观测仪前必须重新对雪深传感器进行标定，之后方可正常使用；

(7)台站使用蓄电池作为备用电源，由于电池鲜有放电机会，长时间工作后，电池也会出现极板硫化，引起内阻增大、容量减少、负载能力下降甚至损坏，根据具体情况，及时更换新电池。

8.5.1.2　设备运行

截至 2022 年降雪期结束，已完整取得 3 套自动雪深观测数据。DSJ1、DSS1、DSS2 型 3 套设备在日常、低温、大风、冰雪状态下运行稳定，数据传输正常，无数据缺测情况出现。

8.5.2　数据质量分析

8.5.2.1　数据完整性

佳木斯冰外场于 2021 年 11 月 8 日形成积雪，2022 年 3 月 22 日，积雪完全融化，共 135 个雪深观测日。图 8.2 中 DSS2 型、DSS1 型于积雪形成日开始采集分钟、小时雪深数据，DSJ1 型于 2021 年 12 月 6 日开始共 114 个雪深观测日，采集分钟、小时雪深数据，3 台设备采集雪

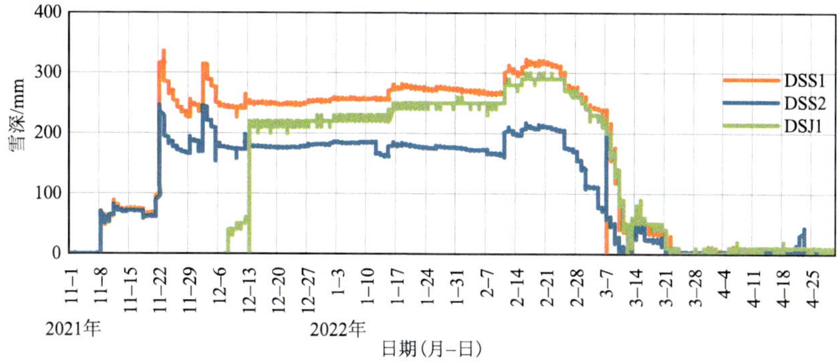

图 8.2　3 套自动雪深观测仪小时观测数据

深数据完整,完整性达到 100%;DSS2 型、DSS1 型采集的数据无缺测和错误数据,可用性达 100%,DSJ1 型应用超声波反射测距原理,对雪的密度有较高要求,由于安装时积雪已形成,适应稳定过程长达 7 d,12 月 13 日采集数据恢复正常,剔除异常数据后,数据可用性达 100%。

8.5.2.2 数据准确性

对数据进行预处理,DSJ1 型在安装 7 d 后开始正式试验,之前的数据按 0 处理。将 3 套自动雪深观测仪与人工观测雪深进行对比,表 8.1 可见,全天数据 DSJ1 型的差值极值差最小,与人工观测雪深的数据最接近,标准偏差最小,差值平均值为 6.2 mm,略高于人工观测雪深;DSS1 型数据的差值居中,标准偏差和方差比 DSJ1 型略大,比 DSS2 型略小,整体数据比人工测量值大;DSS2 型与人工观测雪深对比差值极值差最大,稳定性和离散程度也最大,整体测量数值偏低。

对 08 时、14 时和 20 时雪深对比数据进行分析,20 时 3 套自动雪深观测仪与人工观测的极值差值、标准偏差和方差最小,3 套设备在 14 时的标准偏差和方差最大,说明此时段自动雪深数据与人工数据的差值波动最大,数据也最分散,这可能与日照有关,因为 14 时的太阳辐射最大。通过和全天数据的对比,其中人工观测数据的全天值为 3 次测量的平均值,自动雪深观测数据的全天值为 24 h 平均值,08 时自动雪深观测仪数据与全天数据相比最接近,20 时差距最大。

表 8.1 DSS1 型、DSS2 型和 DSJ1 型自动雪深观测仪与人工观测雪深的差值分析

设备型号	时间	差值最小值/mm	差值最大值/mm	差值极值差/mm	差值平均值/mm	标准偏差	方差
DSS1	08 时	−72	52	124	24.83	22.09	487.84
	14 时	−80	66	146	21.19	24.27	588.94
	20 时	−65	56	121	24.96	21.85	477.30
	全天	−80	154	234	23.66	23.72	518.68
DSS2	08 时	−160	6	166	−45.10	33.30	1108.79
	14 时	−180	7	187	−46.19	33.56	1126.33
	20 时	−143	10	153	−43.09	29.62	877.47
	全天	−180	10	190	−44.80	33.42	1034.37
DSJ1	08 时	−33	24	57	4.56	11.04	121.97
	14 时	−60	23	83	4.92	12.35	152.58
	20 时	−23	30	53	9.09	8.83	78.04
	全天	−60	30	90	6.20	11.48	121.04

8.5.2.3 数据可比性

(1)一致率

对 DSS1 型、DSS2 型和 DSJ1 型自动雪深观测仪与人工观测雪深的差值绘制折线图,由图 8.3 可见,3 条曲线的变化规律基本一致,变化幅度略有不同,在积雪形成阶段,DSS1 型和 DSS2 型的一致率较高,与人工观测雪深的差值较小,在 11 月 22 日之后,即积雪较为稳定之后出现差别,DSS1 型普遍比人工观测雪深高约 50 mm,DSS2 型开始比人工观测雪深低,DSJ1

型与人工观测雪深最接近，略高一点。DSS2 型比 DSS1 型和 DSJ1 型的变化幅度大。在积雪融化阶段，DSJ1 型数据稳定性最好，DSS1 型次之，DSS2 型表现最差。

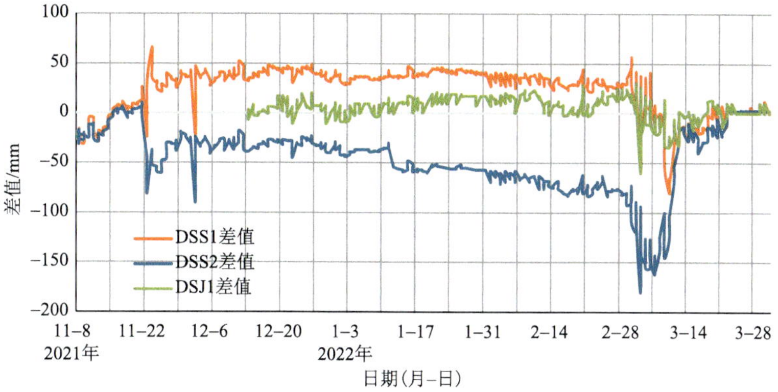

图 8.3　自动雪深观测仪与人工雪深差值

(2)积融趋势

根据前人研究及经验总结，将雪深观测分为 3 个阶段：积雪形成阶段、积雪稳定阶段和积雪融化阶段。当有积雪开始产生，日平均气温高于－3 ℃或小时草温/雪温高于 0 ℃时，为积雪形成阶段；在积雪形成之后，当日平均气温低于－3 ℃且小时草温/雪温低于 0 ℃时，为积雪稳定阶段；在积雪稳定之后，积雪完全融化之前，当日平均气温高于－3 ℃或小时草温/雪温高于 0 ℃时，为积雪消融阶段。

从图 8.4、图 8.5 可见，12 月 6 日之后，气温开始稳定低于－3 ℃，12 月 12 日以后，小时草温/雪温稳定低于 0 ℃，因此积雪形成阶段为 2021 年 11 月 8 日—12 月 12 日；3 月 2 日以后，日平均气温开始高于－3 ℃，3 月 1 日以后，小时草温/雪温开始高于 0 ℃，因此积雪融化阶段为 2022 年 3 月 1—22 日；那么积雪稳定阶段为 2021 年 12 月 13 日—2022 年 2 月 28 日。

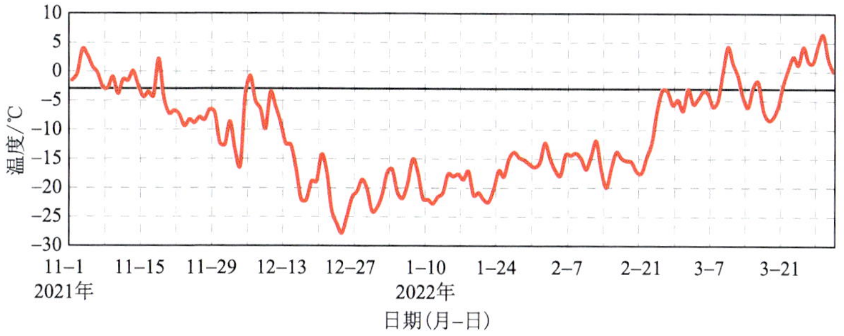

图 8.4 2021 年 11 月 1 日—2022 年 3 月 31 日日平均气温

分别在积雪形成阶段、积雪稳定阶段和积雪消融阶段对自动雪深观测仪与人工雪深的差值进行分析，图 8.6a 中，11 月 8 日—11 月 21 日，DSS1 型和 DSS2 型观测变化趋势基本一致，数据也相近，从 22 日开始，数据开始两级分化，DSS1 型测量雪深数据偏大，DSS2 型测量雪深数据偏小，但是两个设备的变化趋势完全一致；图 8.6b 表示积雪稳定阶段，从 12 月 13 日至 1 月 12 日，3 套设备的数据变化规律及幅度基本一致，DSJ1 与人工差值最小，DSS1 次之，1 月 12 日，DSS2 型曲线有一个较大的下降，与人工雪深差值开始变大，说明仪器的运行较不稳定；图 8.6c 表示积雪消融阶段的差值走向，此阶段 DSS1 型和 DSJ1 型差值逐渐减小，DSS2 型也

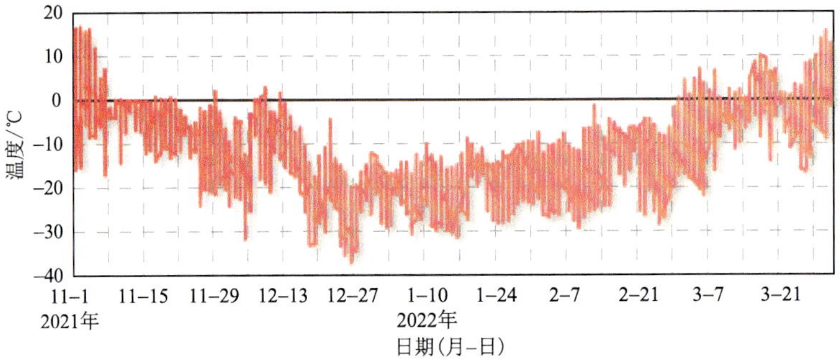

图 8.5　2021 年 11 月 1 日—2022 年 3 月 31 日小时草温/雪温

在下降后逐渐升高，说明随着气温的上升，设备的误差逐渐减少。

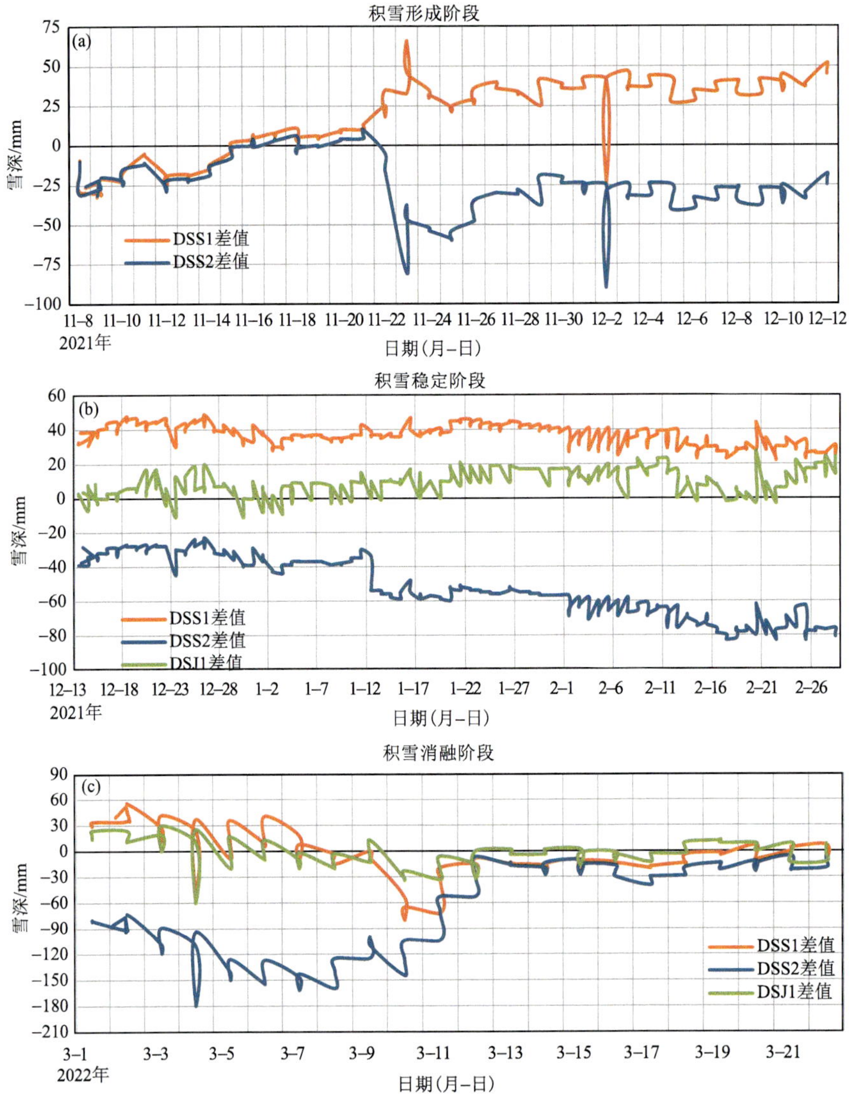

图 8.6　不同积雪阶段自动雪深观测仪的误差

8.5.2.4 数据相关性

通过将 3 套自动雪深观测仪与人工雪深的差值数据以及地面气象要素气温、草温/雪温、相对湿度、小时降水量、10 min 风速和雪深进行相关性分析，得到数据如表 8.2 所示。DSS1 型误差值在试验期与气温均呈极显著相关关系，其中在积雪形成和稳定期是正相关，在消融期是负相关，DSJ1 型在稳定期和消融期是极显著负相关，DSS2 型只在积雪稳定期有极显著正相关关系；草温/雪温与 DSS1 和 DSJ1 均呈极显著负相关，与 DSS2 只在积雪稳定期有极显著负相关关系；相对湿度对设备的误差值影响较小，只有 DSS1 型在积雪稳定期时有正相关关系；小时降水量对设备误差值没有影响；风速在积雪稳定期和消融期对设备的误差值有相关性，其中对 DSS1 是负相关，对 DSJ1 的相关性有正有负；雪深对 DSS1、DSS2 和 DSJ1 分别在积雪形成期、稳定期和消融期有极显著相关关系。

表 8.2 自动雪深观测仪与地面要素的相关性

设备型号		气温	草温/雪温	相对湿度	小时降水量	风速	雪深
积雪形成阶段	DSS1	−0.494**	−0.407**	−0.75	−0.151	0.187	0.355**
	DSS2	0.16	0.178	0.136	0.111	−0.098	−0.140
	DSJ1	无	无	无	无	无	无
积雪稳定阶段	DSS1	0.2487**	−0.473**	0.204**	0.040	−0.242**	0.069
	DSS2	0.524**	−0.490**	0.053	−0.083	−0.122	−0.082
	DSJ1	−0.343**	−0.262**	0.065	0.056	0.146*	−0.233**
积雪消融阶段	DSS1	−0.421**	−0.352**	0.145	−0.058	−0.262*	0.224
	DSS2	−0.156	0.081	0.181	0.151	−0.040	−0.324**
	DSJ1	−0.369**	−0.318**	0.205	0.028	−0.248*	0.080

注：* 表示在 0.05 水平显著相关；** 表示在 0.01 水平显著相关。

8.6 主要结论

(1)DSS1 型、DSS2 型和 DSJ1 型自动雪深观测仪在日常、低温、大风、冰雪状态下运行稳定，数据传输正常，无数据缺测情况出现，设备运行稳定性强，但极个别极端天气容易产生较大误差。

(2)3 种型号自动雪深观测仪相比，DSJ1 型的数据误差的极值差、平均值、标准差和方差均最小，DSS2 型的数据误差平均值最大，方差也最大；在 3 个积雪阶段中，积雪消融阶段自动雪深观测仪误差最小。

(3)自动雪深观测仪误差与地面气象要素中的气温、雪温和小时降水量有显著相关关系，其中雪温越低，误差越大，气温温差较大时易引起误差变大。

8.7 业务应用

通过分析、对比不同型号业务在用雪深观测仪的数据完整性、准确性和一致性，为优化设备选型和升级提供依据。

第9章 三维闪电定位仪比对试验

为提高雷电观测业务质量,推动雷电观测性能评估和对比业务建设,积累站网布局设计的数据依据,依托福建省两套业务运行的三维闪电定位系统开展两网比对观测试验。通过分析比对同站同址不同型号闪电定位仪原始观测数据,建立数据时空配对方法,探索建立雷电设备同站同址比对观测技术和方法,检验两套闪电定位系统探测效率和定位精度。相同型号设备不同站间距布网探测结果比对,为后期站网优化及合理布局提供参考依据。

9.1 试验目的

福建省于2014年升级建设16站ADTD-2C三维闪电定位系统,实际业务运行中存在误测闪电,业务应用单位对定位结果提出质疑。2021年在9个国家级考核站同址新建DDW1型闪电定位仪,定位结果中正负闪比例异常,与雷电科学原理和气候特征不一致,应用单位无法也不敢采用该定位数据开展对外服务。所以两套三维闪电定位系统都存在亟待解决的业务问题。理论上同址不同探测设备同时探测到的雷电信息应是一致的,福建现有2套闪电定位系统9站建在同址,为比对原始观测数据提供了得天独厚的优势,对同址两种设备原始观测数据和定位结果进行比对试验,统计分析数据差异并查找错误闪电的成因,为站网合理布局设计提供依据。

9.2 试验内容

依托福建省两套业务运行的三维闪电定位系统开展两网比对观测试验。通过分析比对同站同址不同型号闪电定位仪原始观测数据,建立数据时空配对方法,探索建立雷电设备同站同址比对观测技术和方法。通过雷电野外科学实验基地等真值数据检验两套闪电定位系统探测效率和定位精度。相同型号设备不同站间距布网探测结果比对,为后期站网优化及合理布局提供参考依据。

9.3 技术路线

由于探测原理和定位算法基本一致,理论上同址不同探测设备同时探测到的雷电信息应是一致的,但由于不同厂家在具体设备上实现的技术参数不同,从而导致探测到的原始回击数据和定位结果会有所差异。选取同站同址两种设备的回击数据和定位数据作为样本开展统计,不同时间段内主要从观测数量比、观测配对率、相对探测量比、时间平均绝对偏差、电场平均绝对偏差、磁场平均绝对偏差、方位平均绝对偏差等进行分析。

9.4　试验布局

福建省 2 套三维闪电定位系统布局如图 9.1 所示，16 站 ADTD-2C 和同址 9 站 DDW1 型闪电定位仪通过内网实时发送状态数据和回击数据到福建省气象信息中心。

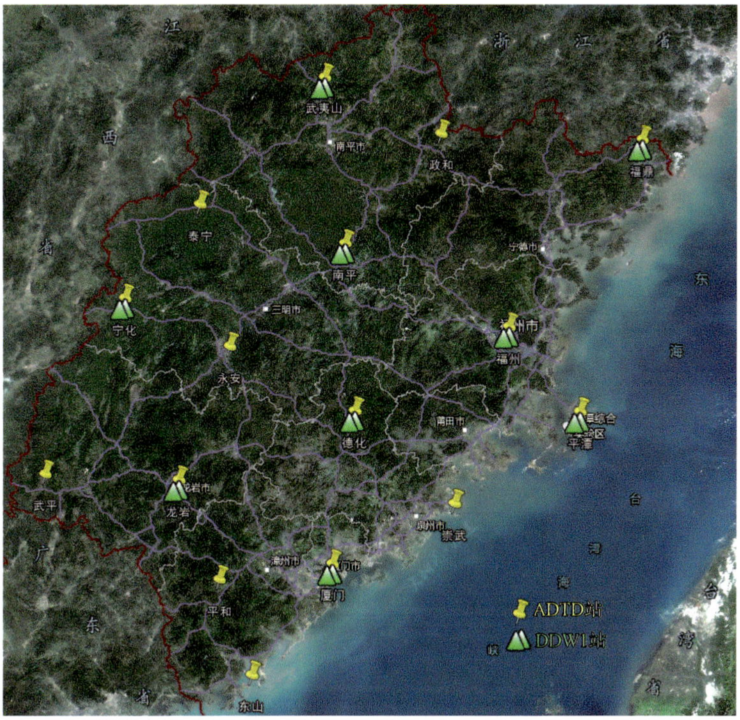

图 9.1　福建省 2 套三维闪电定位系统布局

9.5　试验分析

福建省气象信息中心 3 个中心站服务器实时采集解算并保存原始观测回击数据和定位结果。16 站 ADTD-2C 和 9 站 DDW1 中心站采用业务系统数据，2022 年元旦前已完成布设并配置探测站。为分析比对同一设备不同站间距探测结果，本试验新增了 9 站 ADTD-2C 中心站专用服务器，由于疫情等原因推迟到 2022 年 8 月 8 日才完成布设配置。DDW1 中心站软件频繁异常退出导致 2022 年 3 月 17 日—4 月 14 日和 4 月 22—27 日中心站停止工作，原始观测数据丢失。2021 年底新建的福鼎、德化、厦门、武夷山和平潭 5 站 DDW1 型采用华云东方串口服务器时常发生数据堵塞造成中心站接收不到数据，导致 2022 年 9 月 9 日至 10 月 19 日 5 站原始观测数据频繁丢失。为客观公平起见，故比对分析数据尽量避开上述时段或加以说明。

表 9.1 为 2022 年 1—2 月 ADTD-2C 三维闪电定位系统探测到的不同位置闪电数量统计，每个格点的数字表示在该区域统计到的闪电数量，如(25，118)位置的数字是 418，表示在纬度 25°—26°N，经度 118°—119°E 范围内，1—2 月共观测到 418 次闪电过程。由表可知，两个月期间，ADTD-2C 共探测到 8282 次闪电数据，在(24°N，118°E)范围的闪电数最多，达到 756 次，在(22°—26°N，114°—120°E)范围观测到闪电数量(>90 次)较多。

表 9.1 1—2 月 ADTD-2C 三维闪电定位系统探测到不同位置闪电数量统计

纬度/°N	经度/°E															
	112	113	114	115	116	117	118	119	120	121	122	123	124	125	126	127
31	0	0	0	0	0	0	0	0	1	1	3	5	0	0	0	0
30	0	0	6	1	1	3	1	1	1	1	21	25	19	5	0	0
29	0	3	18	10	10	15	3	0	2	26	9	38	22	3	0	0
28	0	26	33	44	43	14	4	0	11	20	23	17	9	1	0	0
27	5	54	94	62	66	44	18	9	6	5	6	31	69	25	0	0
26	13	34	99	121	77	40	49	23	5	9	16	1	11	9	0	0
25	14	40	38	75	54	81	418	153	41	50	66	3	7	0	0	0
24	1	5	24	52	101	496	756	324	42	33	6	4	0	0	0	0
23	0	0	14	46	96	442	725	279	76	33	23	2	0	0	0	0
22	0	0	7	21	69	298	582	175	152	56	7	0	0	0	0	0
21	0	0	0	1	25	170	203	86	69	32	0	0	0	0	0	0
20	0	0	0	0	0	42	47	3	0	0	0	0	0	0	0	0

表 9.2 为 DDW1 三维闪电定位系统探测到的 2022 年 1—2 月不同位置闪电数量统计，两月共探测到 1345 次，在(26°N，119°E)位置范围测量闪电次数最多，达到 866 次。其他没有数量>90 次的区域，仅(27°N，116°—120°E)(25°N，118°—119°E)(25°N，121°—122°E)(24°N，119°E)(23°N，118°E)的闪电数量超过 10 次。

表 9.2 1—2 月 DDW1 三维闪电定位系统探测到的不同位置闪电数量统计

纬度/°N	经度/°E															
	112	113	114	115	116	117	118	119	120	121	122	123	124	125	126	127
31	0	0	0	0	0	0	0	0	0	0	0	0	0	0	0	0
30	0	0	0	0	0	0	0	0	0	0	0	0	0	0	0	0
29	0	0	0	0	1	0	0	0	0	0	2	0	0	0	0	0
28	1	1	0	0	4	4	0	6	1	3	0	0	0	0	0	0
27	0	1	3	6	26	26	12	77	38	2	0	4	5	0	0	2
26	2	2	3	6	3	6	7	866	9	2	4	0	3	0	0	0
25	0	0	1	1	1	0	10	69	6	19	30	0	0	0	0	0
24	0	0	0	0	0	0	3	29	5	0	0	0	0	0	0	0
23	0	0	0	0	0	5	17	1	1	2	1	0	0	0	0	0
22	0	0	0	0	0	1	1	0	1	0	0	1	0	0	0	0
21	0	0	0	0	0	0	0	0	0	1	0	0	0	0	0	0
20	0	0	0	0	0	0	0	0	0	1	0	0	0	0	0	0

观测数量比，是指两网闪电数量之间的比值。对比表 9.1 和表 9.2 发现，ADTD-2C 三维闪电定位系统探测到的闪电数量明显多于 DDW1 三维闪电定位系统，观测数量比 OBR＝FLA/FLB＝9.56。1—2 月福建发生雷电的概率很低，ADTD-2C 三维闪电定位系统探测到的

大量闪电实为远区算法问题导致的误测数据。通过外网向福建省气象信息中心等业务系统实时提供了全国网定位数据，结合周边省份观测数据并优化定位算法，定位结果得到福建省气象灾害防御技术中心和气象服务中心等业务应用单位的认可。

DDW1 型正闪数量超过负闪，正负闪比例异常，于 2022 年 6 月 13 日升级省级中心站定位算法，故对于雷暴多发期的 7—8 月定位结果比对中增加了 DDW1 定位算法优化升级后的正负闪比例分析统计。统计结果如表 9.3 所示，两网省级中心站的正负闪比例基本相近。DDW1 国家级中心站算法没有升级，正负闪比例仍异常。

表 9.3　7—8 月 ADTD-2C 和 DDW1 闪电定位仪不同闪电类型次数和比值

探测网类型	总闪	云闪	云闪比	地闪	正地闪	负地闪	正负闪比
福建 DDW1	165845	69280	41.77%	96565	16893	79672	17.49%
福建 ADTD-2C	1161743	687530	59.18%	474213	71263	402950	15.03%
DDW1/ADTD-2C	14%	10%	—	20%	24%	20%	—
全国网 DDW1	243902	1044	0.43%	242858	134389	108469	123.90%
全国网 ADTD-2C	504485	136827	27.12%	367658	106196	398289	26.66%
DDW1/ADTD-2C	48%	1%	—	66%	127%	27%	—

注：DDW1 和 ADTC-2C 全国网数据仅统计福建省区域内定位结果。

ADTD-2C 国家级中心站比福建省中心站定位结果数量明显减少，验证了省级中心站定位算法误测较多，DDW1 国家级中心站加入周边省份的探测站观测数据综合定位导致比福建省中心站定位结果数量明显偏多。

福建省 9 站 DDW1 探测网中有 5 站是 2022 年 8 月 6 日才加入国家雷电处理中心综合定位，统计了 2022 年 8 月 7 日 00 时—9 月 7 日 00 时的全国网定位结果如表 9.4 所示。

表 9.4　2022 年 8 月 7 日 00 时—9 月 7 日 00 时的全国网定位结果

探测网类型	总闪	云闪	云闪比	地闪	正地闪	负地闪	正负闪比
全国网 DDW1(福建 9 站)	140197	0	0.00%	140197	74348	65849	112.91%
全国网 ADTD-2C	225733	57091	25.29%	168642	46936	178797	26.25%
DDW1/ADTD-2C	62%	0%	—	83%	158%	37%	—

注：DDW1 和 ADTC-2C 全国网数据仅统计福建省区域内定位结果。

福建省 9 站 DDW1 同时加入国家雷电处理中心综合定位后，与之前 5 站加入国家雷电处理中心综合定位相比较，DDW1 与 ADTD-2C 的定位结果数量比例明显提升，也侧面验证了探测站数量增加对提升全网探测效率的贡献。

根据两套探测系统的时空匹配情况，开展以下比对分析。

(1)相对探测效率(地闪)。计算显示相对探测效率偏小，说明两网相关一致性比较差。

$$\text{FLC}=\text{两网地闪配对的总数}=21634$$

探测网 DDW1：ReDE_A＝21634/96565＝0.22；

探测网 ADTD-2C：ReDE_B＝21634/474213＝0.05。

(2)两网地闪配对之后时差(TF)的接近 1 s。统计结果如表 9.5、图 9.2 所示。

(3)正、负地闪时间差以及 ADTD-2C 和 DDW1 配对后不同时间间隔正、负地闪个数统计结果见表 9.5 和图 9.2。

表 9.5 正、负地闪时间差

两网地闪配对之后时差(ADTD-2C－DDW1)	正地闪时间间隔/s	正地闪时间间隔/s
TF 最大值	0.2541832	0.5180941
TF 最小值	－0.050974901	－0.9869822
TF 平均值	－0.8415563	－0.108965287

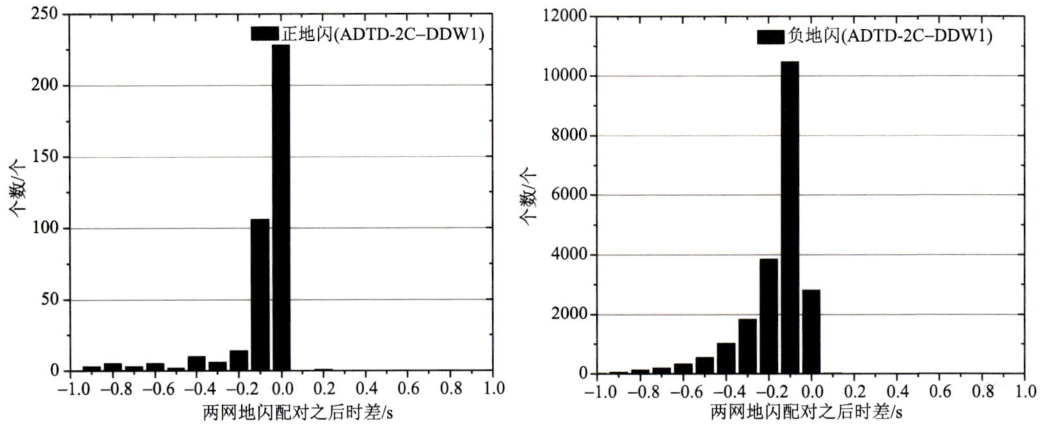

图 9.2 ADTD-2C 和 DDW1 配对后不同时间间隔正、负地闪个数

(4)两网地闪配对之后距离差(DF),正闪平均为 4.15 km,负闪为平均 1.79 km。统计结果如表 9.6、图 9.3 所示。

表 9.6 正、负地闪距离差

两网地闪配对之后距离差(ADTD-2C－DDW1)	正地闪距离差/km	负地闪距离差/km
DF 最大值	23.51363227	24.89905207
DF 最小值	0.063426678	0.009960037
DF 平均值	4.156835121	1.790798469

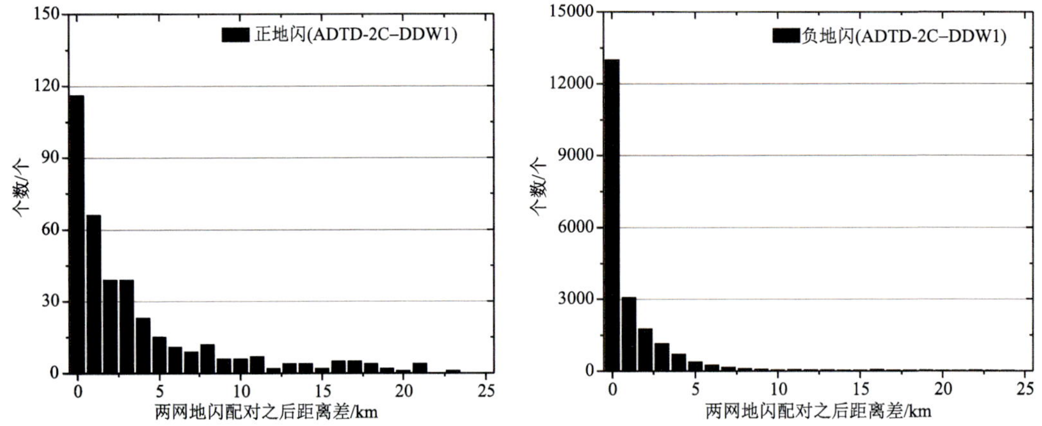

图 9.3 ADTD-2C 和 DDW1 配对后不同距离间隔正、负地闪个数

(5)参与站点数 NSR,是指两网中不同数量站点参与定位形成的闪电数量对比情况,两网正负闪参与定位的站点数大都在 5 站以上。统计结果如表 9.7、图 9.4 所示。

表 9.7　正、负闪参与的站点数

定位算法站点数	正地闪/个				负地闪/个			
	DDW1		ADTD_2C		DDW1		ADTD_2C	
3	0	0%	141	36.81%	0	0%	980	4.61%
4	16	4.18%	32	8.36%	158	0.74%	1035	4.87%
≥5	367	95.82%	210	54.83%	21093	99.26%	19236	91.26

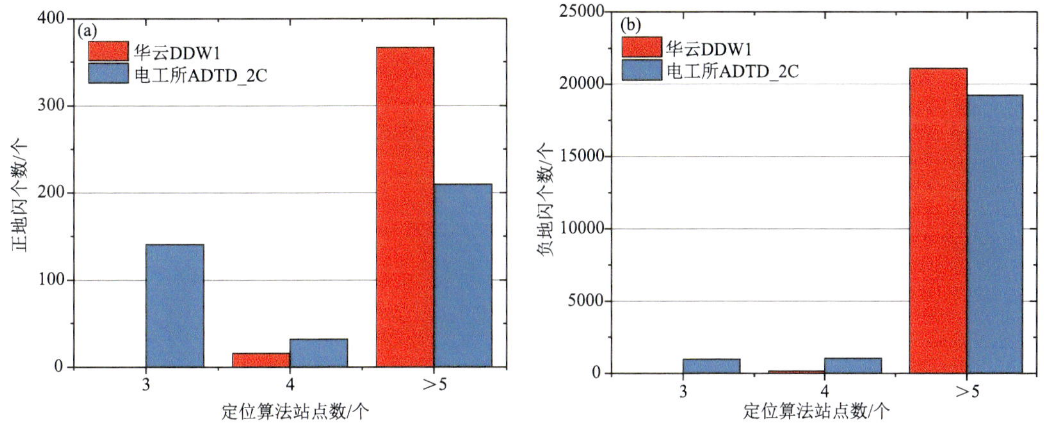

图 9.4　ADTD-2C 和 DDW1 配对后不同数量站点参与定位形成的正(a)、负(b)地闪数量

(6)两网配对之后电流强度(EF)相关性较差。统计结果如表 9.8、图 9.5 所示。

表 9.8　正、负地闪电流强度差

两网地闪电流强度差(ADTD-2C－DDW1)	正地闪电流强度差/kW	负地闪电流强度差/kW
EF 最大值	153.85	91.36
EF 最小值	－59.44	－12.9052
EF 平均值	13.95086	－326.8

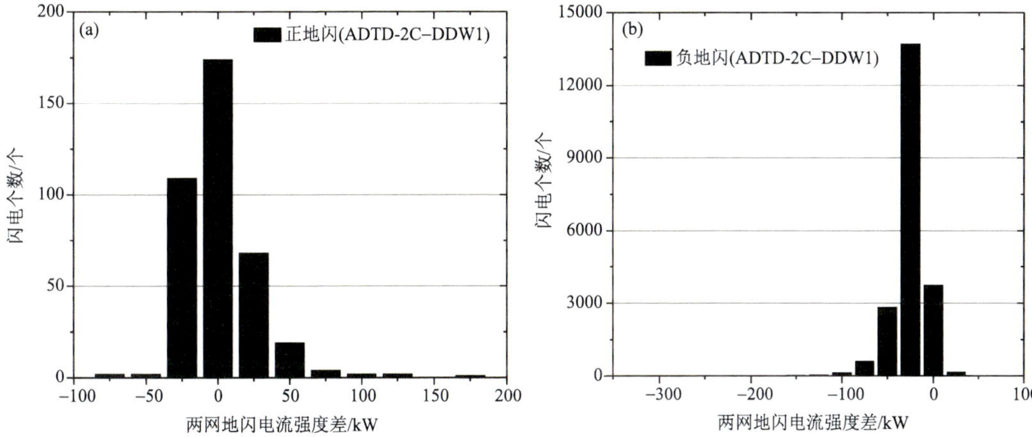

图 9.5　ADTD-2C 和 DDW1 配对后不同电流强度正(a)、负(b)地闪个数

(7)两网配对电流强度分布的差异性较大。统计结果如图 9.6、图 9.7 所示。

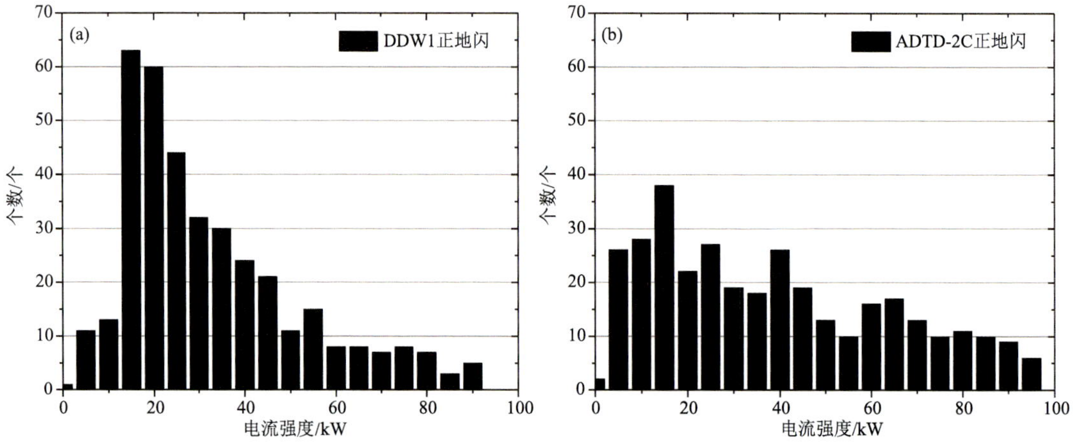

图 9.6 已配对正地闪电流强度柱状分布
(a)华云 DDW1;(b)电工所 ADTD-2C

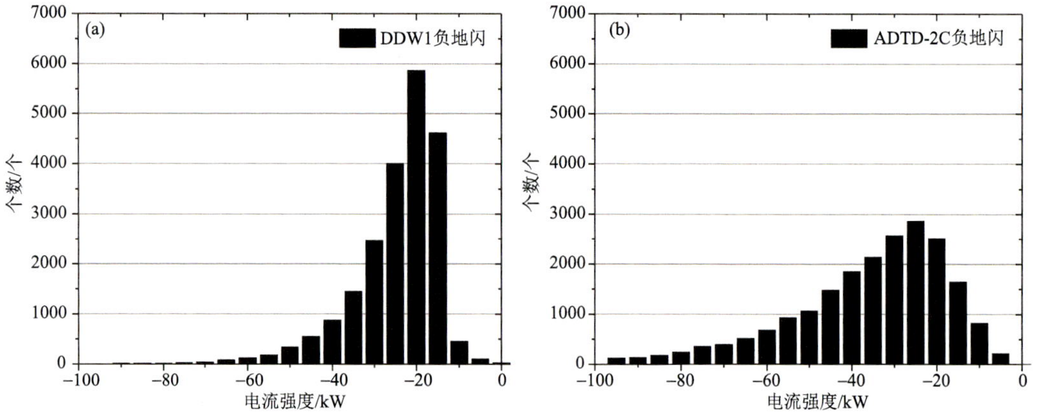

图 9.7 已配对负地闪电流强度柱状分布
(a)华云 DDW1;(b)电工所 ADTD-2C

(8)利用雷电实景观测真值检验比对两套系统探测效率

九仙山气象站位于德化戴云山脉九仙山顶,海拔 1653.5 m,年平均雷暴日达到 73.5 d,为中国气象局雷电野外科学试验基地自然闪电观测试验站,也是福建省唯一的高山天气预报指标站。

使用福建省灾害防御技术中心提供的 12 条九仙山雷电实景观测基地拍摄到的闪电实况,检验 2 套三维闪电定位系统探测效率观测数据及比对数据如表 9.9 所示。从时间精度上看(表 9.10),ADTD-2C 组网在 0.01 s 的精度时仍能捕捉到 2 次定位,效率较好。

表 9.9 九仙山实景拍照观测结果比对

实景拍照观测时间(年/月/日 时:分:秒)	DDW1	ADTD-2C	ADTD-2C 全国网
2022/8/9 17:39:37	测到 1 回击	测到 1 回击	测到 1 回击
2022/8/9 17:42:48	测到 1 回击	测到 1 回击	测到 1 回击
2022/8/13 14:14:14	测到 1 回击	测到 1 回击	测到 1 回击

续表

实景拍照观测时间(年/月/日 时:分:秒)	DDW1	ADTD-2C	ADTD-2C 全国网
2022/8/13 15:01:14	测到 1 回击	测到 1 回击	测到 1 回击
2022/8/23 16:18:13	测到 1 回击	测到 1 回击	测到 1 回击
2022/8/23 16:58:42	测到 1 回击	测到 1 回击	测到 1 回击
2022/8/27 18:54:16	未探测到	测到 1 回击	测到 1 回击
2022/8/28 13:35:32	测到 3 回击	测到 5 回击	测到 8 回击
2022/8/28 13:47:45	测到 1 回击	未探测到	测到 1 回击
2022/8/31 20:38:36	未探测到	测到 2 回击	测到 2 回击
2022/8/31 20:43:18	测到 3 回击	测到 2 回击	测到 4 回击

表 9.10　不同时间精度闪电定位结果与九仙山实景观测闪电匹配个数统计

时间精度	DDW1 定位个数	ADTD-2C 定位个数
1 s	13	16
0.1 s	8	9
0.01 s	0	2

12 次实景观测匹配到 ADTD-2C 和 DDW1 定位结果，都存在漏测现象，查询原始回击数据，两套系统都有观测到，由于德化站距离太近，观测值达到极限导致方位偏差 180°造成定位失败。ADTD-2C 全国网中心站优化了多站定位算法，剔除了德化站数据定位成功。

8 月 9 日和 8 月 28 日两次实景观测的定位结果展示：两次实景观测均拍摄到九仙山气象站东南方的闪电图像。查询两套定位系统相同时间段的定位结果如图 9.8 所示，定位结果与实景观测基本吻合。

图 9.8　8 月 9 日和 8 月 28 日闪电定位结果

(9)九仙山雷击事故验证

根据《福建日报》2022 年 7 月 26 日的报道，并与九仙山站值班人员核实，2022 年 7 月 22 日 18:08 九仙山气象站 2 套自动气象站被雷击缺测。通过两套定位系统查询 2022 年 7 月 22 日 18:07—18:08 九仙山气象站半径 1 km 范围内的雷击数据，两套定位系统都定位到了各 2

个雷击定位，结果如图 9.9 所示，距离九仙山气象站地面观测场距离最近的 2 个定位显示，ADTD-2C 的定位结果距离观测场 200 m 左右，DDW1 的定位结果距离观测场 323 m 左右，定位精度比较理想。

图 9.9　九仙山气象站雷电事故定位结果

(10)不同定位中心站服务器定位结果比对

统计两网探测设备都正常运行的 8 月 8 日—11 月 23 日期间不同时间段 3 个不同类型或接收不同数量探测站的闪电定位中心站服务器定位结果(表 9.11)，相同探测设备 ADTD-2C，16 站探测到的定位结果数量是 9 站的 2.55 倍，说明福建省内布设 16 个站的探测效率明显高于 9 站。ADTD-2C 定位系统相对 DDW1 定位系统，定位结果数量明显偏多，相同 9 站参与定位的数量相差 3 倍，16 站 ADTD-2C 的定位结果数量是 9 站 DDW1 定位结果的 9 倍。

表 9.11　不同定位中心站服务器定位结果比对表

月份	16 站 ADTD-2C	9 站 ADTD-2C	16 站与 9 站数量比	9 站 DDW1
8	447136	172645	2.589915723	63759
9	103584	38651	2.679982407	5724
10	77386	34498	2.243202504	1918
11	24897	10148	2.453389831	1315
合计/平均	653003	255942	2.551371014	72716

9.6　主要结论

综上，ADTD-2C 定位系统相对 DDW1 定位系统，原始观测数据及定位结果数量明显偏多，但各项比对指标均显示两网相关一致性比较差。理论上同址不同探测设备同时探测到的雷电信息应是一致的，原始观测数据差异性是造成错误闪电观测结果的主要原因。

相同探测设备 ADTD-2C，16 站探测到的定位结果数量是 9 站的 2.55 倍，说明福建省内布设 16 个站的探测效率明显高于 9 站。结合福建特殊的丘陵山地等特殊地形条件，考虑到部分探测站可能因设备或通信故障原因需要周边站网替代等因素，建议站网布局站间距最好能在 100 km 以内。

9.7　业务应用

两套三维闪电定位系统虽有漏测误测现象，通过优化改进，定位结果基本上跟天气形式比较接近，都已在业务单位推广应用。通过试验，为 DDW1 型正负闪比例算法优化、中心站软件升级、通信传输设置优化、ADTC-2C 定位算法升级提供技术依据。

第 10 章　光电式数字日照计测量机制比对观测试验

通过搭建由全自动太阳跟踪器、直接辐射表、总辐射表、散射辐射表、不同型号业务用光电式数字日照计(每种型号 3 套)构成的比对观测试验系统,由直接辐射表、总辐射表和散射辐射表分别输出直接辐射、总辐射、散射辐射,光电式数字日照计同步输出直接辐射、总辐射、散射辐射,导出日照时数,同步采集试验环境参数分析光电式数字日照计与辐射表辐射数据,分析光电式数字日照计辐射测量与日照导出机制,分析光电式数字日照计直接辐射测量线性度,研究其受太阳光谱和太阳位置影响,提高业务用日照计观测准确度。

10.1　试验目的

日照时数是我国地面气象观测的基本参数之一,自 2018 年日照时数观测自动化实现以来,日照计业务运行故障、数据异常时有发生,日照计校准过程中晴天性能较好,而多云天气条件下,日照阈值和日照时数误差增大也较为常见,这不仅对日照时数业务观测,同时也对日照计计量校准提出重要考验。分析认为,日照计测量误差随天气变化,与日照计结构设计和测量原理有关,也与其内在的测量算法机制有关,为此,要解决日照计数据和校准复现性差的问题,必须先弄清楚日照计测量总辐射、散射辐射、直接辐射及其导出日照时数内在机制,通过设计比对观测试验,分析日照计和热电式辐射表同步测量的总辐射、直接辐射、散射辐射数据,为解决日照计业务观测和计量校准中存在误差波动提供支撑,同时,分析日照计测量的总辐射、直接辐射、散射辐射数据,可以为下一步日照计测量辐射值指明应用方向。

10.2　试验内容

光电式数字日照计测量机制比对观测试验的主要内容包括 4 个方面。

(1)搭建观测试验系统。搭建由全自动太阳跟踪器(1 套)、直接辐射表(1 套)、总辐射表(2 套,1 套测量总辐射、1 套测量散射辐射)、不同型号业务用光电式数字日照计(每种型号 3 套)构成的比对观测试验系统,由直接辐射表、总辐射表和散射辐射表分别观测直接辐射、总辐射、散射辐射,光电式数字日照计同步观测直接辐射、总辐射、散射辐射和日照时数,同步采集试验环境参数。

(2)辐射量值分析评估。比较分析光电式数字日照计观测的直接辐射、总辐射、散射辐射与由直接辐射表、总辐射表和散射辐射表分别观测的直接辐射、总辐射、散射辐射,分别评估相应辐射值的瞬时值误差、累计值误差、不同天气条件下的误差变化,掌握光电式数字日照计用于测量辐射值的可行性;分析全自动太阳跟踪器在日出和日照前后、多云阴天条件下的跟踪效果,评估直接辐射表测量日照时数的可行性。

(3)日照时数分析评估。利用直接辐射表测量的直接辐射值,通过与日照阈值相比较,获得直接辐射表导出的日照时数值,以此为日照时数参考值,比较光电式数字日照计测量的日照时数日累计值、月累计值及季度累计值与日照时数参考值之间的误差情况，分析天气条件对光电式数字日照计测量误差的影响，评估业务用光电式数字日照计的测量性能，分析光电式数字日照计辐射测量与日照导出机制。

(4)日照计校准方法研究。分析光电式数字日照计测量的直接辐射值，分析其直接辐射线性度，特别是日照阈值 120 W/m^{2}往高直接辐射量值区间变化趋势，研究利用高直接辐射量值代替日照阈值进行日照计阈值校准的可能性，为后续的协同观测试验做好技术储备。

10.3　技术路线

10.3.1　系统搭建

(1)系统结构和配置

观测试验系统结构如图 10.1 所示。

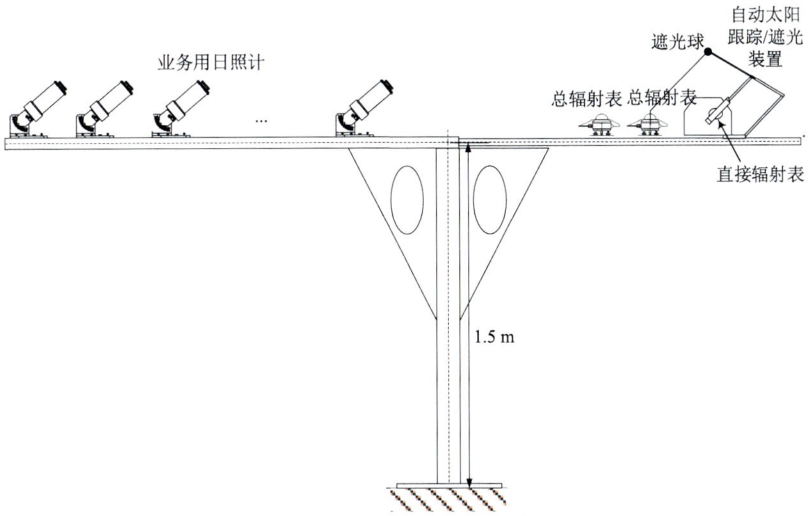

图 10.1　观测试验系统示意图

系统配置及观测项目如表 10.1 所示。

表 10.1　系统配置及观测项目

仪器或组件	型号	数量/套	观测项目
总辐射表	热电型	2	总辐射 散射辐射
直接辐射表	热电型	1	直接辐射 日照时数
日照计	DFC1	3	总辐射 直接辐射 散射辐射 日照时数
日照计	DFC2	3	
日照计	DFC3	3	
全自动太阳跟踪遮光装置	—	1	—
安装支架	—	1	—
供电系统	—	1	—
通信系统	—	1	—

观测试验所选用的日照计应能够输出 3 个光电管信号及总辐射、散射辐射和直接辐射。

(2)数据采集

采样频率如表 10.2 所示。

表 10.2 传感器采样频率

传感器	采样频率
总辐射表	≤10 s
直接辐射表	≤10 s
日照计	≤10 s

(3)数据文件

根据业务规定生成特定文件。

(4)数据传输

模拟型传感器通过采集器或数字多用表采集模拟电压,利用灵敏度计算辐射值,实时传输到本地或者 ISOS 系统。

数字型传感器以 RS-232 通信方式通过航空插头直接连接到采集器或综合集成硬件控制器,经光纤转换后与本地或 ISOS 软件进行数据传输。

(5)供电

配置交直流供电,交流为市电,直流 12 V,蓄电池容量可保证观测系统在脱离辅助电源的条件下连续工作 4 d,并在蓄电池电压低到不足以维持符合质量要求的观测工作前 2 d 发出报警信息。

(6)场地要求

场地平坦开阔,仪器周围应尽可能不存在障碍物,特别是全年中在日出至日落方位角范围内应无障碍物。如果存在障碍物,仪器应放在障碍物形成的高度角<5°地方,使影响降至最低。实现方法:障碍物距传感器位置的距离应是障碍物高度的 12 倍时,就可保证障碍物体在地平线以上的高度角<5°。仪器应尽可能远离任何具有高反射比(例如浅色或发亮)的物体。仪器周围应避免天线等细长物体。如果实在无法避免,首先,应使其位于仪器的北侧且较远处,其次,如果它们的宽度小于 1°,并且在一年的任何时候不会阻挡直接辐射,就可以认为其影响已降至最低。

10.3.2 数据分析

(1)辐射量值分析评估。利用统计学方法,分析光电式数字日照计观测的直接辐射、总辐射、散射辐射与由直接辐射表、总辐射表和散射辐射表分别观测的直接辐射、总辐射、散射辐射绝对误差和均方根误差,分别评估相应辐射值的瞬时值误差、累计值误差以及不同天气条件下的误差变化,评估光电式数字日照计用于测量辐射值的可行性;分析全自动太阳跟踪器在日出和日照前后、多云阴天条件下的跟踪效果,评估直接辐射表测量日照时数的准确性。

(2)日照时数分析评估。利用直接辐射表测量的直接辐射值,通过与日照阈值相比较,获得直接辐射表导出的日照时数值,以此为日照时数参考值,比较光电式数字日照计测量的日照时数、日累计值、月累计值及季度累计值与日照时数参考值之间的误差情况,分析天气条件对光电式数字日照计测量误差的影响,评估业务用光电式数字日照计的测量性能,分析光电式数字日照计辐射测量与日照导出机制。

（3）日照计校准方法研究。分析光电式数字日照计测量的直接辐射值，分析其直接辐射线性度，特别是日照阈值 120 W/m² 往高直接辐射量值区间变化趋势，研究利用高直接辐射量值代替日照阈值进行日照计阈值校准的可能性。

10.3.3 试验期间设备维护

日照和辐射测量仪器的日常维护是保证设备正常准确运行的重要手段。观测试验期间，每周一次或遇到重大天气过程时增加巡视观测场和仪器设备次数，进行如下检查和维护。

（1）日照计和辐射表的光学表面是否清洁，如有尘土、霜、雾、雪和雨滴时，应用镜头刷或麂皮及时清除干净，清洁时应小心，切勿划伤或磨损其光学表面。

（2）玻璃罩或进光窗口不能进水，罩内也不应有水汽凝结物。检查干燥器内硅胶是否变色（由蓝色变成红色或白色），如果变色要及时更换。受潮的硅胶，可在烘箱内烤干变回蓝色后重复使用。

（3）向上放置的辐射仪器是否水平，感应面与玻璃罩是否完好等。

（4）检查直接辐射表跟踪是否准确（对光点），如果跟踪不准，应及时进行调整。

（5）巡视散射辐射表时要注意检查遮光球阴影是否完全遮住仪器的感应面与玻璃罩，否则应及时调整到相应的位置上，使遮光球全天遮住太阳直接辐射。

（6）对全自动太阳跟踪器，检查四象限传感器玻璃窗口是否清洁，清洁方法同（1），如窗口内侧有水汽凝结现象，应及时更换四象限传感器；定期查看跟踪器运动部件是否有卡滞，仪器固定稳定、紧固件有无松动脱落，内部传动机构响声是否正常。跟踪器上安装的辐射仪器导线一直处于运动状态，容易损伤，检查导线是否有损伤，连接是否可靠。

（7）如遇大风、强雷暴等恶劣天气时，应加强巡视，发现问题及时处理。

10.4 试验布局

光电式数字日照计测量机制比对观测试验由西安市长安区气象局、国家气象计量站、陕西省气象科学研究所共同推进，观测试验在秦岭国家综合气象观测专项试验外场实施。

10.5 试验分析

10.5.1 观测试验过程

光电式数字日照计测量机制比对观测试验自 2021 年 1 月立项，至 2022 年 11 月完成。参与试验的厂家和仪器信息如表 10.3 所示。

表 10.3　日照观测试验厂家和仪器信息

序号	设备型号	设备编号	设备厂家
1	DFC2	21040113B	华云升达（北京）气象科技有限责任公司
2	DFC2	21040159B	华云升达（北京）气象科技有限责任公司
3	DFC2	21040152B	华云升达（北京）气象科技有限责任公司
4	DFC1	RZ1D20.0004	航天新气象科技有限公司
5	DFC1	RZ1D20.0016	航天新气象科技有限公司
6	DFC1	RZ1D20.0009	航天新气象科技有限公司
7	DFC3	21044120077	中环天仪（天津）气象仪器有限公司
8	DFC3	20074110004	中环天仪（天津）气象仪器有限公司
9	DFC3	20074110006	中环天仪（天津）气象仪器有限公司

10.5.2 评估分析

日照观测试验的分析项目为数据完整性(缺测率)、数据准确性、数据一致性和设备可靠性。为了更加全面地了解参试日照计的业务性能,报告以气象业务观测(站)正式业务运行的光电式数字日照计作为参考标准,评估参试日照计的业务性能。

(1)数据完整性

排除网络和市电故障等客观因素,统计参试设备的分钟数据完整性。根据记录2021年9月26日15:15—16:00和15:58—16:35期间停电,以上2个时间段数据不进行完整性统计。参试日照计的分钟数据完整性逐月和总体统计结果见表10.4和表10.5。

表10.4 参试日照计分钟数据完整性逐月统计结果

月份	型号	编号	缺测次数/次	应测次数/次	缺测率
7月(11 d)	DFC2	21040113B	2	15840	0.01%
	DFC2	21040159B	3	15840	0.02%
	DFC2	21040152B	3	15840	0.02%
	DFC1	RZ1D20.0004	3	15840	0.02%
	DFC1	RZ1D20.0016	3	15840	0.02%
	DFC1	RZ1D20.0009	4	15840	0.03%
	DFC3	21044120077	5	15840	0.03%
	DFC3	20074110004	6	15840	0.04%
	DFC3	20074110006	4	15840	0.03%
8月(31 d)	DFC2	21040113B	4	44640	0.01%
	DFC2	21040159B	4	44640	0.01%
	DFC2	21040152B	5	44640	0.01%
	DFC1	RZ1D20.0004	12	44640	0.03%
	DFC1	RZ1D20.0016	11	44640	0.02%
	DFC1	RZ1D20.0009	11	44640	0.02%
	DFC3	21044120077	25	44640	0.06%
	DFC3	20074110004	31	44640	0.07%
	DFC3	20074110006	19	44640	0.04%
9月(30 d)	DFC2	21040113B	3	43154	0.01%
	DFC2	21040159B	5	43154	0.01%
	DFC2	21040152B	3	43154	0.01%
	DFC1	RZ1D20.0004	19	43154	0.04%
	DFC1	RZ1D20.0016	23	43154	0.05%
	DFC1	RZ1D20.0009	22	43154	0.05%
	DFC3	21044120077	117	43154	0.27%
	DFC3	20074110004	34	43154	0.08%
	DFC3	20074110006	16	43154	0.04%

续表

月份	型号	编号	缺测次数/次	应测次数/次	缺测率
10 月(31 d)	DFC2	21040113B	5	44602	0.01%
	DFC2	21040159B	5	44602	0.01%
	DFC2	21040152B	3	44602	0.01%
	DFC1	RZ1D20.0004	12	44602	0.03%
	DFC1	RZ1D20.0016	14	44602	0.03%
	DFC1	RZ1D20.0009	17	44602	0.04%
	DFC3	21044120077	46	44602	0.10%
	DFC3	20074110004	82	44602	0.18%
	DFC3	20074110006	25	44602	0.06%
11 月(20 d)	DFC2	21040113B	4	28800	0.01%
	DFC2	21040159B	7	28800	0.02%
	DFC2	21040152B	3	28800	0.01%
	DFC1	RZ1D20.0004	12	28800	0.04%
	DFC1	RZ1D20.0016	8	28800	0.03%
	DFC1	RZ1D20.0009	11	28800	0.04%
	DFC3	21044120077	23	28800	0.08%
	DFC3	20074110004	10	28800	0.03%
	DFC3	20074110006	16	28800	0.06%

表 10.5　参试日照计分钟数据完整性(7 月 21 日—11 月 20 日)总体统计结果

型号	编号	缺测次数/次	应测次数/次	缺测率
DFC2	21040113B	18	177036	0.01%
DFC2	21040159B	24	177036	0.01%
DFC2	21040152B	17	177036	0.01%
DFC1	RZ1D20.0004	58	177036	0.03%
DFC1	RZ1D20.0016	59	177036	0.03%
DFC1	RZ1D20.0009	65	177036	0.04%
DFC3	21044120077	216	177036	0.12%
DFC3	20074110004	163	177036	0.09%
DFC3	20074110006	80	177036	0.05%

经分析，3 种型号的参试日照计中，分钟数据月缺测率最大为 0.27%，该数据为 DFC3 型日照计在 2021 年 9 月获得。由于缺测数据主要出现在夜间，因此缺测对日照时数的统计影响较小。同时从获取数据来看，DFC3 型日照计在采样数据中还存在乱码现象，对数据处理造成了不便。

(2)数据准确性

数据准确性从总体累计、月累计、日累计 3 个时间尺度进行分析。表 10.6—表 10.8 分别给出 3 种型号参试日照计总体累计和月累计日照时数相对误差。

表 10.6 DFC2 型光电式数字日照计月累计与总体累计日照时数测量误差

时间尺度	DFC2 型 20070709941	21040113B	误差	21040159B	误差	21040152B	误差
7 月	55.1	58.5	6.2%	56	1.6%	57	3.4%
8 月	154.1	159.8	3.7%	153.4	−0.5%	159.6	3.6%
9 月	145.2	144.3	−0.6%	142.2	−2.1%	142.8	−1.7%
10 月	62.5	69.6	11.4%	66.6	6.6%	71	13.6%
11 月	105.4	107.6	2.1%	106.6	1.1%	109.9	4.3%
7—11 月	522.3	539.8	3.4%	524.8	0.5%	540.3	3.4%

表 10.7 DFC1 型光电式数字日照计月累计与总体累计日照时数测量误差

时间尺度	20070709941	21040113B	误差	21040159B	误差	21040152B	误差
7 月	55.1	56.6	2.7%	54.7	−0.7%	54.9	−0.4%
8 月	154.1	154	−0.1%	151.5	−1.7%	153.4	−0.5%
9 月	145.2	144.8	−0.3%	143.4	−1.2%	142.7	−1.7%
10 月	62.5	66.5	6.4%	65.3	4.5%	66.6	6.6%
11 月	105.4	107.6	2.1%	107.3	1.8%	108.7	3.1%
7—11 月	522.3	529.5	1.4%	522.2	0.0%	526.3	0.8%

表 10.8 DFC3 型光电式数字日照计月累计与总体累计日照时数测量误差

时间尺度	20070709941	21040113B	误差	21040159B	误差	21040152B	误差
7 月	55.1	62.2	12.9%	63.5	15.2%	62.2	12.9%
8 月	154.1	175.9	14.1%	179.2	16.3%	173.4	12.5%
9 月	145.2	147.5	1.6%	147.5	1.6%	145.8	0.4%
10 月	62.5	76.1	21.8%	78.6	25.8%	76.3	22.1%
11 月	105.4	113.1	7.3%	115.5	9.6%	114	8.2%
7—11 月	522.3	574.8	10.1%	584.3	11.9%	571.7	9.5%

从表 10.6 可见，除了 7 月和 10 月，DFC2 型日照计相对于参考标准的日照时数月累计值误差均在 5%以内，其中 7 月由于数据量仅有 11 d，能否代表整个 7 月的累计日照时数应持保守态度。10 月由于阴雨天气较多，整个 10 月的累计日照时数偏小，参试日照计相对于参考标准日照时数的相对误差呈现出偏大的现象。参试日照计 7—11 月共 123 d 累计日照时数相对误差均在 5%以内。

从表 10.7 可见，仅 10 月由于月累计日照时数偏小，DFC1 型日照计相对于参考标准的日照时数累计超过了 5%，其余 7 月、8 月、9 月和 11 月均在 5%以内，7—11 月共 123 d 累计日照时数相对误差也在 5%以内，总体而言，相对于参考标准，DFC1 型日照计的测量误差小于 DFC2 型日照计。

从表 10.8 可见，7—11 月，DFC3 型日照计的月累计日照时数全部高于参考标准日照时数测量值，其仅在 9 月相对参考标准的日照时数误差低于 5%。由于是整体高于参考标准日照时数测量值，DFC3 型日照计在 7—11 月共 123 d 的累计日照时数相对于参考标准值高出了近 10%。

为了掌握 3 种型号日照计日照时数测量值误差的波动性，判断月累计和总体累计日照时数正负抵消程度，对 3 种型号、9 套日照计日累计日照时数测量误差进行分析。3 种型号、9 套日照计在 7—11 月日累计日照时数如图 10.2 所示。

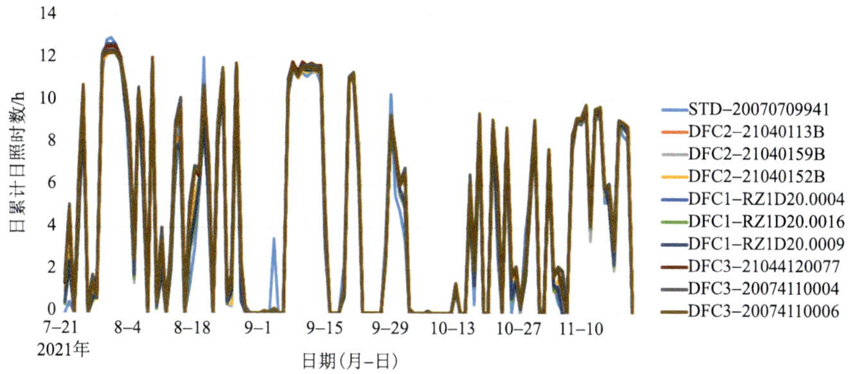

图 10.2　3 种型号、9 套日照计在 7—11 月日累计日照时数

相对于参考标准测量的日照时数日累计值，9 套参试日照计的测量误差如图 10.3—图 10.11 所示，9 套参试日照计日照时数日累计值测量误差的标准偏差如表 10.9 所示，其中 DFC1 型日照时数日累计值测量误差的标准偏差最小，DFC2 型日照时数日累计值测量误差的标准偏差次之，DFC3 型日照时数日累计值测量误差的标准偏差最大。

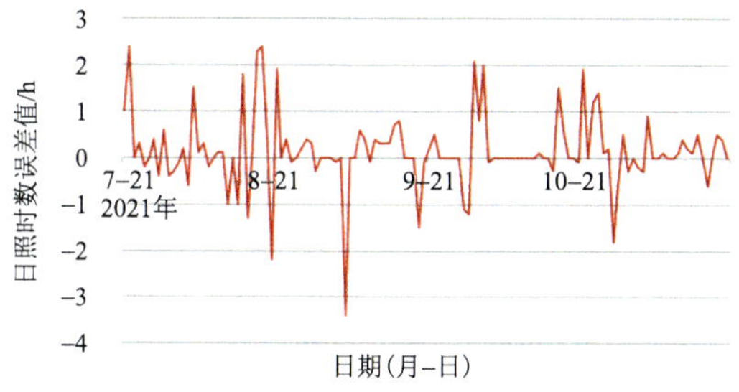

图 10.3　DFC2-21040113B 误差

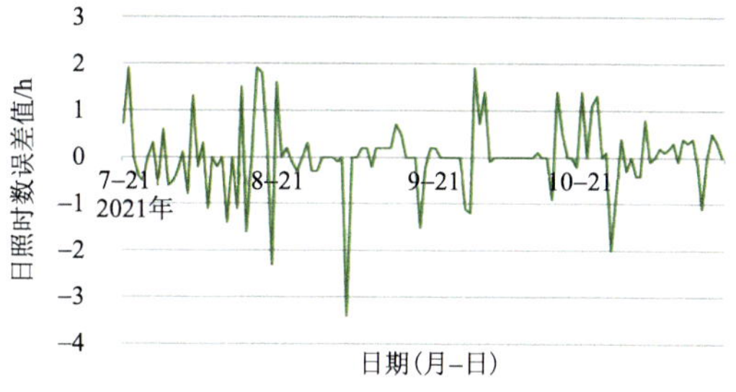

图 10.4　DFC2-21040159B 误差

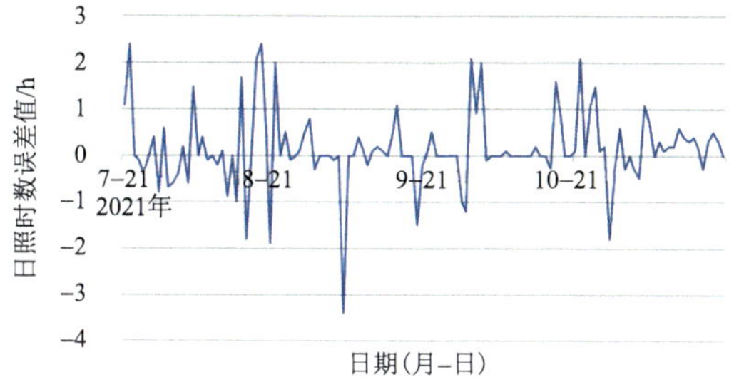

图 10.5　DFC2-21040152B 误差

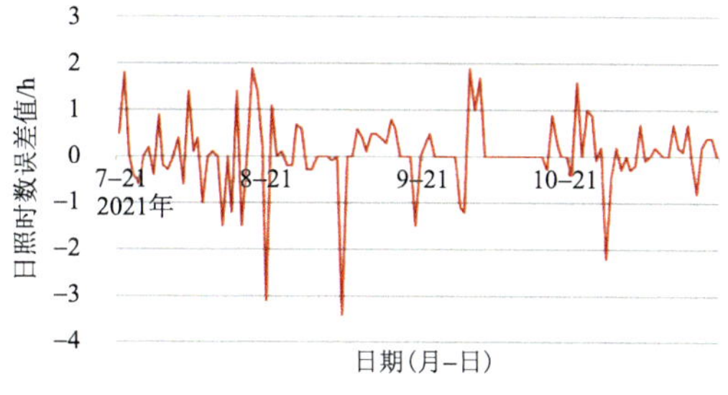

图 10.6　DFC1-RZ1D20.0004 误差

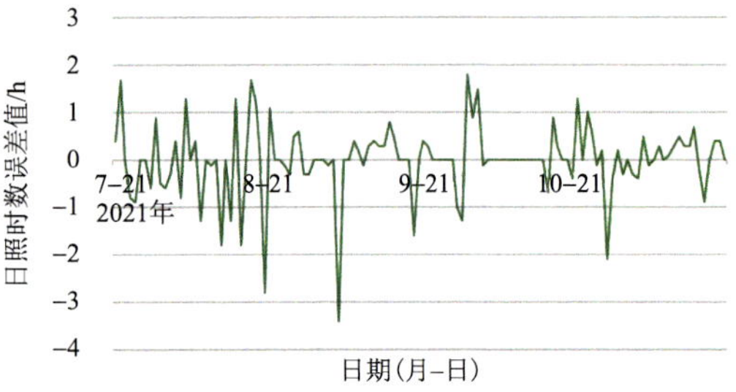

图 10.7 DFC1-RZ1D20.0016 误差

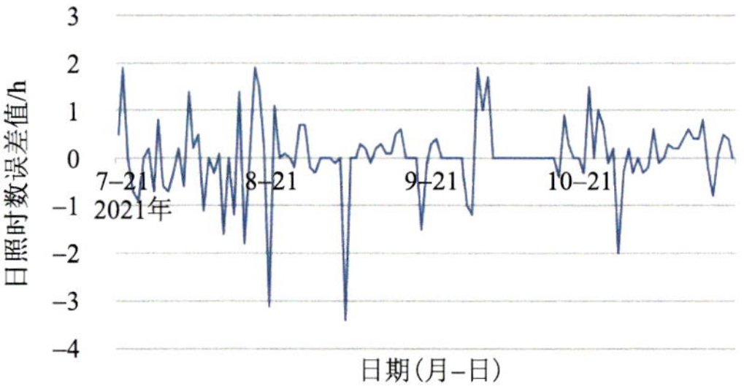

图 10.8 DFC1-RZ1D20.0009 误差

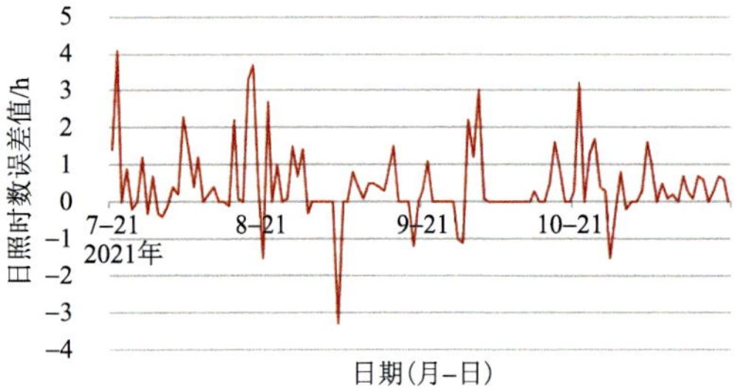

图 10.9 DFC3-21044120077 误差

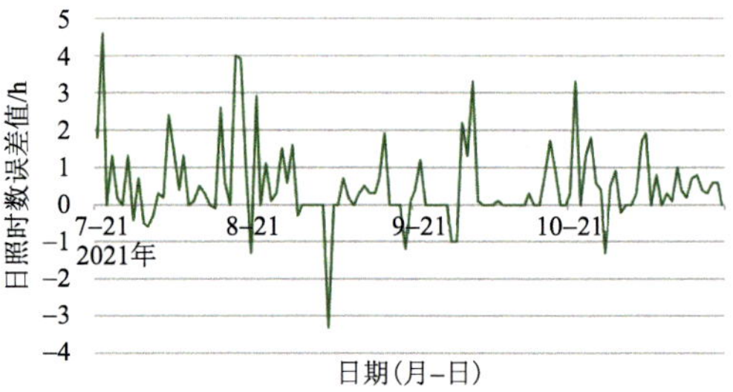

图 10.10 DFC3-20074110004 误差

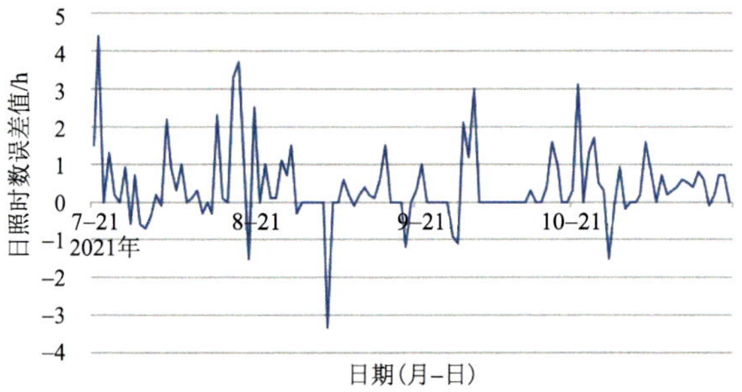

图 10.11 DFC3-21044120006 误差

表 10.9 9 套参试日照计日累计日照时数测量误差标准差

序号	型号	编号	误差标准差
1	DFC2	21040113B	0.81
2	DFC2	21040159B	0.77
3	DFC2	21040152B	0.82
4	DFC1	RZ1D20.0004	0.78
5	DFC1	RZ1D20.0016	0.77
6	DFC1	RZ1D20.0009	0.79
7	DFC3	21044120077	0.98
8	DFC3	20074110004	1.06
9	DFC3	20074110006	0.99

(3)数据一致性

以参试日照计的日照时数日累计值为分析单位，计算同型号参试日照计日照时数日累计值的差值，并对比对试验期间所有差值求取相对误差和标准偏差，以评估参试设备一致性。

系统误差

$$\delta_{xi}=\frac{Q_{t_{1i}}-Q_{t_{2i}}}{\frac{Q_{t_{1i}}+Q_{t_{2i}}}{2}}\times 100\% \tag{10.1}$$

$$\overline{\delta_x}=\frac{\sum_{i=1}^{n}\delta_{x_i}}{n} \tag{10.2}$$

式中，$Q_{t_{1i}}$为第1台参试日照计测得的日照时数日累计值，单位：h；$Q_{t_{2i}}$为第2台参试日照计测得的日照时数日累计值，单位：h；n为日照时数日累计值数量；δ_{xi}为第i个相对误差；$\overline{\delta_x}$为两台参试仪器日累计值的平均相对误差。

当差值的分布为正态分布的情况，按式(10.3)计算标准偏差S：

$$S=\sqrt{\frac{\sum_{i=1}^{n}(\delta_{xi}-\overline{\delta_x})^2}{n-1}} \tag{10.3}$$

式中，S为两台参试仪器日累计值的标准偏差。

根据分析，9套参试日照计中，同一型号的日照计两两一致性见表10.10。

表10.10　同一型号参试日照计一致性

参试日照计	一致性
DFC2-21040113B与DFC2-21040159B	0.26
DFC2-21040159B与DFC2-21040152B	0.34
DFC2-21040113B与DFC2-21040152B	0.29
DFC1-RZ1D20.0004与DFC1-RZ1D20.0016	0.23
DFC1-RZ1D20.0016与DFC1-RZ1D20.0009	0.23
DFC1-RZ1D20.0004与DFC1-RZ1D20.0009	0.07
DFC3-21044120077与DFC3-20074110004	0.23
DFC3-20074110004与DFC3-20074110006	0.24
DFC3-21044120077与DFC3-20074110006	0.09

(4)设备可靠性

设备可靠性用故障间隔时间MTBF(Mean Time Between Failure)来衡量。

参照QX/T 526—2019《气象观测专用技术装备测试规范　通用要求》附录A可靠性试验的相关规定，气象观测专用技术装备的寿命特征通常按照指数分布处理，可靠性通常采用定时截尾试验方案。根据被试样品技术指标规定的平均故障间隔时间，确定检验下限值θ_1。定时截尾试验方案根据生产方α、使用方风险β、检验下限θ_1和鉴别比d确定试验时间T和试验中允许出现的责任故障r。本次比对试验历经7月21日—11月20日共123 d，除了9月26日、10月28日2次停电外，9套设备均未发生故障，试验期间可靠性良好。

(5)日照计测量直接辐射的可行性

光电式数字日照计的工作原理是通过测量总辐射和散射辐射，然后计算出直接辐射，将测得的直接辐射与日照阈值 120 W/m² 相比较，如果直接辐射值大于日照阈值 120 W/m²，则该直接辐射采样周期累计为日照时数，否则不计入日照时数。可见，光电式数字日照计测量准确与否，与其能否准确测量直接辐射密切相关，尤其是日照阈值 120 W/m² 附近的直接辐射值。由此推测，日照计可以用于直接辐射的测量，如果这一假设能够成立，我国 2425 个地面气象观测台站每个站点都建有一个光电式数字日照计，将极大补充我国直接辐射观测数据。

评估分析选择多云、少云和晴天 3 种天气条件，对应总、直、散辐射分布如图 10.12 所示。

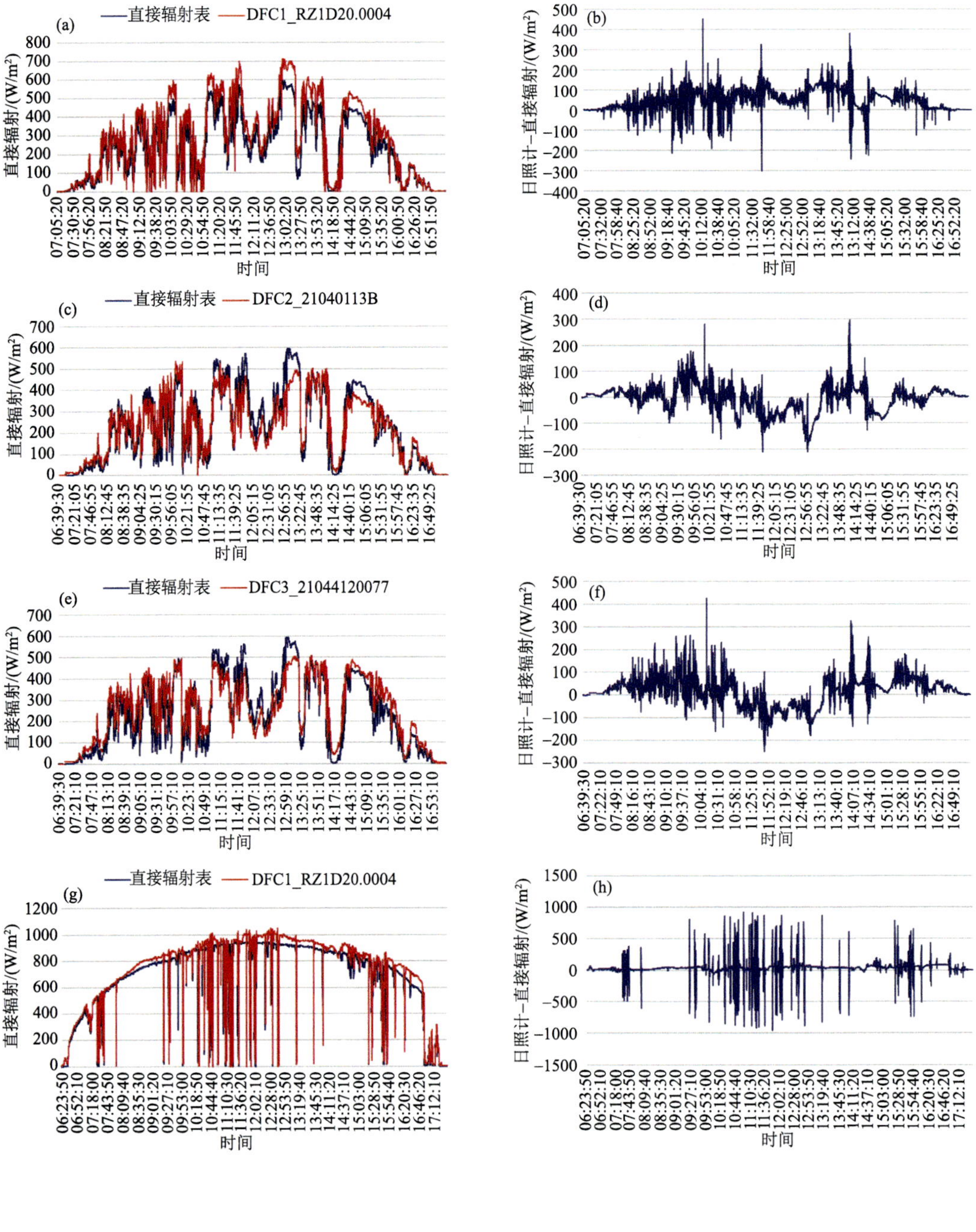

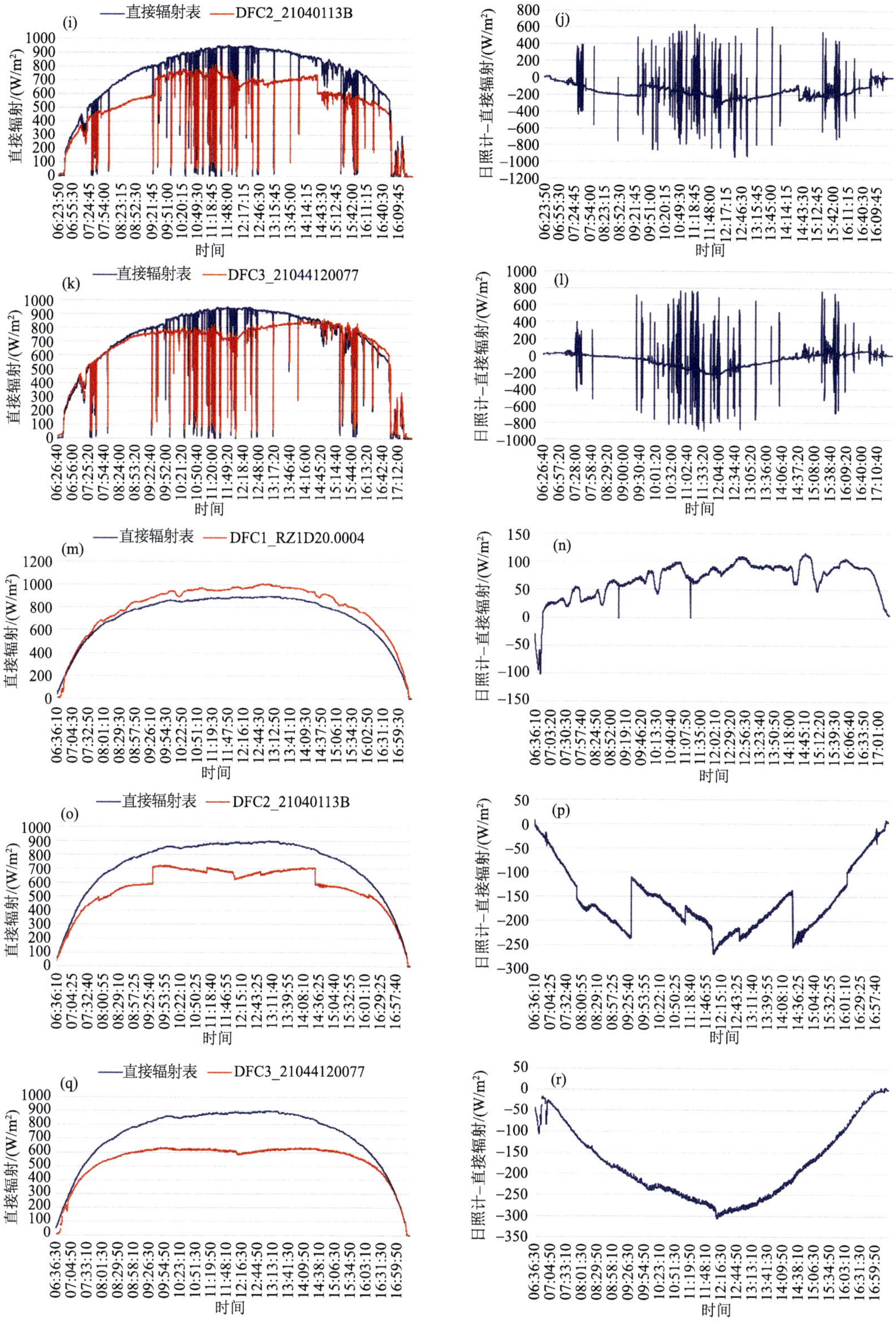

图 10.12　不同天气条件下直表与不同型号日照计测得直接辐射曲线及其误差曲线

左列为直表与日照计测得直接辐射曲线图；右列为直表与日照计测得直接辐射误差曲线；

(a)—(f)为多云条件下；(g)—(l)为少云条件下；(m)—(r)为晴天条件下

10.6 主要结论

日照观测试验以业务运行的 DFC2 型光电式日照计、热电型总辐射表和热电型直接辐射表为参考标准，对 DFC1、DFC2 和 DFC3 型 3 种光电式数字日照计的测量性能进行分析评估，对测量数据进行分析，取得以下结论。

(1)数据完整性方面，DFC2 型日照计缺测率最低，试验期间总体为 0.01%，其次是 DFC1 型日照计，试验期间总体缺测率为 0.03%～0.04%，DFC3 型日照计数据完整性最低，缺测率介于 0.05%～0.12%。尽管 3 种型号的参数日照计均存在数据缺测的情况，但均在 2%的缺测率要求以内，并且由于缺测数据主要在夜间，对日照观测数据的影响较小。

(2)数据准确性方面，相对于参考标准日照计，DFC1 型日照计在试验期间的总体日照时数误差、月累计日照时数误差和日累计日照时数误差均最小，且日累计日照时数误差标准差也最小，介于 0.77～0.79 h，DFC2 次之，其日累计日照时数误差标准差介于 0.77～0.82 h，DFC3 最差，其日累计日照时数误差标准差介于 0.98～1.06 h，试验期间日照时数累计值较参考标准日照时数值高出近 10%。

(3)数据一致性方面，以同一型号的日照计，两两计算相对误差的标准偏差，结果显示，DFC1 型日照计的数据一致性最好，其 3 套日照计两两相对误差的标准偏差分别为 0.23、0.23、0.07；DFC3 次之，其 3 套日照计两两相对误差的标准偏差分别为 0.23、0.24、0.09；DFC2 最差，其 3 套日照计两两相对误差的标准偏差分别为 0.26、0.34、0.29。

(4)设备可靠性方面，日照观测试验历经 7 月 21 日—11 月 20 日，共 123 d，横跨夏、秋两季，经历 10 月 15—18 日、11 月 4—8 日、11 月 19—22 日和 11 月 29—30 日 4 次寒潮，设备运行良好，均未出现故障，可靠性良好。

(5)通过对月累计日照时数的分析，10 月由于阴雨天气较多，导致该月日照时数累计值整体偏小，相对于参考标准日照计，3 种型号 9 套参试日照计在该月的日照时数累计值相对误差基本都超出了 5%，侧面证实在多云阴雨天气条件下，日照计测量性能有待提升。

(6)从全天来看，DFC1 型日照计测得的直接辐射略高于直接辐射表测得的直接辐射，比较接近，可以推测 DFC1 日照计内部进行了比较完善的数据修正与补偿。而 DFC2 和 DFC3 型日照计测得的直接辐射与直接辐射表测得的直接辐射仅在日出日落前后比较接近，其余时间则明显低于直接辐射表测得的直接辐射值，可以得出，日照计为确保日照时数测量准确，其重点关注的是日照阈值 120 W/m^2 处的测量准确性，当直接辐射大于 120 W/m^2 后，已经满足判断有无日照后，日照计不对直接辐射测量的准确度进行要求，因此采用业务用日照计测量辐射值，其测得的直接辐射值与直接辐射表测得值存在较大差异，在气候研究、卫星校正等对辐射量值准确度较高的场合是不可取的，但是在太阳能资源开发、农业生产等对辐射量值要求相对较低的应用场景，可以尝试使用。

10.7 业务应用

本次试验评估了不同型号的光电式数字日照计的测量性能，对于提高业务用日照计观测准确度具有重要意义。同时，该试验系统建立了光电式数字日照计与热电式辐射表同步观测的总辐射、直接辐射、散射辐射测量数据集，掌握了日照计测量总辐射、直接辐射、散射辐射应用前景，为我国综合气象观测系统的升级进步奠定了扎实基础。

第 11 章　酸雨自动观测设备平行比对及业务质量考核方法试验

使用酸雨在线观测系统和人工观测设备，实时开展大气实际降水 pH 值和电导率对比监测试验，研究在线观测设备与人工观测设备测量的一致性，分析存在偏差的可能原因。通过实验室配制考核盲样的方式，在现有酸雨观测质量样品考核工作的基础上，通过试验优化样品配制、考核内容、考核方式等，从而优化现有酸雨观测质量样品考核方法、建立酸雨自动观测设备业务质量考核方法。

11.1　试验目的

中国气象局自 1992 年起开始组建酸雨观测网，现已形成覆盖我国主要城市和地区的酸雨观测网。酸雨观测由人工转型自动，存在观测系统性偏差情况，需要深入研究，开展酸雨人工和自动平行比对十分必要，试验结果也可提升探测中心技术水平，为进一步指导省级、台站观测，优化观测规范提供支持。向观测站网内的各个观测站发放未知样品(blind samples)，由中心实验室组织比对测量，是观测站网质量管理的通行做法，可优化考核水样配制，解决对自动观测设备进行考核的问题。

11.2　试验内容

(1)在北京试验基地利用酸雨在线观测系统和人工观测设备，实时开展大气实际降水 pH 值和电导率对比监测试验，研究在线观测设备与人工观测设备测量的一致性，分析存在偏差的可能原因，为酸雨在线和人工观测的设备考核差异提供基础数据。

(2)在现有酸雨观测质量样品考核方法的基础上，通过试验，优化现有考核方法。

(3)通过探测中心大气成分实验室配制考核盲样的方式，在现有人工酸雨观测质量样品考核工作的基础上，优化样品配制、考核内容、考核方式等，建立酸雨自动观测设备业务质量考核方法。

11.3　技术路线

技术路线如图 11.1 所示。

(1)酸雨人工与自动观测比对。通过在同一观测场同时架设酸雨人工和自动观测设备，同时采样，分析数据一致性及影响因素分析。

(2)开展酸雨考核方法优化试验。通过调整酸雨考核样品配制方法，提高酸雨考核样品稳定性，优化酸雨人工考核方法，建立自动酸雨考核方法。

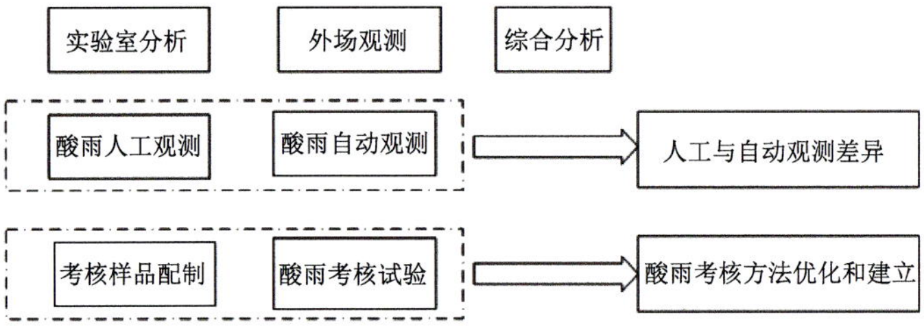

图 11.1　技术路线

11.4　试验布局

试验地点在北京试验基地,场地条件满足地面观测规范要求,安装业务规范的自动观测系统和人工酸雨采样桶,并完成设备调试。酸雨自动观测系统采样单元与人工采样桶位置近、采样高度接近,避免测量场地和高度差异影响观测结果的不一致。

酸雨自动观测系统试验设备型号:TCYⅠ 1 型酸雨自动观测系统、TCYⅡ 1 型酸雨自动观测系统。其中,TCYⅠ 1 型酸雨自动观测系统可实现降水自动采样,但需要人工将降水样品运送到实验室内自动分析仪分析,主要适用于北方寒冷地区。TCYⅡ 1 型酸雨自动观测系统可实现降水自动采样、分析,采样、分析期间无需人工干预,主要适用于南方地区。酸雨人工观测的采样桶为室外塑料采样桶,由实验室人员采集降水后拿到室内,采用站网使用的雷磁 pH 计和电导率仪进行人工分析。为验证自动采样对酸雨观测的影响,本试验将 TCYⅠ 1 型酸雨自动观测系统采集到的降水倒出一部分送到自动分析单元分析,剩下的一部分采用人工测量的方式进行分析。酸雨人工观测和自动观测平行比对的试验阶段为:2021 年 7 月—2022 年 6 月。

人工酸雨观测质量样品考核方法优化在气象探测中心大气成分降水化学实验室进行。自动酸雨观测质量样品考核方法建立,考核水样配制在气象探测中心大气成分降水化学实验室内进行,针对 TCYⅡ 1 型酸雨自动观测系统的流程建立试验模拟在观测场进行,针对 TCYⅠ 1 型酸雨自动观测系统的考核流程建立实验模拟在实验室内进行。

11.5　试验分析

11.5.1　数据质量控制

开展酸雨人工和自动观测平行比对前,通过盲样测试的方法,对已经安装的 TCYⅠ1 型酸雨自动观测系统、TCYⅡ 1 型酸雨自动观测系统进行测试。此外,试验开始 2 个月后,也通过质控样测试了设备。测试结果如表 11.1 所示,TCYⅠ 1 型酸雨自动观测系统、TCYⅡ1 型酸雨自动观测系统分析结果与实验室测得的盲样真值接近,总体而言,平行比对期间,2 种型号的酸雨观测设备处于良好状态。

11.5.2　酸雨人工与自动观测数据一致性及影响因素分析

根据中国气象局发布的酸雨观测规范,仅当地面站降水量大于 1 mm 时,才开展酸雨观测,对降水中的 pH 值和电导率进行测量。人工测量降水 pH 和电导率前,需要将收集到的降水倒入烧杯中进行后续分析，需要达到一定的降雨量才能进行。酸雨自动观测系统却可以实时、很敏锐地观测到降水，并分析获得 pH 和电导率，所需降雨量较人工酸雨观测少(表 11.2)。一般而言，当设备正常运行时，自动酸雨观测系统能获得更多的酸雨观测数据。但自动酸雨观测系统出现设备故障后，故障排查、更换备件、维修周期更长，故障发现不及时、排除不及时，容易导致自动酸雨观测数据长时间缺测。而当人工酸雨观测设备故障时，可立即启用台站的人工酸雨观测设备品、备件，不会因为设备问题造成缺测。

表 11.1 2 种酸雨自动观测设备盲样分析测试结果

测试时间(年.月.日)	设备	电导率			pH		
		观测值	真值	误差	观测值	真值	误差
2021.7.2	TCYII 1 型	49.6	51.5	−1.9	4.46	4.38	0.08
2021.9.7	TCYII 1 型	45.8	51.0	−5.2	4.54	4.42	0.12
2021.7.2	TCYI 1 型	44.3	51.5	−7.2	5.12	4.38	0.74
2021.7.13	TCYI 1 型	49.3	51.5	−2.2	4.46	4.38	0.08
2021.7.16	TCYI 1 型	49.5	51.5	−2	4.44	4.38	0.06
2021.8.10	TCYI 1 型	49.0	51.2	−2.2	—	—	—
2021.8.10	TCYI 1 型	50.2	51.2	−1	—	—	—
2021.8.10	TCYI 1 型	149.9	148.2	1.7	—	—	—
2021.8.10	TCYI 1 型	150.9	148.2	2.7	—	—	—
2021.9.2	TCYI 1 型	47.6	51.0	−3.4	4.56	4.42	0.14

表 11.2 平行比对期间各设备获得的样品数

设备型号	降水量少无法观测	获得观测数据
人工观测	17	45
TCYI 1 型自动采样人工分析	21	41
TCYI 1 型自动采样自动分析	14	42
TCYII 1 型	14	47

通过试验发现，相比而言 TCYⅠ 1 型自动酸雨观测系统与人工酸雨观测设备一致性较好，TCYⅡ1 型酸雨自动观测系统与人工酸雨观测设备一致性较差(图 11.2)。一方面是因为 TCYⅠ 1 型自动酸雨观测系统测量时有人员参与，该设备可实现采样自动化和分析自动化，但需要由人工将采集好的降水运送到自动分析单元，管路复杂度和长度明显比 TCYⅡ1 型酸雨自动观测系统简单和简短，减少了因为管路造成的误差。另一个方面是因为，TCYⅡ 1 型酸雨自动观测系统更容易出现故障，因为故障原因导致了测量偏差。尤其是试验刚开始时，经过排查，发现 TCYⅡ 1 型酸雨自动观测系统采样桶中间的漏斗堵塞，上次残留的降水样品和清洗采样桶纯水，对下次样品测试有影响，造成电导率降低、pH 上升(表 11.3)。TCYⅡ 1 型酸雨自动观测系统自动化程度高于 TCYⅠ 1 型自动酸雨观测系统，更容易发生故障，并且不容易发现。台站在开展酸雨自动观测时，应及时查看数据，并定期开展盲样测试、质控样分析，判断设备分析准确性，防止设备故障影响数据准确性和长时间缺测。

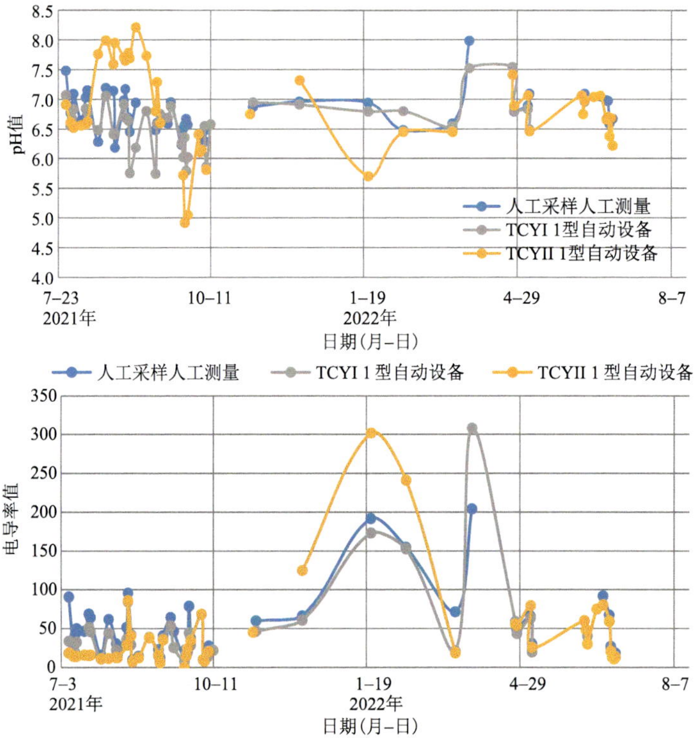

图 11.2 不同酸雨观测系统观测结果一致性

表 11.3 自动酸雨观测系统设备故障情况

故障时间(年.月.日)	仪器型号	问题
2021.7.2	TCYII 1 型	比对数据异常
2021.8.12	TCYII 1 型	电导率值偏低
2021.8.12	TCYII 1 型	485 模块异常
2021.8.13	TCYII 1 型	分瓶故障
2021.8.12	TCYII 1 型	485 模块异常
2021.8.27	TCYII 1 型	数据传输和测量数据异常
2021.9.2	TCYII 1 型	pH 模块故障和 pH 校准失败
2021.9.23	TCYII 1 型	pH 校准失败,pH 校准液连接的蠕动泵接头断裂导致
2021.9.27	TCYII 1 型	pH 排水电磁阀故障
2021.10.8	TCYII 1 型、TCYI 1 型	两台设备断电
2021.10.11	TCYII 1 型、TCYI 1 型	两台设备断电
2021.10.21	TCYII 1 型	更换配件耗材
2021.11.8	TCYII 1 型	pH 和电导电极槽漏液
2021.12.9	TCYII 1 型	测量结果与北方型、人工设备测量值相差太大
2022.6.20	TCYI 1 型	室内机,显示屏故障
2022.6.27	TCYI 1 型	室内机,多通阀故障

进一步分析 pH 和电导率两个要素间的区别发现，自动和人工酸雨观测设备测得的 pH 值更容易出现偏差，电导率却差异不大（图 11.3）。一方面是因为，大气降水的 pH 值测量量程明显小于电导率，大部分降水的 pH 在 5.00～7.00，测量精度一般为±0.02，大气降水电导率大部分在 10～1000 μS/cm，测量精度为±1%全量程。pH 值测量准确性受 pH 电极状态影响较大，故障率也明显高于电导率电极，在实际观测中要多关注 pH 电极运行状态。

当自动酸雨观测系统正常工作时，人工酸雨观测设备测量的电导率值略高于自动观测系统，可能与人工观测采样误差有关。人工观测期间，可能出现收取降水采样桶不及时，空气中颗粒物可以降落到降水采样桶内，造成电导率偏高，但酸雨自动观测系统，仅在降雨期间打开样品采集盖，降水结束后自动关闭采样桶，可避免非降雨期间大气碱性颗粒物对降水 pH 值和电导率的影响。从这个角度讲，自动酸雨观测系统可通过更加精准地自动采样，提供酸雨观测数据的准确性。

（1）自动采样单元的影响

由图 11.3 可知，总体而言，人工采集大气降水后由人工分析的电导率值，高于自动采样大气降水后人工分析的结果。即，当分析单元均为人工分析，自动采样获得的大气降水电导率高于人工采样获得的大气降水，这是因为大气中颗粒物混入采样桶，使得电导率升高。人工采集降水的 pH 值也较高，这是因为有颗粒物进入采样桶后，可中和降水中的酸性物质，使得大气降水酸性降低。这一点与前文分析结果一致。

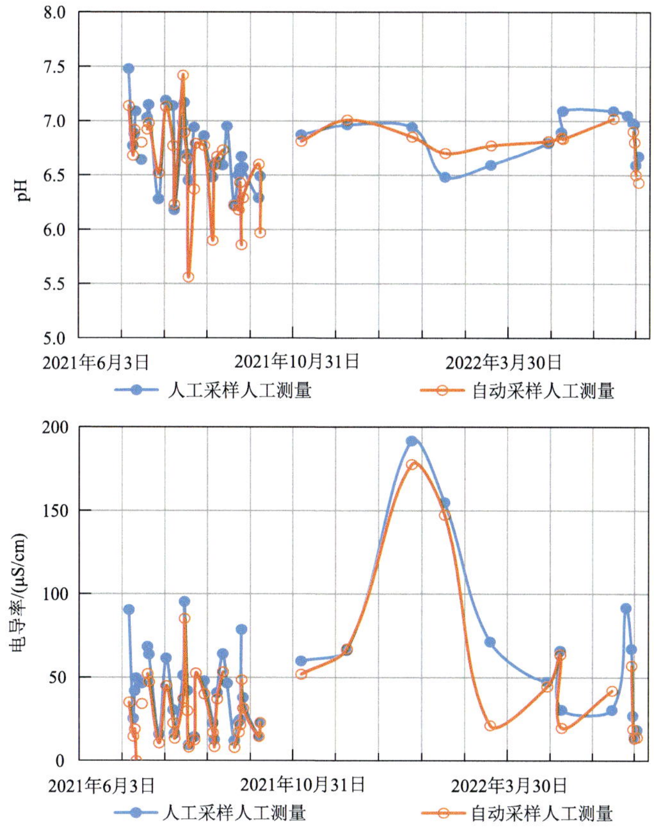

图 11.3　自动采样与人工采样对大气降水 pH、电导率分析的影响

(2)自动分析单元的影响

由图 11.4 可知,自动采样情况下,人工分析和自动分析的 pH 值和电导率值非常接近,尤其是电导率。说明自动分析单元和人工分析单元对 pH 值和电导率分析结果影响不大。但 pH 值差异略大,这是因为较电导率而言,降水中 pH 值分析值测量结果受设备状态影响更大,这与前文分析结果吻合。

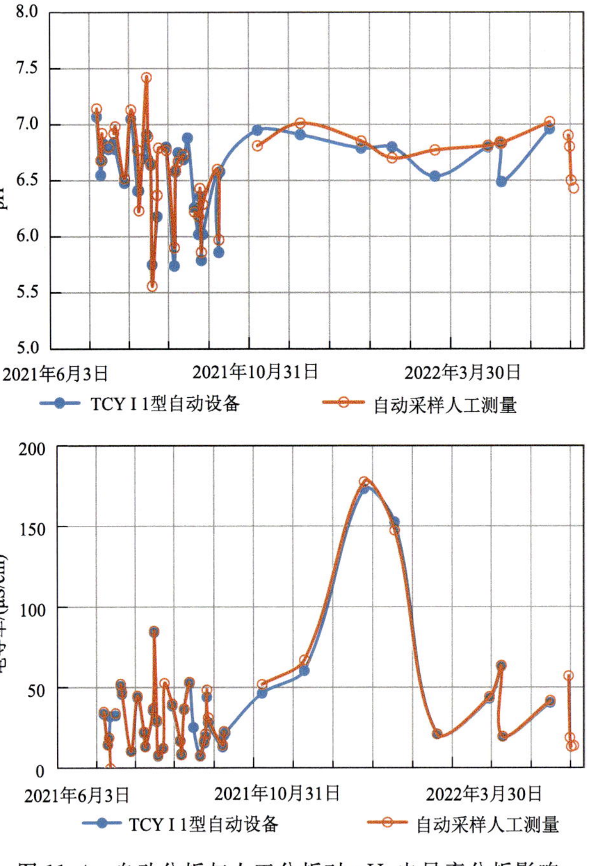

图 11.4　自动分析与人工分析对 pH、电导率分析影响

(3)小结

①试验期间,TCYⅡ 1型酸雨自动观测系统故障 12 次,TCYⅠ 1型酸雨自动观测系统故障 2 次,除了通信模块故障外,其他故障主要集中在电极、管路等。设备故障排查和维修周期明显高于人工酸雨观测设备。为保证更高的酸雨数据获取率,酸雨自动观测设备需要更关注设备日常维护和故障排查。容易出现的问题主要为 pH、电导率校准故障、排水阀故障、通信模块异常等,需要在后期观测规范修订中关注以上内容。

②酸雨自动观测系统和人工酸雨观测系统总体而言分析结果一致性较好。当酸雨自动观测系统维护到位情况下,人工和自动观测结果可以达到非常好的一致性。

③酸雨观测中采样单元相比分析单元更容易影响分析结果,分析单元中 pH 受电极状态影响较电导率更大。受大气干沉降影响,自动采样降水的电导率可能较人工观测结果低、pH 较低。

11.5.3　开展酸雨考核方法优化试验

(1)试验方案优化

试验期间，整理了中国气象局历次酸雨观测质量样品考核中考核水样的稳定情况。由图 11.5 可知，酸雨观测质量样品考核中最突出的问题是特定 pH 范围内的考核水样不稳定，尤其是 pH 在 6.00～7.00，稳定性较差。这是因为大气 CO_2 的存在，大气中和水中的 CO_2 不停发生交换，使得水样不稳定。本试验阶段旨在在现有酸雨观测质量样品考核工作的基础上，通过实验，配制出更加稳定的考核水样，以此优化考核方法。

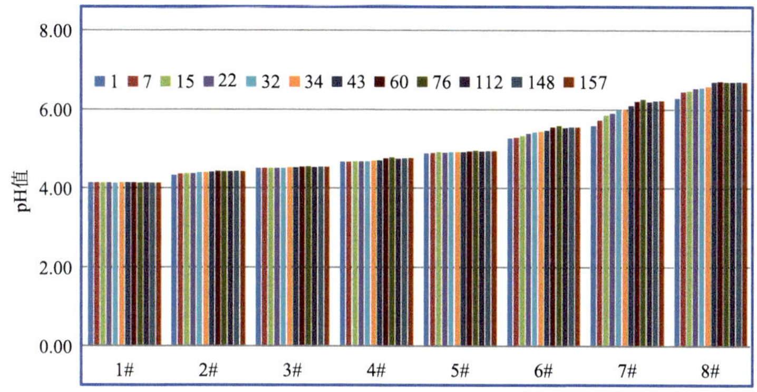

图 11.5　考核水样的稳定情况

启动水样配制改进试验。通过查阅资料、召开专家咨询会，最终确定尝试通过考核溶液中添加经过稀释的一定浓度的缓冲溶液的方式增加考核水样的稳定性。磷酸二氢钾与磷酸氢二钠比较适合 pH 在 5.00～7.00 考核水样配制，与不稳定水样的 pH 范围接近，可用于调制水样。缓冲溶液的比例和浓度需要通过试验确定。一般采用磷酸二氢钾与磷酸氢二钠比例为 1∶1，来配制 6.86 pH 的缓冲溶液，但显然 1∶1 配制出的 pH 比目标 pH 偏高，后续试验需要调高磷酸二氢钾的比例。缓冲溶液在考核水样中的比例添加的较少，容易使得考核水样不稳定，但若添加过多，将使得考核水样电导率值明显升高，配出来的考核水样将不满足水样电导率的要求。因此试验需要对磷酸二氢钾和磷酸氢二钠的比例和缓冲溶液在考核水样中的比例进行确定。通过向考核水样中添加一定配比、一定浓度的磷酸二氢钾和磷酸氢二钠缓冲溶液，获得最理想的水样稳定性，并满足 pH 和电导率范围。

当磷酸二氢钾与磷酸氢二钠比例为 1∶1，且不进行稀释时，水溶液 pH 为 6.86，为达到拟配制出的考核水样的目标 pH 在 7.00 以下，拟通过试验逐渐加大了磷酸二氢钾的比例，提高水样的酸性。由表 11.4 可知，当磷酸二氢钾与磷酸氢二钠比例分别为 1∶1、2∶1 和3∶1时，都在稀释 50 倍的情况下，水样的 pH 分别为 7.12、6.83 和 6.64，磷酸二氢钾比例越高，溶液酸性越强。当磷酸二氢钾与磷酸氢二钠比例一定，稀释倍数增加时，pH 保持不变或升高，但变化不太大。电导率值随着磷酸二氢钾比例的升高而明显升高，稀释后开始降低。通过试验发现，稀释倍数增加 1 倍，电导率值降低一半。同时随着稀释倍数增加和磷酸二氢钾比例的提高，溶液稳定性会差。

最终选取的配方有 2 个：①磷酸二氢钾与磷酸氢二钠比例为 3∶1，稀释 100 倍；②磷酸二氢钾与磷酸氢二钠比例为 5∶1，稀释 200 倍。

表 11.4　不同磷酸二氢钾与磷酸氢二钠比例和稀释倍数对 pH 和电导率影响

比例	稀释倍数	pH	电导率
1∶1	50 倍	7.12	153.1
	100 倍	7.12	79.7
2∶1	50 倍	6.83	196
	100 倍	6.83	103.8
3∶1	50 倍	6.64	271
	100 倍	6.69	128
5∶1	100 倍	6.41	178.9
	200 倍	6.46	94

将选定 1 号的配方的缓冲溶液加入不稳定的 10 L 编号为 1—5 的考核水样中，开展中试。经过将近 89 d 的试验，由表 11.5 可知，结果显示调整配方后的考核水样稳定性较好，尤其是 pH 的稳定性有明显提升，并且稳定周期小于 30 d，可以在考核水样中试验。

表 11.5　调整配方后 pH 和电导率稳定情况

稳定天数/d	pH					电导率/(μS/cm)				
	1 号	2 号	3 号	4 号	5 号	1 号	2 号	3 号	4 号	5 号
1	6.57	6.65	6.56	6.59	6.68	175.4	269.0	223.0	224.0	263.0
24	6.60	6.56	6.71	6.60	6.70	170.4	219.0	272.0	221.0	265.0
49	6.62	6.56	6.68	6.60	6.74	171.1	219.0	270.0	221.0	266.0
89	6.63	6.56	6.68	6.60	6.73	169.8	218.0	268.0	220.0	265.0
变化率	0.07%	−0.10%	0.13%	0.01%	0.06%	−6.29%	−57.30%	50.56%	−4.49%	2.25%

注：变化率为最后一天测量值减去第一天测量值之差除以第一天测量值。

(2)试验方案业务运行

调整考核水样配方后的考核优化方法在 2022 年上半年第 31 次全国酸雨观测样品考核中第一批样品考核中试用。结果显示调整配方后的 6 号和 8 号水样稳定性较好，明显优于没有调整配方的 5 号和 7 号水样(表 11.6、图 11.6)。

表 11.6　调整配方后业务运行的水样稳定性

稳定天数/d	1 号	2 号	3 号	4 号	5 号	6 号(调整配方)	7 号	8 号(调整配方)
0	4.13	4.32	4.51	4.72	5.02	5.89	6.29	6.51
14	4.13	4.34	4.52	4.73	5.06	5.89	6.25	6.52
43	4.15	4.35	4.53	4.75	5.10	5.88	6.24	6.54
54	4.14	4.34	4.52	4.74	5.10	5.87	6.25	6.54
68	4.14	4.34	4.53	4.75	5.10	5.84	6.46	6.52
82	4.13	4.33	4.53	4.74	5.08	5.82	6.16	6.53
98	4.13	4.33	4.53	4.76	5.09	5.85	—	6.55
109	4.13	4.35	4.54	4.77	5.15	5.87		6.54
148	4.14	4.36	4.56	4.79	5.21	5.89	6.50	6.55
变化率	0.01%	0.03%	0.03%	0.05%	0.13%	0.00%	0.14%	0.03%

注：变化率为最后一天测量值减去第一天测量值之差除以第一天测量值。

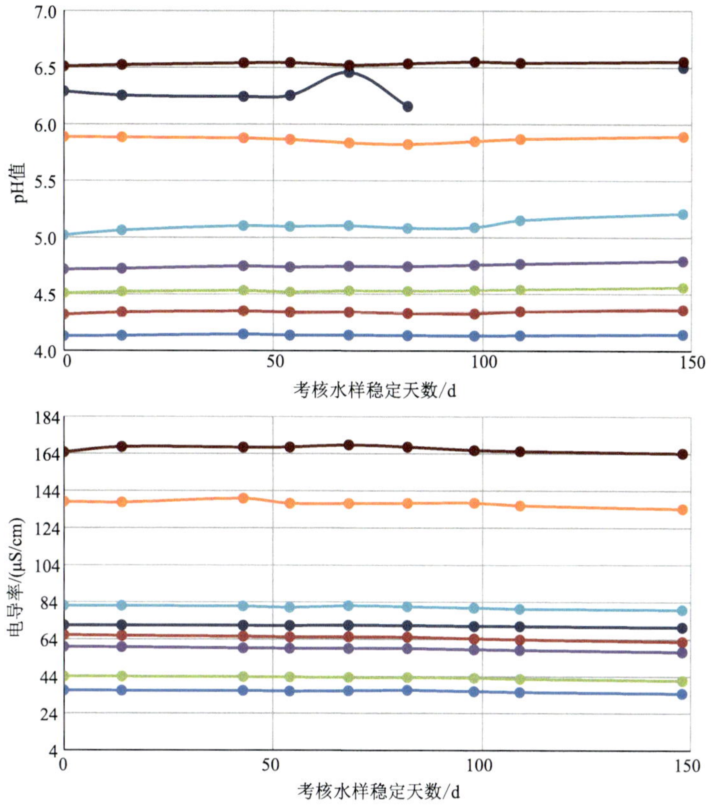

图 11.6　考核水样的稳定情况

11.5.4　开展酸雨自动考核方法确定试验

针对目前没有专门的自动酸雨观测质量样品考核方法，拟通过试验建立酸雨自动观测设备业务质量考核方法。配制 6 种 10 L 考核水样，待再稳定 1 个月左右，开展酸雨自动观测系统观测质量样品考核方法测试。

(1)酸雨自动考核试验方案

与酸雨人工观测测量大气降水时直接将测量电极放入降水样品或者考核样品不同，自动酸雨观测设备测量大气降水可以从采样桶倒入经过管路流到分析单元得到测量数值，也可以将电极拿出直接放入水样，得到测量数据。前者考核的是采样单元、管路、分析单元整体结果，而后者仅考核了以测量电极为主的分析单元测量的准确性。从保证酸雨观测质量的角度讲，考核流程与各酸雨观测站日常酸雨测量过程越接近，考核效果越好，越能达到保证酸雨观测质量检查的目的。但是前者的考核方式中涉及的环节比较多，这个考核方式可能过于严苛。因此本试验拟分别针对 TCYⅡ 1 型酸雨自动观测系统和 TCYⅠ 1 型酸雨自动观测系统，从全流程(考核样品从采样单元倒入，经过管路，到达分析单位的全流程测试)和测量单元(仅考核分析单元)2 种考核分别测试，拟获取 2 种考核方式的区别。

(2)酸雨自动考核流程确定

① TCYⅡ 1 型酸雨自动观测系统

从采样桶倒入考核水样，测 pH 和电导率。先测 1 号考核水样、接着 2 号考核水样，每个样品测一次，直到所有盲样测完。然后重新开始测量1号考核水样、接着2号考核水样，直到所有考核水样测完。重复5次。每次测量需要30 min，得到不同考核水样不同测量次数的pH值和电导率，通过统计分析，获得了标准偏差(表11.7)。

表11.7 全流程pH和电导率测量表

要素	次数	1号	2号	3号	4号	5号	6号
pH	1	4.13	4.60	6.29	6.23	6.48	7.10
	2	4.14	4.59	6.34	6.18	6.39	6.98
	3	4.11	4.56	6.32	6.18	6.37	7.06
	4	4.07	4.58	6.35	6.05	6.38	7.02
	5	4.15	4.60	6.40	6.27	6.43	7.05
	标准偏差	0.03	0.02	0.04	0.08	0.05	0.04
电导率/(μS/cm)	1	43.6	99.9	48.0	121.5	50.3	104.5
	2	44.6	100.8	48.0	123.0	47.9	102.5
	3	45.1	101.3	47.6	122.8	48.2	102.3
	4	46.6	101.9	47.9	122.5	48.4	102.6
	5	42.9	101.3	48.6	123.5	48.3	102.0
	标准偏差	1.4	0.7	0.4	0.7	1.0	1.0

将pH电极和电导率电极从主机拔出，启动手动测量模式，分别插入待测考核水样，先测1号考核水样、接着2号考核水样，每个考核水样测一次，直到所有考核水样测完。然后重新开始测量1号考核水样、接着2号考核水样，直到所有考核水样测完。重复5次。pH在90 s读1次数，电导率每30 s读1次数。每次测量结果及标准偏差见表11.8。

表11.8 分析单元pH和电导率测量表

要素	次数	1号	2号	3号	4号	5号	6号
pH	1	4.06	4.54	6.20	6.25	6.35	6.95
	2	4.08	4.55	6.29	6.30	6.47	7.07
	3	4.08	4.54	6.47	6.30	6.52	7.04
	4	4.08	4.55	6.35	6.34	6.52	7.06
	5	4.08	4.55	6.43	6.31	6.51	6.97
	标准偏差	0.01	0.01	0.11	0.03	0.07	0.05
电导率/(μS/cm)	1	43.8	101.1	47.3	122.0	47.1	102.8
	2	42.5	100.3	47.5	123.4	47.4	100.2
	3	43.9	102.8	46.5	123.6	48.6	100.7
	4	44.1	101.0	46.5	122.7	46.7	102.8
	5	45.9	101.2	47.6	123.5	47.1	104.6
	标准偏差	1.2	0.9	0.5	0.7	0.7	1.8

从标准偏差结果来看，当pH<6，全流程测量的偏差略大于分析单元测量，pH>6时差异不大，总体来说，对TCYⅡ1型酸雨自动观测系统全流程测量和分析单元测量2种考核方式

差异不大。2 种考核方式对电导率的影响也不大，受 2 种方式的影响更小。全流程测量偏差并没有比分析单元测量偏差大很多，同时可以对设备观测质量考核得更加全面，因此推荐全流程的考核方式。

②TCYI 1 型酸雨自动观测系统

从 TCYI 1 型酸雨自动观测系统室内机进样端进考核样品，经过管路，流到分析单元，完成 pH 和电导测量。先测 1 号考核样品、接着 2 号考核样品，每个样品测一次，直到 6 种考核样品测完。然后重新开始测量 1 号考核样品、接着 2 号考核样品，直到所有考核样品测完。重复 5 次。每次测量大约需要 30 min。每个考核样品的每次 pH 值和电导率测量结果及多次测量标准偏差见表 11.9。

表 11.9　全流程 pH 和电导率测量表

	次数	1 号	2 号	3 号	4 号	5 号	6 号
pH	1	4.16	4.63	6.48	6.36	6.52	7.07
	2	4.09	4.60	6.48	6.32	6.49	7.03
	3	4.12	4.62	6.50	6.35	6.53	7.06
	4	4.12	4.61	6.46	6.52	6.52	7.12
	5	4.10	4.62	6.49	6.36	6.48	7.11
	标准偏差	0.03	0.01	0.01	0.08	0.02	0.04
电导率/(μS/cm)	1	40.4	95.9	46.8	118.3	46.2	98.7
	2	42.0	103.3	46.8	118.1	46.1	98.5
	3	41.2	96.0	46.5	118.3	46.5	98.4
	4	40.9	95.9	46.6	119.3	46.5	98.6
	5	41.7	96.1	46.2	118.1	46.2	98.5
	标准偏差	0.6	3.3	0.2	0.5	0.2	0.1

将 pH 电极和电导率电极从 TCYI 1 型酸雨自动观测系统室内机拔出，将分别插入考核样品，先测 1 号考核样品、接着 2 号考核样品，每个考核样品测一次，直到所有考核样品测完，pH 每 90 s 读一次数，电导率每 30 s 读一次数。然后重新开始测量 1 号考核样品、接着 2 号考核样品，直到所有考核样品测完。重复 5 次，得到 6 种考核水样 1～5 次 pH 值和电导率测量结果及标准偏差(表 11.10)。

表 11.10　分析单元 pH 和电导率测量表

	次数	1 号	2 号	3 号	4 号	5 号	6 号
pH	1	4.01	4.49	6.42	6.13	6.30	6.85
	2	4.00	4.49	6.44	6.26	6.45	6.92
	3	4.00	4.48	6.42	6.23	6.35	6.85
	4	4.02	4.49	6.39	6.20	6.44	6.85
	5	4.00	4.49	6.36	6.13	6.34	6.82
	标准偏差	0.01	0.00	0.03	0.06	0.07	0.04

续表

	次数	1号	2号	3号	4号	5号	6号
电导率/(μS/cm)	1	44.7	97.2	45.6	117.0	45.1	98.0
	2	40.2	97.1	46.3	118.2	45.2	98.3
	3	44.6	96.6	44.9	116.9	45.0	97.3
	4	44.2	96.3	44.9	117.1	45.1	98.6
	5	44.1	96.6	45.2	117.1	45.3	97.8
	标准偏差	1.9	0.4	0.6	0.5	0.1	0.5

从标准偏差结果来看,全流程测量的pH偏差和电导率偏差并没有比分析单元测量偏差大很多,同时全流程测量可以对设备观测质量考核得更加全面,因此推荐全流程的考核方式。

需要注意的几点。

(a)以全流程方式自动测量pH和电导率过程中,在每次测量完成后设备都会进行自动清洗内部管路,但由于连续平行测量不同浓度考核样品,随着测量样品次数增多,可能会增大内部管路被污染、清洗不干净的概率,可能会影响测量准确性,增大平行样的偏差。本次试验中及时观察测量的平行结果,发现测量结果误差较大情况时,及时启动内部管路二次清洗过程。

(b)以分析单元考核的方式,在进行手动测量过程中,待测溶液杯(瓶)没有固定位置可放,因此电极探头放在溶液中处于紧贴着容器壁处,没有在容器中央位置,测量结果会受到影响。

(3)酸雨自动考核样品数量优化

在2021年观测司组织的自动酸雨观测站盲样测试中,受考核样品种类和数量的限制,每个台站仅发放1种考核水样,容易因偶然误差影响测量结果准确性,考核结果也更加严苛。

因此,在2022年全国酸雨观测质量样品考核工作中,自动酸雨考核样品数量与人工酸雨观测质量样品考核数量一致。即向每个酸雨观测站发放3种考核水样,取成绩最好的2个考核水样测量结果,计算台站最终考核结果,使得考核更加客观。

11.6 主要结论

综上,自动酸雨观测系统与人工酸雨观测系统测量结果一致性尚可,其中TCYI 1型自动酸雨观测系统与人工酸雨观测设备一致性优于TCYII 1型酸雨自动观测系统。人工观测得到的电导率值略高于自动观测系统,可能与人工观测采样误差有关。

TCYII 1型酸雨自动观测系统自动化程度高于TCYI 1型酸雨自动观测系统。为避免设备故障造成长时间缺测,需要更加关注设备维护。酸雨自动观测设备容易出现的问题主要为pH、电导率校准故障、排水阀故障、通信模块异常等,需要在后期观测规范修订中关注以上内容。

通过向不稳定的考核水样中加入稀释后的一定磷酸二氢钾与磷酸氢二钠比例的缓冲溶液,达到目标pH和电导率范围,解决考核水样不稳定问题,优化人工酸雨观测质量样品考核方法。

通过外场和实验室试验,分别测试全流程考核方式和测量单元考核方式,结果显示,2种考核方式下,pH和电导率测量偏差差异不大。但是全流程测量更能反映观测台站在业务观测中的情况，因此推荐全流程测量。同时建议将考核样品数量由 1 种增加到 3 种。

11.7　业务应用

（1）一年期的降水实时 pH、电导率在线观测和人工观测比对数据结果，为酸雨平行观测评估总结提供数据基础，形成《2022 年第一批酸雨自动观测系统平行观测评估总结报告》。

（2）优化的人工酸雨考核优化在 2022 年酸雨考核中应用。

（3）新建的自动酸雨考核方法在 2022 年酸雨考核中应用。

第12章 高光谱辐射观测试验

针对陆表生态观测研发的高光谱辐射观测仪设备,可用于全面测量地面入射、反射、太阳直射高光谱辐射参数观测,为地表生态观测和卫星遥感生态观测地面真实性校验提供有效手段。通过对高光谱辐射观测仪的功能、性能和设备可靠性等进行试验,明确设备功能需求内容,为设备研发、加工生产及卫星产品校验等提供依据,为设备业务化及全国联网观测奠定技术基础。

12.1 试验目的

(1)考察设备的功能指标。功能指标主要是指观测大气和地表光学特性,监测气候变化与生态系统、光学卫星的在轨定标和辐射产品的真实性检验等;(2)考察设备的性能指标。性能指标主要是指设备野外恶劣环境观测长期稳定性和可靠性考核、光谱辐射观测的高精度定标与自校准技术等;(3)明确高光谱辐射观测仪功能需求。功能需求是指组成结构、功能、性能、环境适应性、业务运行、结构合外观等。该观测试验能为设备研发、加工生产及卫星产品校验等提供依据,为设备业务化及全国联网观测奠定坚实的技术基础。

12.2 试验内容

12.2.1 功能测试

仪器在测试期间自动开关机并进行数据观测。

观测波段范围为400～2400 nm,测量间隔为10 min,包括地表方向反射辐亮度、入射总照度、天空漫射照度、漫总比等数据的观测。

观测数据通过无线传输模块上传至远程上位机,上位机经过预处理后将数据保存在计算机服务器的指定位置。

上位机软件还包括数据处理功能,根据需要选择原始数据并自动处理出多类参数数据。

12.2.2 环境适应性

仪器经历场地的风吹日晒、雨淋雪打等天气变化考验,除因太阳能电池供电不足导致的仪器停止工作和4 G模块信号不稳定导致的数据丢失外,仪器应始终按照设定的测量间隔自动工作。

仪器经历外界环境的变化,其外观应无明显损伤,各运动部件运行平滑,运转良好,无卡顿、阻塞等现象。试验场地包括内蒙古呼伦贝尔草原场地、合肥观测试验场。

12.2.3 可靠性

设备可靠性反映了参试设备在规定的时间内,完成规定功能的能力。以平均故障间隔时间(MTBF)表示设备的可靠性。MTBF=试验总时间/责任故障数。

评估指标为平均故障间隔时间大于1 a,根据本次试验实际有效时间约为4个月,MTBF

≥2000 h 判定为合格。

12.3　技术路线

高光谱辐射系统观测试验的技术路线如图 12.1 所示，主要包括试验背景与目的、试验设备、试验数据与试验结论 4 个部分。

参试设备为高光谱辐射观测系统，包括 3 个子系统，分别为地表反射辐射高光谱仪、天空光总照度高光谱仪和太阳直射照度高光谱仪。通过高光谱辐射观测系统可直接获得观测地表方向反射辐亮度，仪器在自校准模式下还可以获得白板垂直反射辐亮度。天空光总照度高光谱观测设备可直接获得太阳总照度、天空漫射照度和漫总比。太阳直射照度高光谱仪可以直接获得太阳直射照度，由于直射照度可以通过天空光总照度高光谱仪观测的总射和漫射计算得到，所以呼伦贝尔站未安装此设备，仅在合肥站进行了安装测试。根据两种仪器的观测参数可获得观测地表的 BRDF、BRF、ANIF、BHR 和 DHR 数据等。

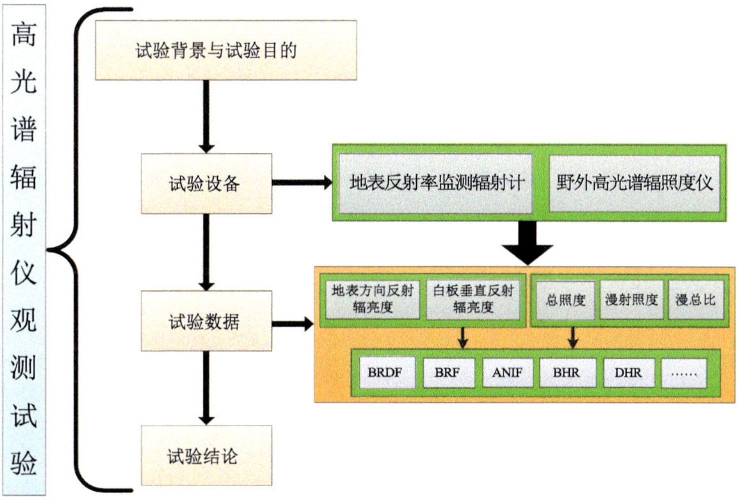

图 12.1　高光谱辐射仪观测试验技术路线

12.4　试验布局

试验在呼伦贝尔草原场地、合肥等地开展，按照高光谱辐射观测仪的场地环境及布局要求，3 台设备的自身阴影不影响全部仪器的测量，天空光总照度高光谱仪和太阳直射照度高光谱仪的高度不低于 1.5 m，地面反射测试设备的高度不低于 2 m。参试设备基本情况见表 12.1。

表 12.1　站址及观测系统配置

站址	子系统组成
呼伦贝尔	地表反射辐射高光谱仪、天空光总照度高光谱仪
合肥	地表反射辐射高光谱仪、天空光总照度高光谱仪、太阳直射照度高光谱仪

观测场地平坦开阔，场内应尽可能保持自然下垫面，以 3 倍仪器安装高度为半径区域内下垫面具有较好的均匀性，仪器应尽可能远离任何具有高反射比（例如浅色或发亮）的物体，如积

水和障碍物等。基本布局如图 12.2 所示。

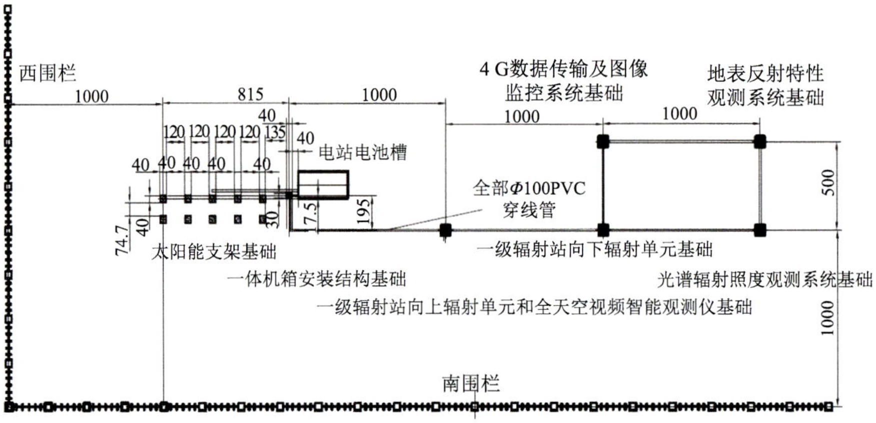

图 12.2　场地图纸(单位:cm)

12.5　试验分析

12.5.1　仪器的长期稳定运行

试验自 2020 年 9 月下旬开始在呼伦贝尔草原场地、合肥等地开展,高光谱辐射观测系统每天自动开关机,间隔 10 min 自动观测数据。观测数据通过无线数据模块实时上传至远程上位机,通过上位机预处理后进行显示和保存。

稳定测量数据超过 6 个月,实现了高光谱辐射观测系统的长期稳定运行。

12.5.2　仪器观测数据处理

12.5.2.1　辐射观测数据

(1)地表反射度亮度自动测量

地表反射辐射高光谱仪在自动观测模式下可实现地表垂直反射辐亮度的观测。观测数据自动上传至上位机,经过预处理后在软件上显示。

软件界面如图 12.3 所示,图 12.4 所示为 2022 年 9 月 29 日全天观测的 500 nm、1600 nm 和 2200 nm 辐亮度数据。

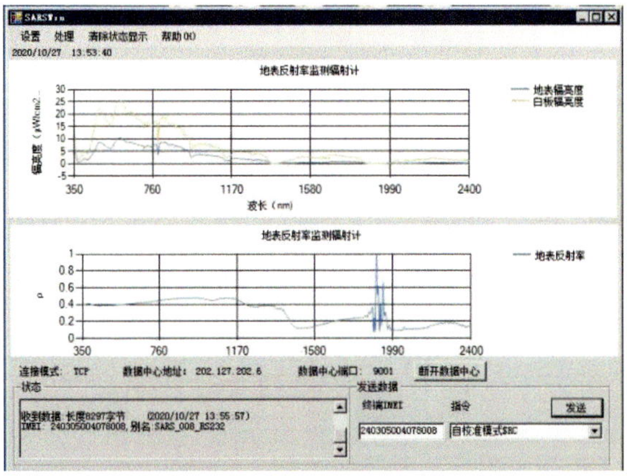

图 12.3　地表反射率监测辐射计远程控制软件

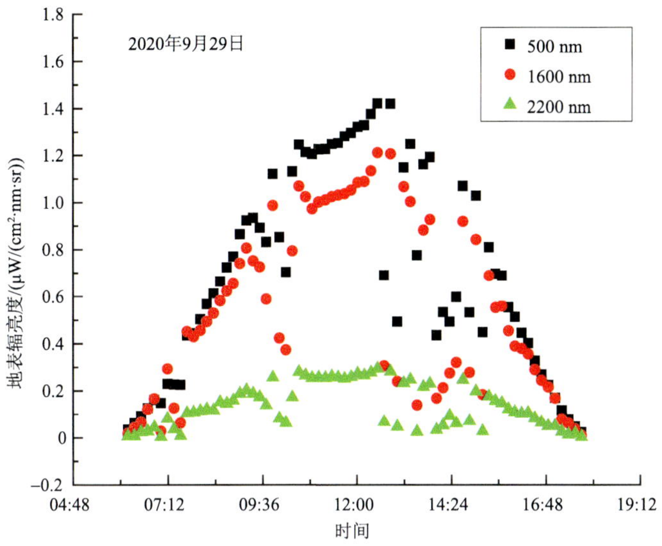

图 12.4　不同波段的地表反射辐亮度

(2)入射总照度、漫射照度和漫总比

天空光总照度高光谱观测设备通过挡光杆的周期性挡光操作，实现入射总照度Etotal和天空漫射照度 Ediff 的测量，二者的差为直射照度 Edir，二者的比值为漫总比 DG。图 12.5 为全天入射总照度。

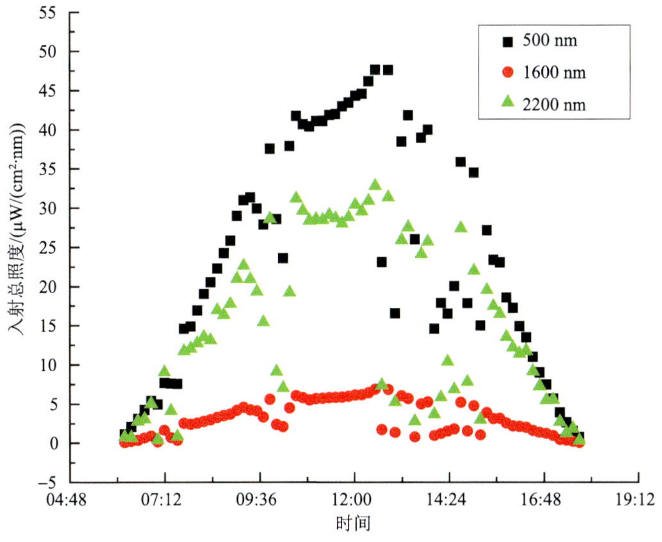

图 12.5　全天入射总照度(2020 年 9 月 29 日)

12.5.2.2　地表垂直反射率

根据地表反射率自动观测模式下获得的地表垂直反射辐亮度和天空光总照度高光谱观测设备测得的入射总照度，根据地表垂直反射率的定义，可得地表垂直观测反射率。图 12.6 所示为仪器联合观测获得的地表垂直反射率数据。

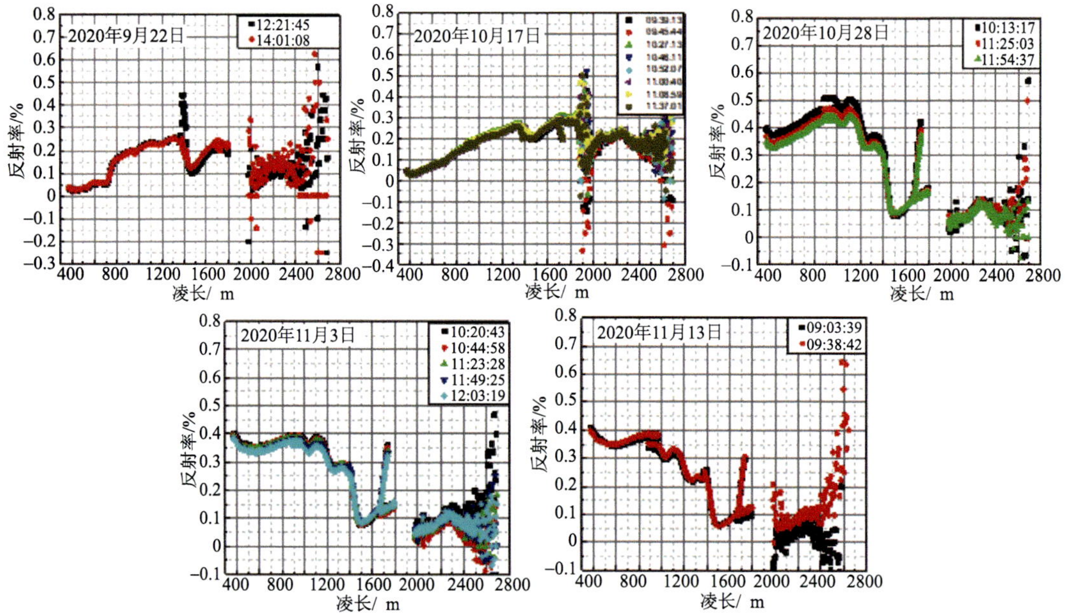

图 12.6 仪器自动观测的垂直地表反射率

12.5.3 仪器自校准

为保证地表反射率观测的长期高精度，地表反射率监测辐射计设计了基于白板的自校准功能。在晴好天气情况下，通过上位机软件上的“自校准模式”控制白板通过转动机构切入测量光路。参考板具有良好的朗伯性，反射率接近100%，在已知参考板反射率的条件下，通过定标出反射辐射计与光谱辐照度观测两种设备的响应度相对变化，实现地表反射率监测的实时自校准。自校准结果与便携式地物光谱仪(ASD)测量结果进行了对比，结果见图12.7。

为了验证地表反射辐射高光谱观测设备的自校准性能，在设备安装完毕后，在观测镜头正下方分别放置5%、40%和60%的灰阶靶标布，分别利用基于仪器自带的参考板对反射率观测和仪器自动化观测，对比自动化观测与自校准观测的地表反射率的一致性。为了进行同步验证地表反射率的准确性，同时利用了ASD进行了地表反射率的观测。3种方法获得5%、40%、60%的地表反射率的观测数据如图12.8所示。选取500 nm、800 nm、1100 nm、1300 nm、1600 nm几个特征波长点处进行了反射率的绝对偏差进行比对，反射率的偏差结果优于0.5%，如表12.2所示。

表 12.2 特征波长点处的反射率自校准偏差

	特征波长点				
	500 nm	800 nm	1100 nm	1300 nm	1600 nm
5%靶标反射率与5%自校准反射率绝对偏差	−0.05072	−0.04352	−0.03788	−0.04814	−0.04865
40%靶标反射率与40%自定标反射率绝对偏差	−0.31025	−0.25759	−0.23567	−0.28057	−0.26302
60%靶标反射率与60%自定标反射率绝对偏差	−0.408	−0.36301	−0.33337	−0.3937	−0.35504

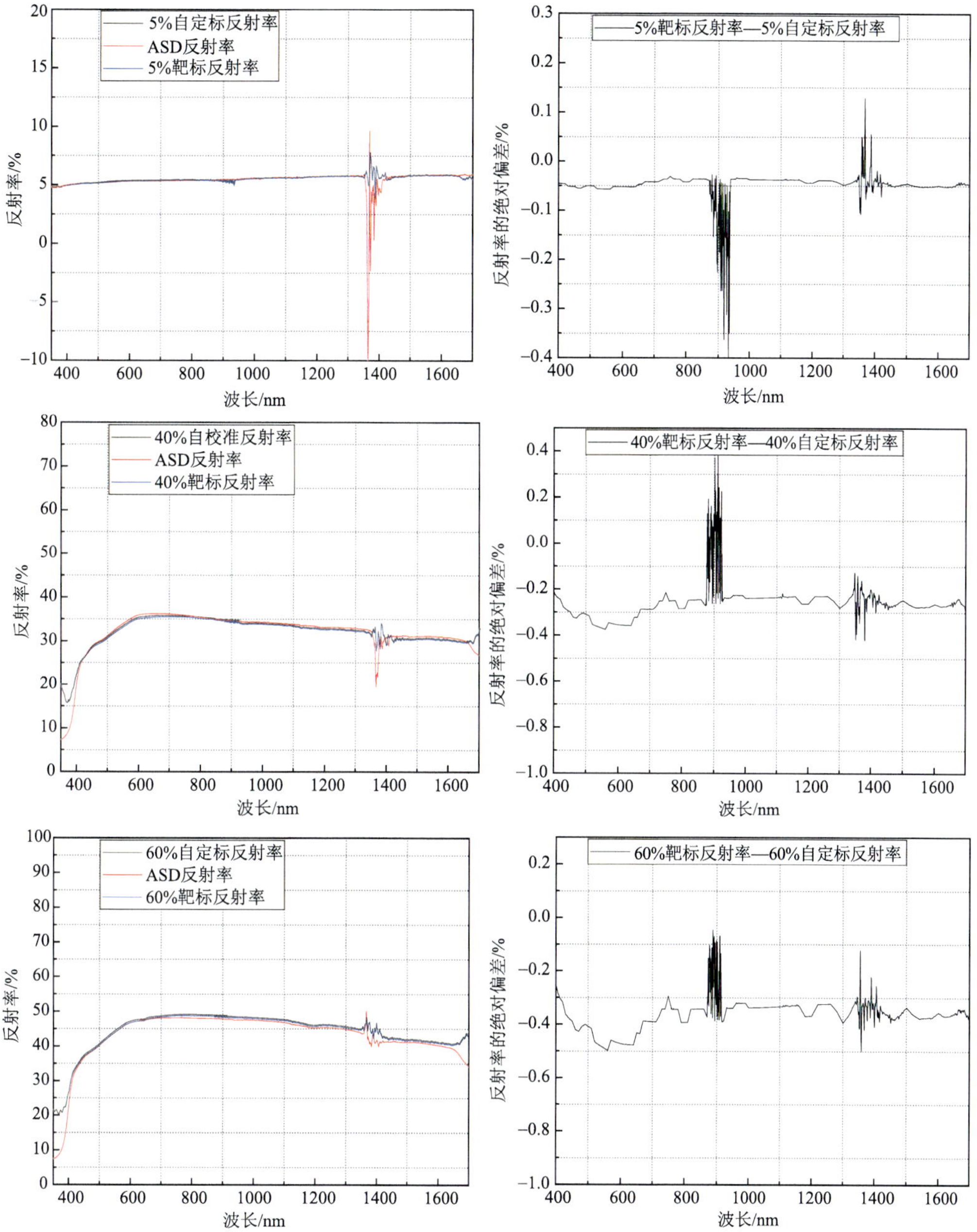

图 12.7　5%(上)、40%(中)和 60%(下)地表反射率自校准比对结果(ASD:便携式地物光谱仪)

12.5.4　外场试验数据分析

选取试验周期内,至少 3 个月数据进行分析。

12.5.4.1　数据完整性

以分钟观测数据对参试设备作月缺测率和总缺测率统计,数据统计时间覆盖 2021 年 10 月 31 日—2022 年 7 月 27 日,参试设备共计 200448 条数据。具体如表 12.3 所示。

表 12.3 数据完整性分析

时间		缺测率/%
2021 年	11 月	1.2
2022 年	1 月	0.8
	5 月	0.4
	6 月	0.5
	7 月	0.5
总计		0.72

12.5.4.2 设备可靠性

高光谱辐射观测系统外场试验比对时间为 2021 年 10 月 31 日—2021 年 7 月 27 日，测试总时间为 2176 h，测试期间未出现故障，详细如下。

(1)试验过程

共计出现了 4 次电站故障：

2021 年 11 月 29 日断电，人工恢复供电后 2022 年 1 月 1 日系统恢复运行；

2022 年 1 月 17 日断电，人工恢复供电后 2022 年 1 月 23 日系统恢复运行；

2022 年 1 月 26 日断电，人工恢复供电后 2022 年 4 月 26 日系统恢复运行；

2022 年 6 月 2 日断电，电站自动恢复供电后 2022 年 6 月 7 日系统恢复运行。

前 3 次为电站积雪覆盖导致断电，并且电站无法自动恢复。在第 3 次断电后，电站进行了升级维护，调整电站配置后具有自动恢复功能，第 4 次断电为连续阴天，随着日照增加，电站自动恢复。

上述 4 次断电均为电站故障，根据约定，不计入设备责任故障。

注：电站配置未升级前的前 3 次断电均由于疫情原因，电站技术人员无法到场，所以需要人工恢复，疫情缓解后升级了电站配置，电站具有自恢复功能。

(2)平均故障间隔时间

统计参试设备在测试台站的故障次数，计算其平均故障间隔时间(MTBF)。每天工作 16 h，夜间停止观测。截至 2022 年 7 月 27 日报告整理，本次试验有效观测时间为 136 d，则试验总时间根据有效观测日计算为：

$$16\times29+16\times16+16\times3+16\times37+16\times24+16\times27 = 2176\ \text{h}(取整为\ 2100\ \text{h})$$

在有效观测期间内未出现可计故障，目前可认为设备可靠性 MTBF≥2100 h。

12.6 主要结论

光学精密观测设备的野外自然环境适应性测试。在呼伦贝尔草原场、合肥试验场进行高光谱辐射观测试验，仪器每天自动开关机、间隔 10 min 完成数据的自动观测与上传，远程上位机根据上传的数据进行处理，获得地表垂直反射率，利用外场实测验证了光学精密观测设备的野外恶劣环境适应性。

高光谱观测的自校准测试。为保证观测数据的准确性，地表反射率监测辐射计还具备基于自带漫反射参考板的自校准功能，该自校准功能的测试，保证了地表光谱反射率观测的长期稳定性和可靠性，为地表生态观测和卫星遥感生态观测地面真实性校验提供有效数据支撑。

参试设备在外场测试中数据完整性和数据准确性较好，测试期间，参试设备没有发生自身故障，有较好的可靠性。参试设备可以满足气象观测业务的要求，可以作为业务观测的应用开展高光谱辐射观测，也可以根据需求与更多的传感系统进行联合观测应用。

12.7　业务应用

12.7.1　产品分级

高光谱辐射观测采用产品分级形式，包括零级(L0)数字信号、一级(L1)光谱观测和二级(L2)产品，如表 12.4 所示。其中由仪器采集器完成 L0 和 L1 级产品的处理控制，由芯片设备完成 L2 级观测产品的处理控制。

表 12.4　观测要素一览表

名称	备注	分级
太阳光谱直射光谱辐照度	太阳直射辐射高光谱观测设备	1
天空总光谱辐照度	天空光辐射高光谱观测设备	1
天空漫射光谱辐照度		1
地表反射光谱辐亮度	地面反射辐射高光谱观测设备	1
地面光谱反射率	产品	2
大气光谱透过率	产品	2
天空光漫总比	产品	2
气溶胶光学厚度	产品	2
气温	辅助观测	—
气压	辅助观测	—
湿度	辅助观测	—

注：—表示缺省或无。

12.7.2　应用情况

L0 和 L1 级产品，初步完成对比验证，其对卫星对地辐射观测校验的支撑情况，正在规划展开。L2 级产品，已初步完成对比验证，针对多类型辐射生态产品，加大检验方法研究，为生态产品验证提供有力支撑。

第 13 章　大孔径闪烁仪观测试验

大孔径闪烁仪和核心的蒸散量观测系统具备千米级陆表热通量与蒸散量的观测能力，被广泛应用于对陆表蒸散遥感产品的检验。试验在鹤壁农业气象试验站和乌兰察布区域气象站各安装一套蒸散量观测系统，开展业务试运行、进口与国产设备数据比对、热通量算法研发、热通量横向比对等工作，试验结果证明，国产大孔径闪烁仪组成的蒸散量观测系统具备较高的设备稳定性、数据可靠性和准确性，研发的热通量反演算法能够提供合理的感热通量、潜热通量和蒸散量观测产品。蒸散量观测系统填补了陆表蒸散量气象观测技术的空白，能够为区域水循环研究、农业气象干旱监测和粮食安全保障等提供基础数据支撑。

13.1　试验目的

大孔径闪烁仪系统因观测的空间尺度与卫星遥感的像元尺度较为匹配(千米级)，避免了因复杂的空间尺度转换而导致的空间代表性降低的问题，目前应用较为广泛，已被国际上公认具有较高的测量准确度，广泛应用于对陆表蒸散遥感产品的检验比对。

中国气象局目前尚无能对下垫面热通量及蒸散进行观测的水循环综合观测系统，无法满足气象和农业灾害和对水循环的定量影响评估需要。试验通过改进完善国产化大孔径闪烁仪性能指标，对下垫面热通量和蒸散进行试验观测，测试其在区域生态下垫面的水热通量观测能力，为“十四五”期间设备布网、研发干旱监测服务产品、卫星遥感与陆面模式产品的检验订正奠定基础。

13.2　试验内容

(1)严格选址后，在河南鹤壁和内蒙古乌兰察布不同生态下垫面各建立一套水热通量观测系统(包括大孔径闪烁仪、三维超声风温仪、四分量辐射传感器、土壤热通量传感器及双层温湿传感器等设备)，测试并完善国产大孔径闪烁仪的性能指标。

(2)开展国产与进口大孔径闪烁仪原始观测要素大气折射结构参数对比分析。在鹤壁增加一套荷兰 Kipp&Zonen 公司的大孔径闪烁仪，观测的下垫面区域完全相同，对比两台设备输出的原始数据大气折射结构参数的相对误差与相关性。

(3)研发区域生态下垫面水热通量反演产品。大孔径闪烁仪并不能直接观测到水热通量信息，而是需要结合多要素气象数据，基于莫宁-奥布霍夫相似理论和地表能量平衡原理迭代计算得到。目前国产化大孔径闪烁仪设备使用的是简化版的自由对流算法，反演的感热通量并不准确，因此需要进一步进行算法研发工作。

(4)开展大孔径闪烁仪与涡动相关仪水热通量产品对比分析。每个站同时安装了大孔径闪烁仪与涡动相关仪，虽然大孔径闪烁仪的观测源区尺度要大于涡动相关仪，但因为下垫面较为均一，两设备反演的产品结果具有可比性，对比两设备反演产品的相对误差和相关性。

(5)编制《蒸散量观测系统(红外闪烁法)功能规格需求书》，并通过论证评审，编制试验技术报告。

13.3　技术路线

13.3.1　项目整体技术路线

试验内容包括架设大孔径闪烁仪观测系统、开展国产与进口大孔径闪烁仪数据对比、研发大气下垫面水热通量反演算法、开展与涡度相关系统水热通量的横向对比及编制功能规格需求书与试验技术报告等。整体技术路线如图 13.1 所示。

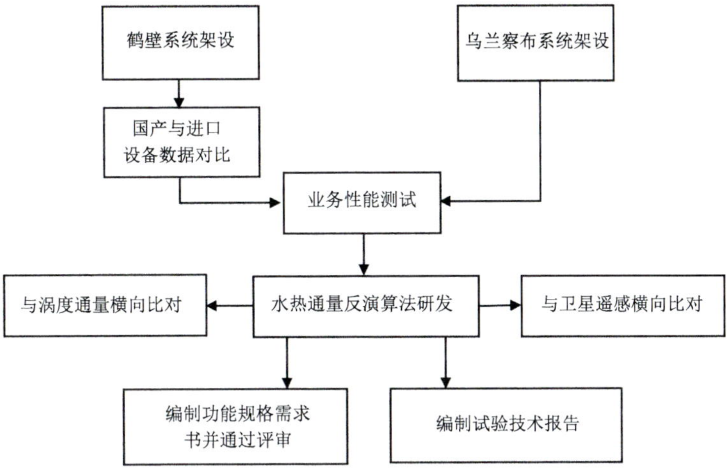

图 13.1　项目整体技术路线

13.3.2　水热通量反演算法技术路线

大孔径闪烁仪直接观测到的要素是大气结构折射参数 C_n^2 的分钟数据，是根据接收端接收到的光强信号，以及路径长度和接收口径等参数计算而来。为了获取每 30 min 下垫面真实蒸散，技术路线如下：

(1)将大气折射结构参数 C_n^2、气压、150 cm 和 300 cm 双层气温、降水量、10 m 风速、波文比、净辐射、土壤热通量数据每 30 min 取平均值，剔除降雨时段和饱和的 C_n^2；

(2)利用每 30 min 的 C_n^2、气压、温度及波文比(由涡动相关观测系统提供)等气象数据计算温度结构参数 C_T^2；

(3)使用里查森数法判断当前 30 min 大气稳定度，计算 150 cm 与 300 cm 气温之差，若为正则大气不稳定，若为负则大气稳定存在逆温；

(4)根据莫宁-奥布霍夫大气边界层相似理论构建迭代运算计算感热通量；

(5)通过地表能量平衡方程，使用净辐射、土壤热通量和步骤 4 得到的感热通量计算潜热通量，进一步计算出 30 min 蒸散量。

反演算法整体技术路线如图 13.2 所示。

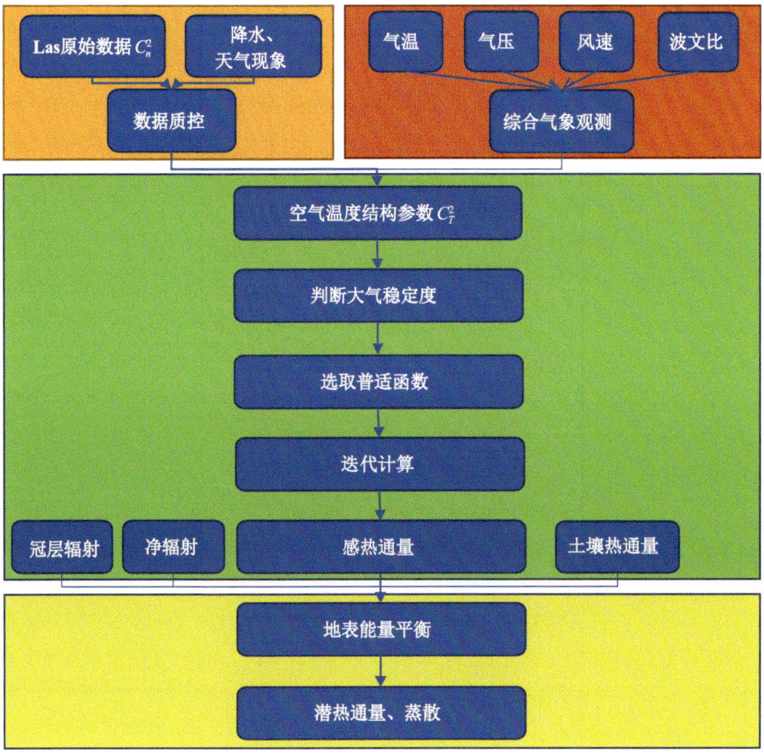

图 13.2 基于蒸散量观测系统的水热通量反演算法技术路线

13.4 试验布局

观测试验在鹤壁试验外场开展,下垫面是冬小麦/夏玉米。设备系统包括大孔径闪烁仪、三维超声风传感器、四分量辐射传感器、净辐射传感器、土壤热通量传感器等,借助站里自动气象站的气象数据,开展热通量算法研发。设备系统空间布局如图 13.3 所示。

13.5 试验分析

13.5.1 原始观测数据比对

在鹤壁站开展国产化与进口大孔径闪烁仪大气折射结构参数 C_n^2 的对比,评估国产化设备的数据准确性。数据的准确性反映了参试设备在自然环境条件下所获取数据的质量,对照功能需求书,按照要求测试各要素性能是否满足要求。以分钟观测数据对参试设备作 C_n^2 趋势分析,统计数据时间:2020 年 9 月 10—20 日,与荷兰 Kipp&Zonen 公司的大孔径闪烁仪做比对分析。整体比对结果见图 13.4,两者 R^2 达到 0.99,平均相对误差百分比为 9.60%,满足业务要求;单天比对结果见图 13.5,散点图显示两者一致性很高。

13.5.2 水热通量算法研发

开展基于大孔径闪烁仪的区域蒸散反演算法的研发,目前实现了千米级区域下垫面感热通量、潜热通量和蒸散的实时观测,在河南鹤壁与内蒙古乌兰察布等试点地区开展应用服务。

完成基于莫宁-奥布霍夫相似理论和地表能量平衡原理相结合的蒸散研发，替代了原设备的自由对流方法，在实际应用中证明了该算法提高了观测结果的合理性和准确性。

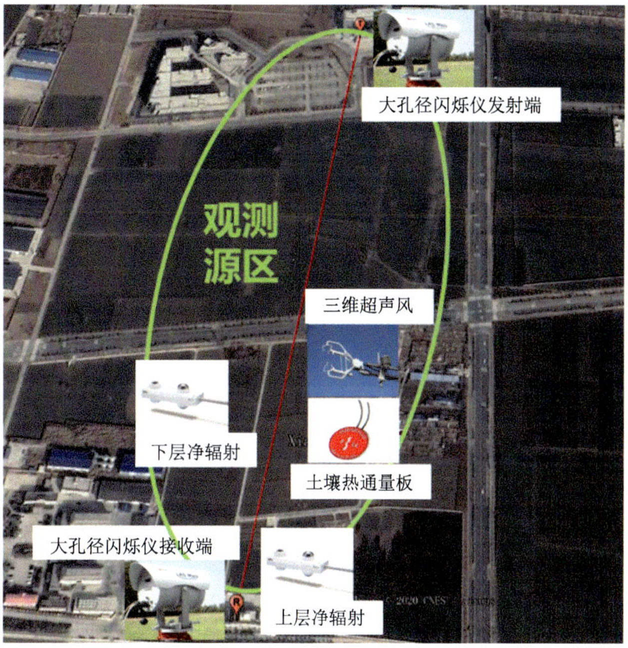

图 13.3　鹤壁农试站设备系统空间布局

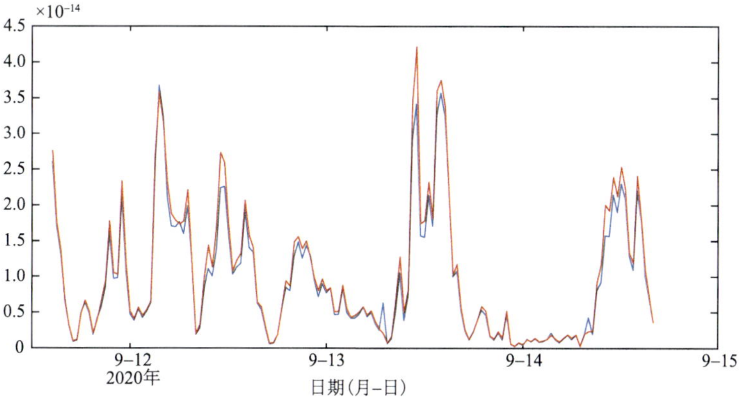

图 13.4　国产与进口大孔径闪烁仪 C_n^2 整体对比

13.5.2.1　重要物理参数介绍

(1)大气折射结构参数

闪烁仪是一种可以通过在水平路径上传输光束来测量闪烁"量"的仪器。仪器接收部分看到的闪烁可以表示为大气折射结构参数 C_n^2，它是大气湍流强度的表示。湍流强度描述了大气输送目标量的能力，如热量，湿度和其他内容(如颗粒物，大气中某种成分的气体)。对于本系统，接收光强度波动的自然对数 $\sigma_{\ln I}^2$ 的测量方差与结构参数之间的关系如下：

$$C_n^2 = 1.12\sigma_{\ln I}^2 D^{7/3} L^{-3} \tag{13.1}$$

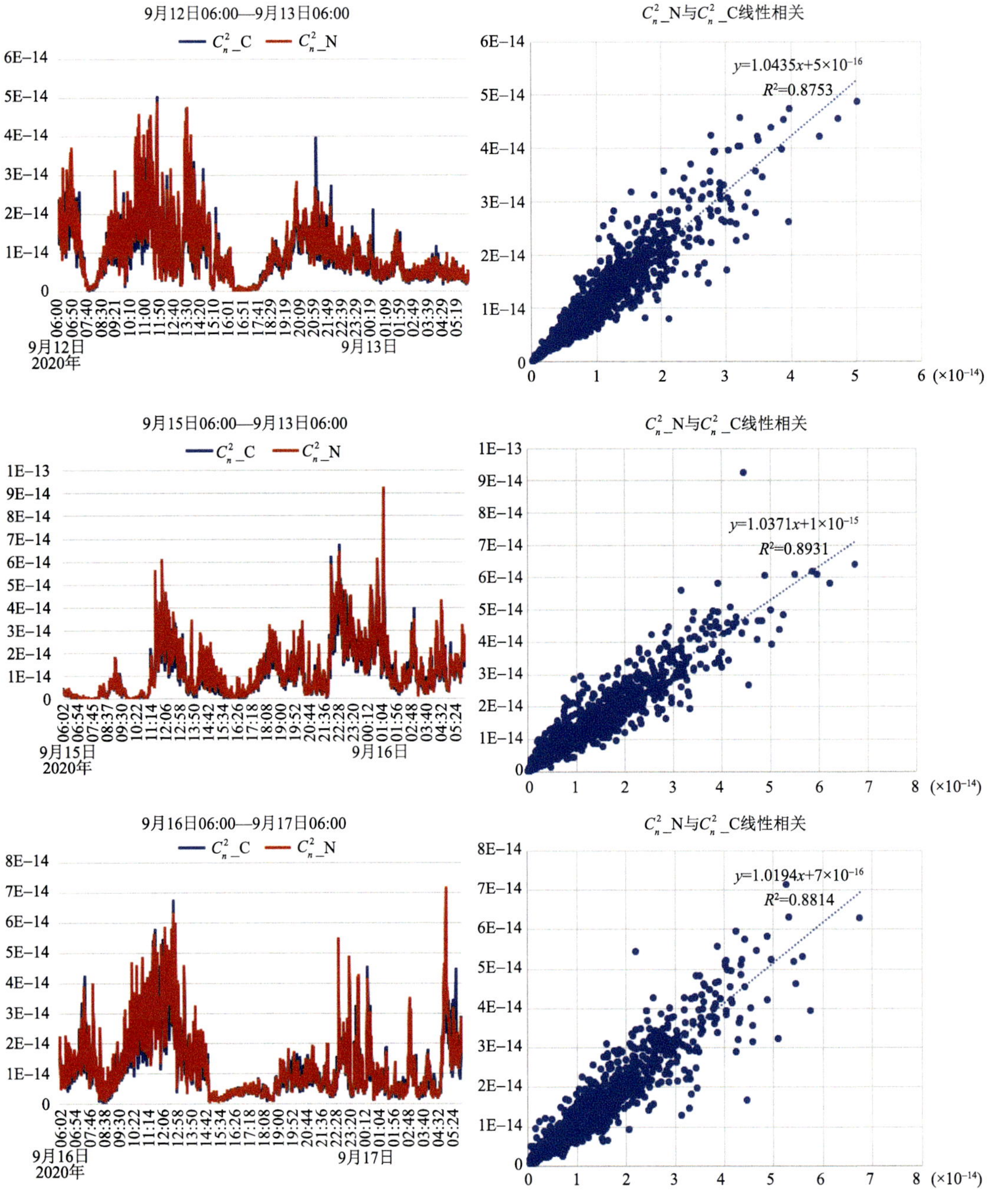

图 13.5 国产化与进口大孔径闪烁仪C_n^2单天对比

式中，D 为孔径直径，L 为光学路径长度，$\sigma_{\ln I}^2$ 为接收机接收光强对数的标准差。

(2)大气温度结构参数

在大气的要素波动中，如温度 T、比湿 q 和压力 P（在较小程度）的情况下，会引起大气密度波动以及大气折射率的波动。因此折射率的结构参数 C_n^2 可以分解成温度 C_T^2，湿度 C_q^2 和协变项 C_{Tq} 的结构参数如下（忽略压力波动）：

$$C_n^2=\frac{A_T^2}{\overline{T}^2}C_T^2+\frac{2A_TA_q}{\overline{T}_q}C_{Tq}+\frac{A_q^2}{\overline{q}^2}C_q^2 \tag{13.2}$$

式中，C_T^2 是大气温度结构参数，A_T 与 A_q 是温度 T、比湿 q 的函数。由于在近红外波段 A_T 远大于 A_q，因此与湿度相关的闪烁的贡献远小于与温度相关的闪烁，即近红外主要对与温度有关的闪烁敏感，因此上式可简化为：

$$C_n^2\approx\frac{A_T^2}{T^2}C_T^2\left(1+\frac{0.03}{\beta}\right)^2 \text{或} C_n^2\approx\left(\frac{-0.78\cdot 10^{-6}P}{T^2}\right)^2C_T^2\left(1+\frac{0.03}{\beta}\right)^2 \tag{13.3}$$

式中，β 是波文比，它是与湿度有关的闪烁的校正项。波文比定义为感热通量 H 和潜热通量 L_vE 之间的比率，即 $\beta=H/L_vE$。当表面条件干燥时，H 大于 L_vE，β 值较高（>3），方程中的修正项很小。潮湿的表面 β 较小（<0.5），这意味着大量的闪烁是由湿度波动引起的，需要进行湿度订正。

13.5.2.2　自由对流法感热通量

对于大多数日间（大气不稳定）条件，当闪烁仪安装在距地很高的位置时（$Z_{\mathrm{LAS}}>20$ m），则摩擦速度的贡献相对较小，可以应用自由对流方法计算感热通量：

$$H_{\mathrm{free}}=\rho c_p b(Z_{\mathrm{LAS}}-d)\left(\frac{g}{T}\right)^{1/2}(C_T^2)^{3/4} \tag{13.4}$$

式中，H_{free}为自由对流感热通量，ρ 为空气密度，c_p 为比定压热容，d 为零平面位移高度，Z_{LAS}是大孔径闪烁仪观测有效高度，g 是重力加速度，$b=0.48$ 为经验常数。

自由对流方法是一种相对理想条件下的计算感热通量 H 的简单方法。在实际应用中，自由对流方法可以通过将闪烁仪安装在表面以上较高的高度（$Z_{\mathrm{LAS}}>20$ m）时，在不稳定的条件下（白天）提供较为合理的通量。但自由对流法忽略了地表粗糙度对湍流传输的影响，如果设备有效高度没有超过湍流混合层高度，感热通量的计算结果会整体偏低。此外，因大孔径闪烁仪输出 C_n^2 为标量，因此自由对流法感热通量没有判定符号的方向，计算的感热通量全部大于0，但感热通量是有方向的，与湍流垂直传输方向相同。

13.5.2.3　基于莫宁-奥布霍夫相似理论的迭代反演感热通量

当闪烁仪安装距地高度较低时，不可忽略地面粗糙度的影响，感热通量表达为：

$$H=-\rho c_p u_* T_* \tag{13.5}$$

式中，ρ 为空气密度，c_p 为比定压热容，u_* 为摩擦速度，T_* 为温度尺度。根据莫宁-奥布霍夫相似理论可推导得到：

$$\frac{C_T^2(Z_{\mathrm{LAS}}\cdot d)^{2/3}}{T_*^2}=f_T\left(\frac{Z_{\mathrm{LAS}}\cdot d}{L_{\mathrm{MO}}}\right) \tag{13.6}$$

式中，d 是零位移高度，Z_{LAS}是闪烁仪在地表上方的有效高度，L_{MO}为奥布霍夫长度。通用普适函数 f_T 表达式为：

$$\begin{cases} f_T\left(\dfrac{Z_{\mathrm{LAS}}\cdot d}{L_{\mathrm{MO}}}\right)=C_{T1}\left(1-C_{T2}\dfrac{Z_{\mathrm{LAS}}\cdot d}{L_{\mathrm{MO}}}\right)^{2/3} & L_{\mathrm{MO}}<0 \\ f_T\left(\dfrac{Z_{\mathrm{LAS}}\cdot d}{L_{\mathrm{MO}}}\right)=C_{T1}\left(1+C_{T3}\left(\dfrac{Z_{\mathrm{LAS}}\cdot d}{L_{\mathrm{MO}}}\right)^{2/3}\right) & L_{\mathrm{MO}}>0 \end{cases} \tag{13.7}$$

式中，C_{T1}、C_{T2}和 C_{T3}均为经验常数。

摩擦速度可以通过风速数据 u 及表面粗糙度 z_0 估算：

$$u_* = \frac{k_v u}{\ln\left(\frac{z_u - d}{z_0}\right) - \Psi_m\left(\frac{z_u - d}{L_{MO}}\right) + \Psi_m\left(\frac{z_0}{L_{MO}}\right)} \tag{13.8}$$

式中,z_u 是风速传感器安装高度,$k_v \approx 0.4$ 为冯卡曼常数,Ψ_m 是动量的积分稳定性函数:

$$\begin{cases} \Psi_m\left(\frac{z_0}{L_{MO}}\right) = 2\ln\left(\frac{1+x}{2}\right) - 2\arctan(x) + \frac{\pi}{2} & L_{MO} < 0 \\ \Psi_m\left(\frac{z_0}{L_{MO}}\right) = -5\,\frac{Z_{LAS}}{L_{MO}} & L_{MO} > 0 \end{cases} \tag{13.9}$$

式中,$x = \left(1 - 16\,\frac{Z_{LAS}}{L_{MO}}\right)^{1/4}$,$L_{MO}$是奥布霍夫长度:

$$L_{MO} = \frac{u_*^2 T}{g k_v T_*} \tag{13.10}$$

$$T_* = \frac{-H}{\rho c_p u_*} \tag{13.11}$$

至此,感热通量 H 可以通过上述一系列公式迭代计算出来。一般假设认为,白天大气不稳定层结条件下,$L_{MO} = -1000$ 开始,夜晚大气稳定层结条件下,$L_{MO} = 1000$ 开始,当 $L_{MO} - L'_{MO}$小于某个设定阈值,迭代结束。此算法中 L_{MO}的正负是根据里查德森大气稳定度判据,通过上下两层温度传感器观测的温差进行判断。当下层气温大于上层气温,L_{MO}为负,H 为正,代表湍流从地表向大气传输;当下层气温小于上层气温,L_{MO}为正,H 为负,代表湍流从大气向地表传输。

13.5.2.4 蒸散的估算

根据地表能量平衡方程有:

$$R_n = H + L_v E - G \tag{13.12}$$

式中,R_n 为净辐射,$L_v E$ 为潜热通量,G 为地表热通量,E 为蒸散,L_v 为当前气象条件下的汽化潜热(一般为常数)。R_n、G 为设备观测,H 为 1.5.2.3 内容计算,根据式(13.12),可实现 $L_v E$ 与 E 的估算。

13.5.3 对比分析

13.5.3.1 自由对流法与迭代法感热通量对比

进行算法研发理论设计与研发后,开展基于莫宁-奥布霍夫相似理论迭代法(以下简称“迭代法”)与自由对流法计算感热通量的对比分析。根据荷兰 Kipp&Zonen 进口设备说明手册,在大气不稳定的白天,真实感热通量 H 与自由对流法感热通量H_{free}之间应满足图 13.6 中的理论关系,H 应大于H_{free}。图 13.7 为研发的迭代法感热通量与原天津厂使用的自由对流法感热通量对比图,图中显示在白天条件下计算结果与图 13.6 相似,H 普遍大于H_{free},证明研发的算法合理。此外,相比H_{free}的标量,研发的算法计算的 H 存在正负符号,即在大气不稳定的白天,H 为正;在大气稳定的夜间,H 为负,符合大气物理规律。

13.5.3.2 与涡度相关仪感热通量对比分析

为了对大孔径闪烁仪感热通量进行验证,试验在乌兰察布同址建设了涡度相关仪设备进行百米级感热通量观测 H_EC,与大孔径闪烁仪观测系统的对比分析。为进一步对比自由对流法与迭代法感热通量,分别与涡度相关仪感热通量进行横向对比,两者相关系数 R 见表

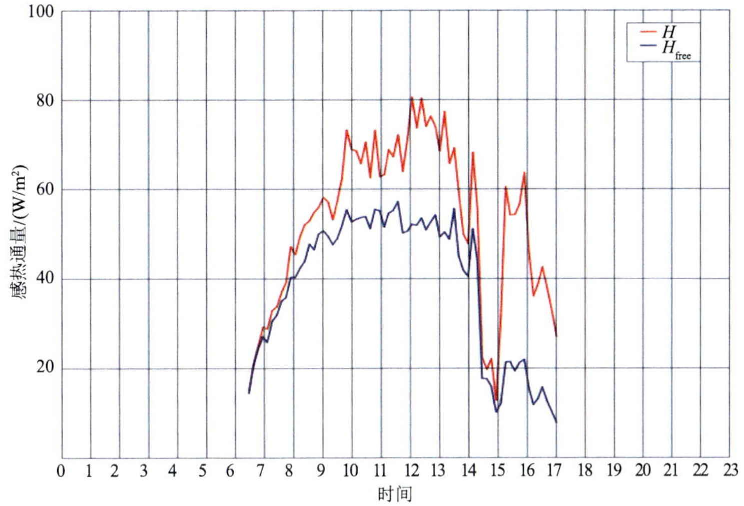

图 13.6　真实感热通量与自由对流法感热通量理论关系

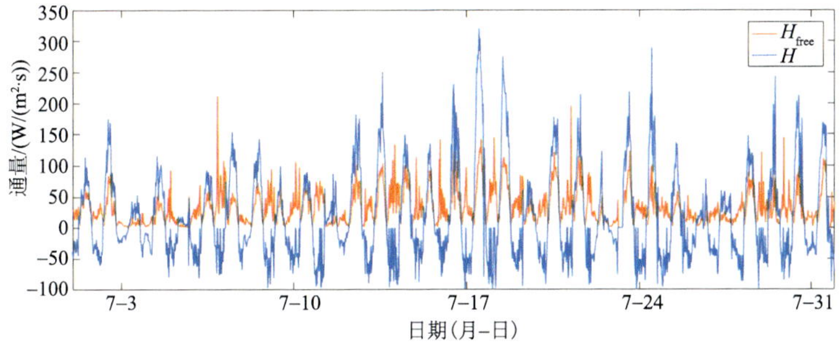

图 13.7　自由对流法感热通量与迭代法感热通量对比

13.1。比对结果 H 与 H_EC 之间的相关性远大H_{free}与 H_EC 之间的相关性，说明了 H 比 H_{free}更合理、更准确。

表 13.1　两种方法感热通量与涡度相关仪趋势对比

感热通量	H_EC
H	0.81
H_{free}	0.45

试验同时也在鹤壁开展了横向比对，进行大孔径闪烁仪与涡度相关仪感热通量与潜热通量的对比分析。图 13.8 为鹤壁站 2021 年 4 月 24 日、4 月 26 日、5 月 3 日、5 月 9 日、5 月 21 日、5 月 30 日共 6 d 闪烁仪与涡动相关仪的感热、潜热通量对比图。由于通量测算通常取某一时间段的均值作为该地某段时间内的通量值，故将原始结果进行一次滑动平均滤波，采用 4 阶 Savitzky-Golay 滤波器，设置窗口宽度为 100，结果表明大孔径闪烁仪算得的感热通量、潜热通量趋势与涡动相关仪基本一致，且闪烁仪测量值多略高于涡动相关仪测量值，这与 C. V. Randow 等在雨林中测试得到的结论是一致的，他们在亚马逊热带雨林中分别使用闪烁仪与涡动相关仪进行通量探测，结果发现涡动法测算值总是低于闪烁仪法，且近地面层湍流强

度较强时,大孔径闪烁仪的观测效果比涡动法更好。

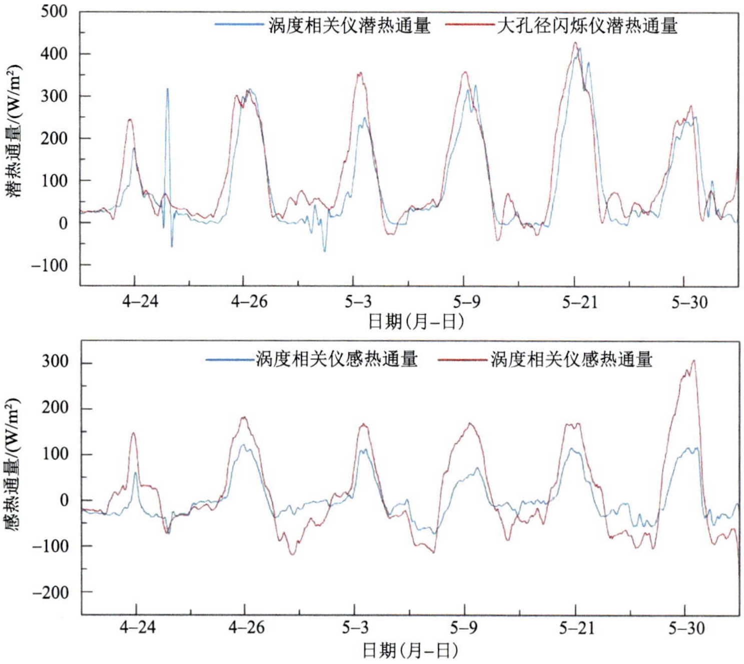

图 13.8 鹤壁外场闪烁仪与涡动相关仪的感热、潜热通量对比图

闪烁仪法与涡动法测算结果的相关系数计算结果如图 13.9 所示,闪烁仪与涡动相关仪的感热通量相关系数均在 0.8 以上,最高达 0.93,均值为 0.87,属于高度相关,闪烁仪与涡动相关仪的潜热通量相关系数均在 0.81 以上,最高达 0.94,均值为 0.89,属于高度相关。由此可以看出研发的迭代算法计算感热、潜热通量均十分合理有效。

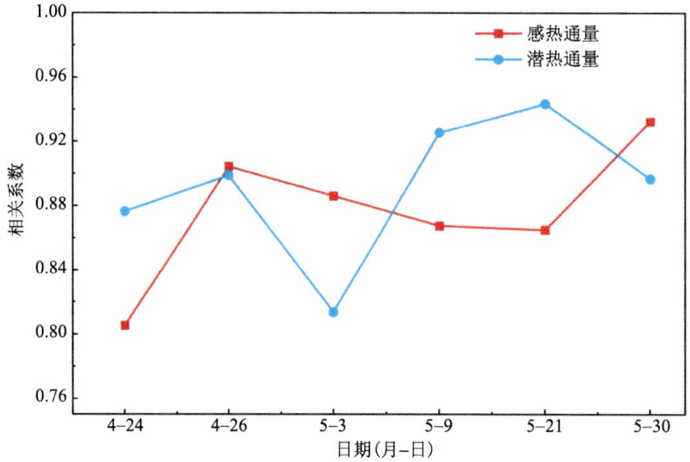

图 13.9 鹤壁站感热、潜热通量 LAS-EC 相关系数

平均误差计算结果如图 13.10 所示,感热通量的误差仅在 5 月 3 日出现负数,其余日期均为正值,且误差均值为 13.33 W/m^2,潜热通量误差均为正值,且误差均值为 20.94 W/m^2,通

过定量的方法验证了前文所述结论，即闪烁仪测量通量通常大于涡动相关仪测定结果，涡动相关法的能量闭合率及两种仪器测量的源区重合程度是造成误差的主要原因。

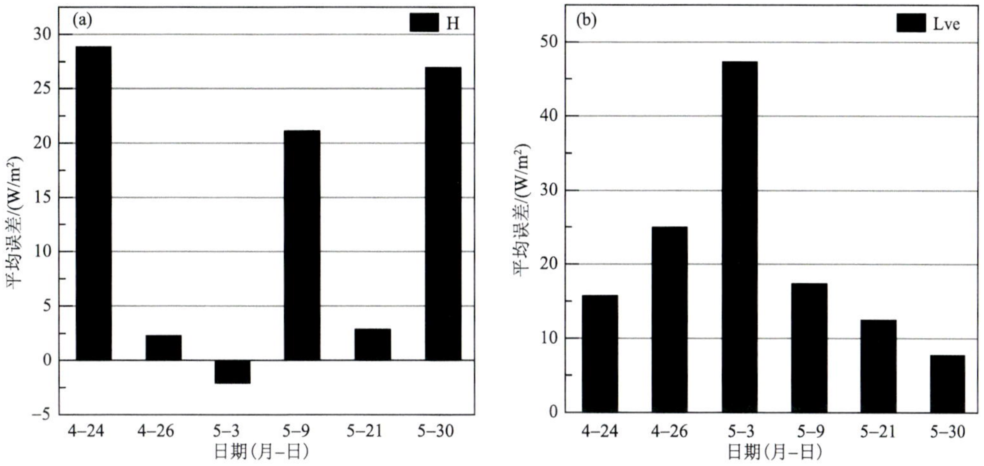

图 13.10　鹤壁站感热(a)、潜热(b)通量平局误差结果

13.5.3.3　闪烁仪与 MODIS 蒸散对比分析

图 13.11 所示为乌兰察布闪烁仪与 MOD16A2 产品测得潜热通量数据对比图。由图可见，MOD16A2 产品与地面闪烁仪测得的潜热数据趋势一致，两曲线相关度为 0.78，属于中高度相关，说明研发的算法能够反映像元尺度地面潜热通量的变化趋势。但 5 月 1 日后地面测得的潜热通量增长较快，这是由于 5 月气温升高，降水量增加，植物蒸腾量及土壤水分蒸发量变大，由于水的相变带来的潜热通量相应增加。而 MOD16A2 产品在此后增长较缓，至 6 月初才有明显上升，且仍与地面数据有一定差距。分析误差产生的原因有利于卫星遥感产品对算法、观测手段进行改进和完善。

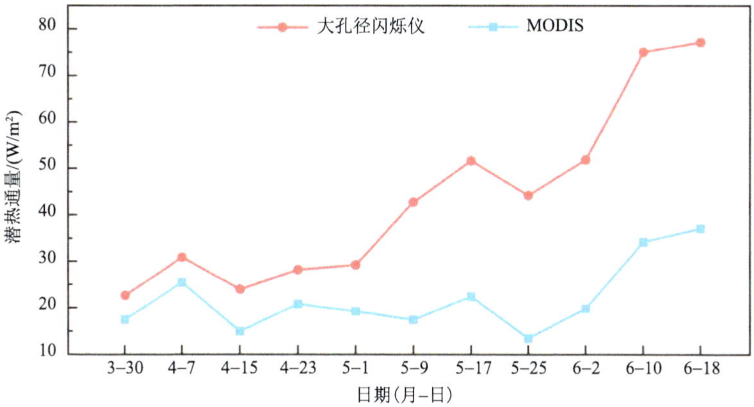

图 13.11　闪烁仪与 MOD16A2 产品潜热通量数据对比

可能的误差来源如下。(1)MOD16A2 产品中每日气象分析资料(GMAO)的时空分辨率较低。空间分辨率为 1.00° ×1.25°，在匹配 500 m×500 m 卫星像元时，尽管产品算法对 GMAO 做空间平滑处理，但对于地面观测站而言，该气象数据空间精度仍较低。且 GMAO 气象数据每 6 h 生产一次，而地面站点气象站数据每分钟更新一次，MOD16A2 的气象分析数

据的时间、空间分辨率都比地面观测站点低。(2)MOD16A2 产品算法非常依赖于土地覆盖类型。MOD16A2 产品依据 BPLUT 表格将地球表面土地覆盖类型分为 16 种,根据不同的土地覆盖类型区分算法,这意味着 MOD16A2 产品逻辑中生物群系特定的生理参数不随空间或时间而变化,且区域蒸散过程中生物群系的各种复杂物理生物过程都被简化。此外,目前 MOD16A2 算法中采用的是 3 a 平滑土地覆盖类型数据集,并不能及时反映真实地表现状。(3)MOD16A2 产品中使用的 MOD15A2H 及 MCD43A3 产品涉及绿叶面积指数、地表反照率等参数,这两款产品受云层遮挡、气溶胶污染等干扰较大,给产品输入数据带来误差。(4)MOD16A2中计算潮湿植被冠面潜热通量时采用了 Biome-BGC 模型,而 Biome-BGC 模型是由 Forest-BGC 模型发展而来,对森林生态系统的模拟可能更为准确,本次研究乌兰察布站的下垫面类型为草地,模型匹配度带来的误差不可避免。

13.5.3.4 闪烁仪观测蒸散与降水、气温对比

图 13.12 为 2022 年 6 月 15 日—7 月 5 日乌兰察布站大孔径闪烁仪蒸散产品与该地区降水和气温的时间序列图,下垫面类型为草地。结果显示该地区下垫面蒸散量远远大于降水量,整体呈现干旱状态。蒸散和气温保持很好地一致性,降水来临时,气温降低,蒸散减少;雨后放晴后,蒸散大于降雨前的蒸散,这是因为降雨后土壤湿度增加,说明无雨期该地区下垫面存储水量无法满足当地气候条件的最大蒸散能力,也说明了该地区比较干旱。

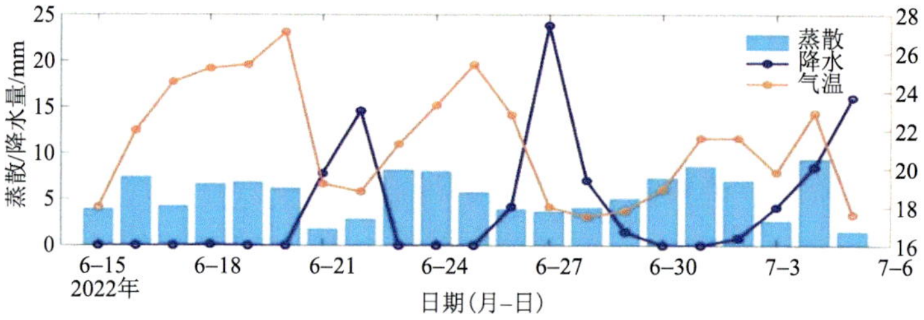

图 13.12 闪烁仪观测蒸散发与降水、气温对比图

图 13.13 为基于大孔径闪烁仪蒸散产品与卫星遥感叶面积指数的土壤水蒸发与植被蒸腾的分离产品。因为观测时期的草地叶面积指数较低(0.4),因此该地区土壤水蒸发量大于植被蒸腾量。

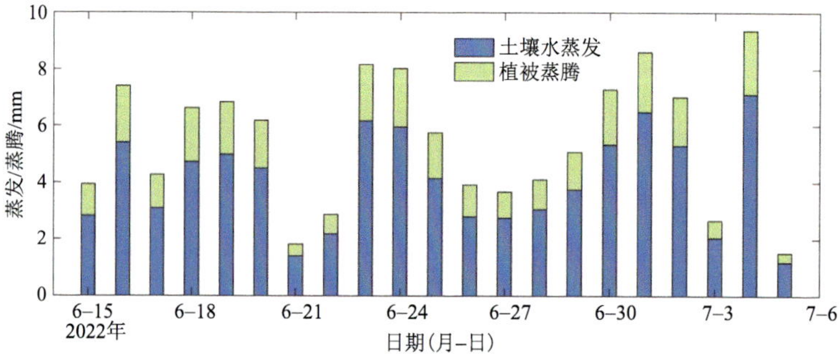

图 13.13 闪烁仪观测蒸散发土壤水蒸发与植被蒸腾分离图

13.6　主要结论

(1)国产大孔径闪烁仪运行稳定性较高,满足业务运行的要求。

(2)经与进口大孔径闪烁仪对比证明,国产大孔径闪烁仪数据质量较高,一致性较好。

(3)经开展与涡度相关通量观测仪、MODIS 卫星遥感产品的横向对比,证明了基于莫宁-奥布霍夫相似理论和地表能量平衡的感热通量、潜热通量和蒸散量算法较为合理,符合大气物理规律,能够真实反映陆气热通量交换的实际情况。

(4)基于大孔径闪烁仪的蒸散量观测在干旱监测与评估、植被和作物生长等方面有较高应用潜力。

13.7　业务应用

根据《综合气象观测业务发展"十四五"规划》,"十四五"期间在全国范围内 35 个农业气象试验站各建设 1 套蒸散量观测系统,该系统以国产大孔径闪烁仪为和核心设备组成,实现不同农作物下垫面实际蒸散量实时观测,对农业气象干旱监测和粮食安全保障等提供基础数据支撑。

第 14 章 不同典型生态下垫面的物候观测试验

物候自动观测仪主要基于物联网智能感知、图像处理、多通道光量子测量、三维激光测量和人工智能边缘计算等技术,可以实现对草地、荒漠、湿地、农田和森林等不同生态功能下垫面的反射率、覆盖度、相对绿度、绝对绿度、高度、群落结构、物候期、动物物候种类等观测,创新性实现植被结构、生长状况、动植物物候的长期、自动、客观、高频次和定量化连续观测。自 2021 年 5 月开始在内蒙古、广西和福建等 20 个地点开展物候观测试验,试验所在下垫面分布于中温带、暖温带和亚热带等气候带。参试设备已稳定运行近 2 a,测量结果均满足测量性能要求。通过整理分析,数据到报率超过 88%,设备运行可靠。数据经预处理、质控、算法优化等流程后,得到六大类 3 级 23 种物候应用产品,可为应对气候变化、生态系统响应评估、生态环境质量监测、地上生物量及碳循环测算、生态系统生产力计算、卫星物候产品验证等提供基础数据。

14.1 试验目的

物候学主要研究动植物生命中周期性事件以及这些事件受气候季节性和年际变化影响,其中植物物候对理解和预测陆地生物圈对气候变化响应起着关键作用。为实现对不同典型下垫面植物物候多样性的观测及认识,并对风云系列卫星植被物候提取信息的地面真实性检验,提高对植被物候进行长期、自动、连续观测的能力和精度,开展本试验。

14.2 试验内容

(1)开展不同纬度、海拔、气候条件及下垫面的物候自动观测仪应用试验;

(2)研发适用于自动监测植被生长状况、植被物候、动物物候的实时及长期动态变化的客观定量算法;

(3)提出和完善针对植被时间序列图像数据的处理算法;

(4)研究植被监测图像数据提取绿度的质量控制算法,去除干扰因素造成的数据误差,从而实现植被物候的精确观测。

14.3 技术路线

(1)通过在植被冠层架设图像传感器,利用深度学习方法计算出植被盖度;

(2)通过布设激光点云传感器,计算得到植被冠层、群落结构信息;

(3)通过在植被冠层架设激光传感器,利用激光测距原理,利用数学三角变换,实现冠层高度测量;

(4)通过布设一定数量的具有 3 通道的传感器,实现 NDVI(归一化植被指数)的测量,且可计算出植被指数、比值植被指数等多种植被指数;

(5)利用图像数据提取的植被相对绿度指数 GCC、绝对绿度指数 GEI、植被物候期等参数,人工观测结果与设备观测比较;

(6)利用 FY-3C 或 FY-3D 计算归一化植被指数(NDVI),并考虑与地面观测数据的时间、空间匹配,建立检验方法和模型;

(7)利用人工智能技术,通过拾音器对鸟鸣等的观测,能够识别多种鸟鸣类型。

14.4　试验布局

植物物候测量根据观测视野范围的大小可分为叶片物候(Foliage phenology)、冠层物候(Canopy Phenology)及群落物候(Community phenology)及景观物候(Landscape phenology)。植物物候测量的尺度从厘米级的植物器官到千米级的景观,尺度跨度很大,并不存在一种仪器能够满足所有尺度物候观测的需求。人工物候观测通常关注植物(包括作物)器官水平的观测,卫星观测通常关注植被景观尺度的观测。新型的植被物候自动观测仪关注的是植物冠层及群落水平的观测,具有连接器官尺度与景观尺度物候观测的作用,其采用的近地表遥感多元技术近年来被世界各国日益广泛地采用。

2021 年以来,在全国不同纬度、海拔、下垫面、气候条件的地区,陆续开展 20 个站点的业务试用。20 个站点具备高低纬度、高低海拔、高温、高寒、高湿、干旱等多种环境条件,以及草原、林地、荒漠、山地等多种下垫面类型。具体见表 14.1、图 14.1。

表 14.1　植被生态仪 20 个站点信息

序号	试用单位	地点	下垫面	地表植被
1	内蒙古自治区大气探测技术保障中心	阿鲁科尔沁旗	草地	羊草
2		鄂温克旗	草地	羊草
3		阿拉善盟孪井滩	草地(荒漠化)	蓝羊茅
4	河北雄安新区气象局	东涝店	林地	果树
5		雄安高铁站	林地	果树
6		秀林驿站	林地	松柏
7	广西壮族自治区气象技术装备中心	崇左扶绥甜蜜之光	农田	甘蔗
8		河池都安国家地址公园	林地(环山)	果树
9		来宾金秀大瑶山	林地(环山)	云杉
10		百色平果果化岩溶基地	农田(环山)	火龙果
11	四川省气象探测数据中心	巴中黄连滩	林地	柚子/橘树
12		攀枝花仁和芒果示范园	林地(山坡)	芒果树
13		雅安荥经熊猫放归基地	林地(山顶)	金钱蒲
14	福建省气象科学研究所	龙岩长汀来油坑	林地(山顶)	松柏
15		武夷山国家森林公园	林地(山坡)	茶树
16		永安天斗山清新福地	林地(山坡)	竹林
17	安徽省大气探测技术保障中心	宣城周王茶厂	田地	茶树
18		寿县观象台	田地	水稻/小麦
19		合肥农气站	田地	油菜
20		宿州埇桥区	田地	小麦/玉米

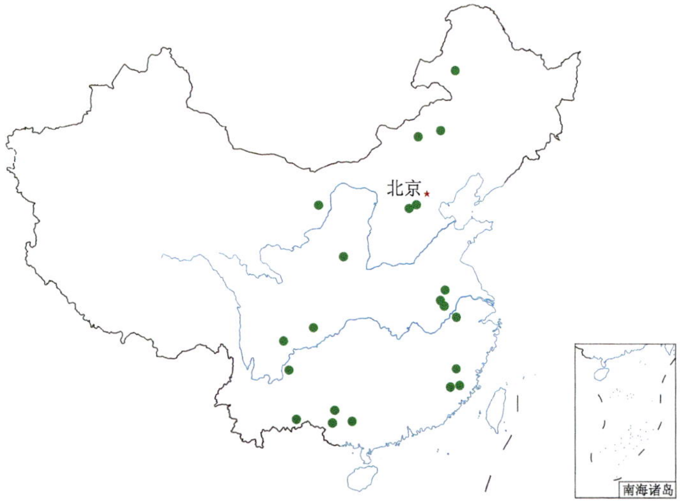

图 14.1 物候自动观测仪试验点分布

14.5 试验分析

14.5.1 数据准确性评估

物候期识别评估,试点站的下垫面包含农田、草地。

14.5.1.1 安徽宿州 Z0017 农田(小麦)物候期

一个完整周期的小麦物候期人机平行观测对比,越冬期前识别效果好于越冬期后,物候期误差天数均在 3 d 以内,越冬后返青期误差较高(表 14.2、图 14.2)。

表 14.2 小麦物候期人工与自动观测的比较

发育期	人工观测(年-月-日)	自动观测(年-月-日)	误差
出苗	2021-11-22	2021-11-22	0
三叶	2021-12-08	2021-12-07	1
分蘖	2021-12-14	2021-12-16	2
越冬开始	2021-12-27	2021-12-27	0
返青	2022-02-23	2022-02-19	4
拔节	2022-03-26	2022-03-24	3
抽穗	2022-04-10	2022-04-14	3
开花	2022-04-19	2022-04-20	1
乳熟	2022-05-15	2022-05-16	1
成熟	2022-05-28	2022-05-26	2

14.5.1.2 安徽宿州 Z0017 站农田(玉米)

一个完整周期的玉米物候期人机平行观测对比,出苗期、三叶期、开花期和吐丝期等效果可以满足指标要求,平均误差≤3 d(表 14.3)。

出苗

三叶

分蘖

越冬开始

返青

拔节

抽穗

开花

乳熟

成熟

图 14.2　小麦物候期图片

表 14.3 玉米物候期人工与自动观测的比较

发育期	人工观测(年-月-日)	自动观测(年-月-日)	误差
出苗	2021-06-10	2021-06-10	0
三叶	2021-06-12	2021-06-15	3
七叶	2021-06-24	2021-06-26	2
拔节	2021-07-08	2021-07-07	1
抽雄	2021-07-30	2021-07-29	1
开花	2021-07-31	2021-07-29	2
吐丝	2021-08-04	2021-07-31	4
乳熟	2021-08-22	2021-08-25	3
成熟	2021-09-14	2021-09-18	4

14.5.1.3 阿鲁科尔沁旗(54122)草地冠层高度

对阿鲁科尔沁旗植被冠层高度进行人工观测,通过对比分析观测数据与人工观测对比结果高度一致,数据准确性良好(表 14.4)。

表 14.4 植被高度人工观测值

观测点	人工观测点 1	人工观测点 2	人工观测点 3	人工平均观测高度
植被高度/cm	51	45	39	45

同时刻自动观测的冠层高度数据为 47.85 cm。

14.5.2 数据完整性评估

对 2021 年间 23 台设备试验期间到报率均大于 90%,缺测率均小于 10%,其中有 16 台设备所有数据到报率均在 95%以上,缺测率小于 5%。其中内蒙古鄂温克旗和四川雅安熊猫放归基地的通信基站采用太阳能供电,冬季由于基站亏电,导致设备到报率较低(图 14.3)。

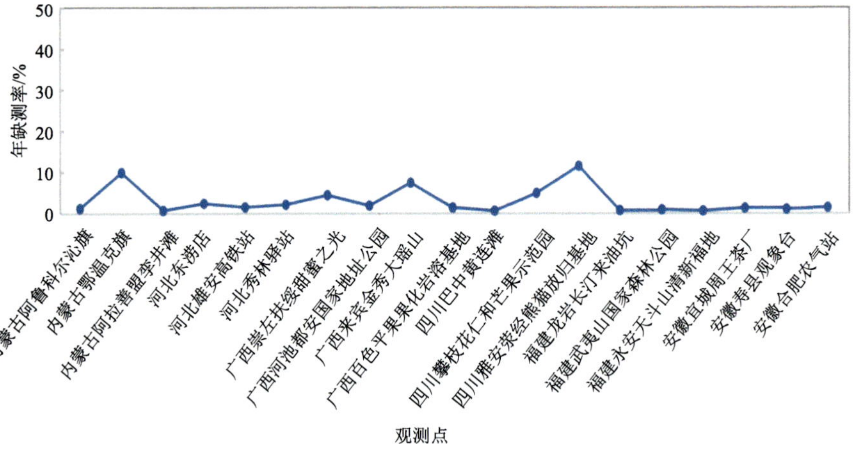

图 14.3 23 套设备 12 个月的数据缺测统计

14.5.3　设备稳定性评估

14.5.3.1　设备运行统计

2021 年外场试验期间，20 台设备无人值守运行，排除由于外界干扰因素造成的故障，运行情况统计见表 14.5。

表 14.5　植被生态仪设备运行故障情况

序号	地点	故障次数	故障情况
1	阿鲁科尔沁旗	0	
2	鄂温克旗	1	植被指数通信故障
3	阿拉善盟孪井滩	0	
4	东涝店	0	
5	雄安高铁站	0	
6	秀林驿站	0	
7	崇左扶绥甜蜜之光	0	
8	河池都安国家地址公园	0	
9	来宾金秀大瑶山	0	
10	百色平果果化岩溶基地	0	
11	巴中黄连滩	0	
12	攀枝花仁和芒果示范园	1	激光点云传感器供电故障
13	雅安荥经熊猫放归基地	1	植被指数通信故障
14	龙岩长汀来油坑	0	
15	武夷山国家森林公园	0	
16	永安天斗山清新福地	0	
17	宣城周王茶厂	0	
18	寿县观象台	0	
19	合肥农气站	1	图像传感器故障
20	宿州埇桥区	1	

14.5.3.2　设备运行故障分析

设备运行故障分析情况见表 14.6。

表 14.6　故障类型和原因

故障类型	原因分析
植被指数通信故障	AD 模块故障
激光点云传感器故障	供电模块故障
图像传感器故障	传感器球罩进水

14.5.3.3　设备运行稳定性情况

故障时间：总试验时间 2160×23＝49680 h，大于 9.3×5000＝46500 h，23 台设备出现故障 4 次，小于拒收判决故障数 5，满足平均故障间隔时间（MTBF）5000 h 要求。

供电:太阳能供电,运行期间蓄电池始终处于正常工作状态,未出现亏电或因电量不足导致故障的情况。

通信:采用 4 G 路由器作为无线传输单元,经过长期实践验证,在移动信号稳定地区,数据传输顺畅。

14.5.4 物候图像传感器

已经逐步完成 23 个站点图像数据提取的植被相对绿度指数 GCC、绝对绿度指数 ExG、植被物候期等参数工作,具体方法如下。

14.5.4.1 图像数据质量控制

(1)通过每个时间序列的视觉检查,剔除明显不合格的图像,通过相邻时间色调不一致的数据进行评估,判断可用性。完成 23 个站点数据下载与数据质量检验工作,初步建立物候自动观测数据库,实现了可以查看任何时间点所建站点的物候状态,可以得到所属站点植被颜色的定量数据。

(2)数据质量类型。图像数据质量问题划分为以下一些类型:安装调试图片;坏图(全黑);障碍物遮挡;图片重复;文件名错误;雨水沾到镜头;雾天影响;阴天。

14.5.4.2 物候期提取原理及方法

(1)基本原理:基于植被颜色是其物候状态代表,采用分析图片(RGB)比重,计算植被绿度指数 GCC,形成 GCC 时间序列后从时间序列中提取物候期。常用的时间序列提取物候期的方法分为两类:①先曲线拟合,再求二阶导数,由导数极大值确定物候期;②单阈值方法(由 3 d 滑动平均达到阈值来确定,本项目采用该方法)。

(2)具体流程如图 14.4 所示。

步骤一、读取图片:读取每一个合格的图像数据,从文件名中获取日期和当地时间。

步骤二、质量检测;

步骤三、选取感兴趣区域(ROI):根据摄像机拍摄角度,从斜拍、直拍获取的观测图片进行分类,分别对上述图片最能表征植被类型的区域进行选择,便于后面的图像分析。

步骤四、针对所选区域 ROI,分别计算对应 R、G、B 颜色通道的颜色分量值,并得到相应的 GCC、RCC、BCC 和 ExG。相对绿度 GCC、相对红度 RCC、相对蓝度 BCC 和绝对绿度 ExG 的定义分别为:

$$\mathrm{RCC}=\frac{R}{R+G+B} \tag{14.1}$$

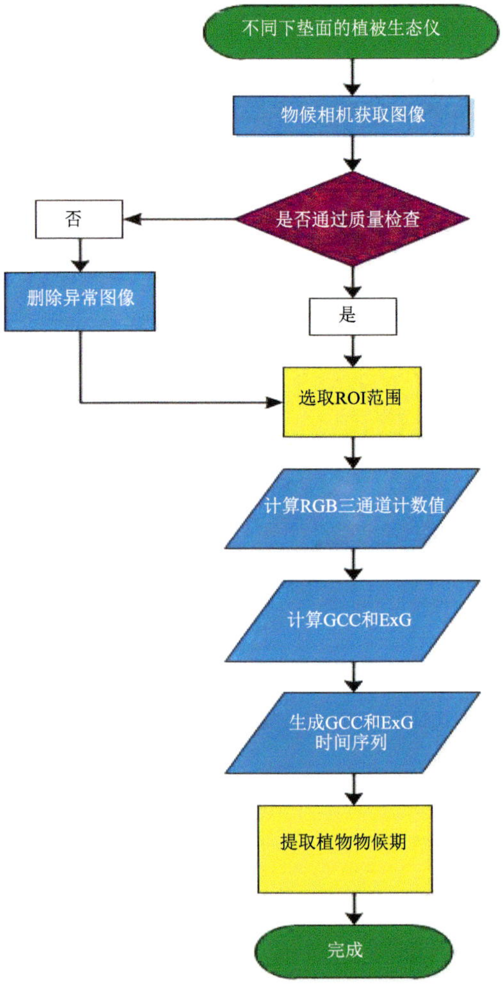

图 14.4 数字图像提取物候指标流程图

$$GCC=\frac{G}{R+G+B} \tag{14.2}$$

$$BCC=\frac{B}{R+G+B} \tag{14.3}$$

$$ExG=2G-R-B \tag{14.4}$$

式中，R、G、B 分别所选区域 ROI 范围内对应像素中红、绿、蓝颜色的计数值的平均。

步骤五、由每日图像中计算提取 GCC、RCC、BCC、ExG 值，形成各自绿度值的时间序列。

步骤六、为减少数据噪音影响，对计算的数据进行 3 d 平均、10 d 平均，获得最佳平滑曲线。

14.5.4.3　样例分析

去除质量问题样例，进行图像物候提取，样例分析如下。

(1)安徽油菜 GCC(相对绿度)

首先，确定感兴趣区 ROI 的位置如图 14.5 所示。

图 14.5　数字相机得到油菜 ROI 图像

按照合肥地区油菜往年生长经验，过冬幼苗开始生长始于 1 月下旬到 2 月上旬，现蕾—抽薹时间较长，基本在 2 月中旬到 3 上旬，油菜开花初期在 3 月中旬，盛花期基本在 3 月下旬到 4 月初，4 月上旬后期开始，油菜陆续进入开花末期，随之进入绿熟—成熟期阶段，一直到 5 月上旬油菜收获，通过图 14.6 综合显示，人工观测平均物候期与数字相机采集的图像基本与安徽合肥地区往年油菜的各个生长阶段基本吻合，但是人工物候观测区间却存在很大不同，这种较大的误差尤其是在前期物候观测中尤其突出，究其原因还是由于人工观测的标准不同，观测人员对各生长阶段主观认知不同造成的。由于数码相机 2021 年采集的

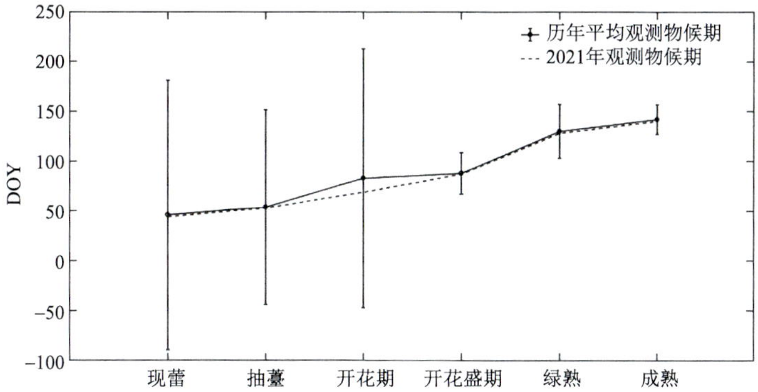

图 14.6　人工物候观测与器测物候比较

图像识别物候期与人工平均物候观测的趋势表现的一致性,因此采用数码相机开展物候观测成为一种趋势,尤其在减小人工观测带来的人为误差、实现物候观测的统一性方面,数码相机完全优于人工观测。

GCC 在表征森林、草原、农田小麦等植被物候阶段有很好的指示意义。但是油菜属于开花期较长农作物,GCC 变化是否能够与生长阶段相对应,需要我们进一步验证。图 14.7 为 2021 年油菜 GCC 的变化趋势分析油菜物候变化的结果。

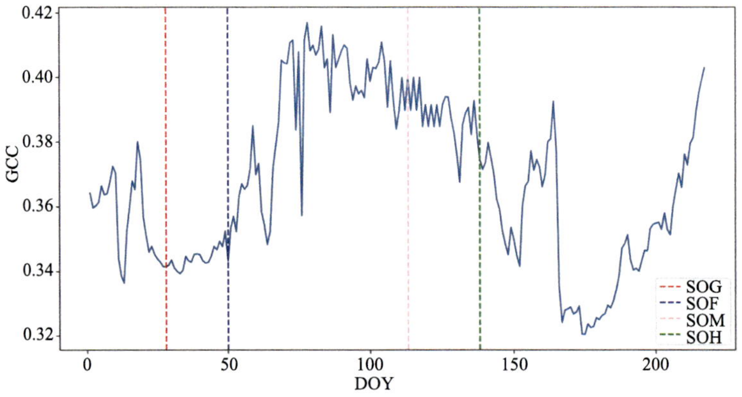

图 14.7 油菜 GCC 变化趋势与各物候期的叠加

绿色虚线为(苗期—蕾薹期)生长始期(SOG,Start of Growth),蓝色虚线为(开花期)开花始期(SOF,Start of Flower),紫色虚线为成熟始期(SOM,Start of Mature)(即角果发育期),浅蓝色虚线为收获始期(SOH,Start of Harvest),GCC 时间序列能够准确显示油菜开始生长及收获的日期,即上升的拐点和下降的终点。由于其开花日期与盛花期出现在绿度峰值两侧,因此对于这两个阶段的指示不能呈现明显的特征,所以针对于有花期的农作物,由于花色的影响只通过 GCC 时间曲线的变化确定生长日期、收割日期比较准确,对于开花初期、开花盛期的具体时间较难确定。

(2)内蒙古草地物候

鄂温克站(50525)垂直和水平相机 GCC 提取草地物候期观测兴趣区(图 14.8)。

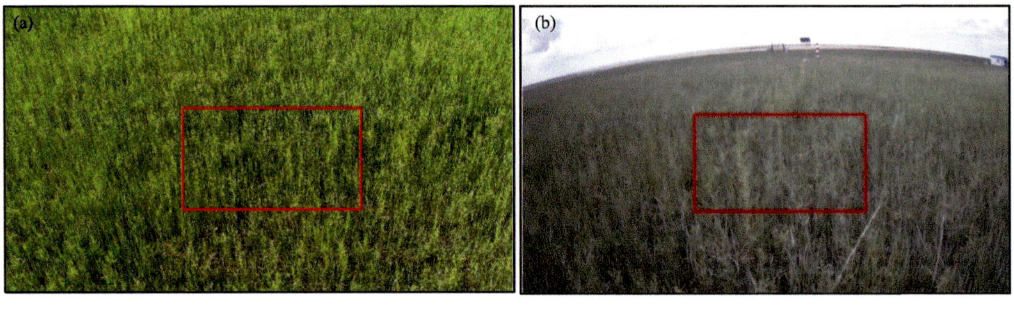

图 14.8 鄂温克草甸垂直向下(a)和水平(b)相机图像的感兴趣区(ROI,红色框内)

通过垂直向下和水平相机图像上感兴趣区(ROI)日平均 ExG、GCC 数据的提取,并与人工观测数据对比发现,草原区牧草返青期(Greenup)与 ExG、GCC 升高存在明显对应,而对于

BCC 和 RCC，则没有这种对应关系。说明基于数字图像的 ExG、GCC 可以监测植被物候期。

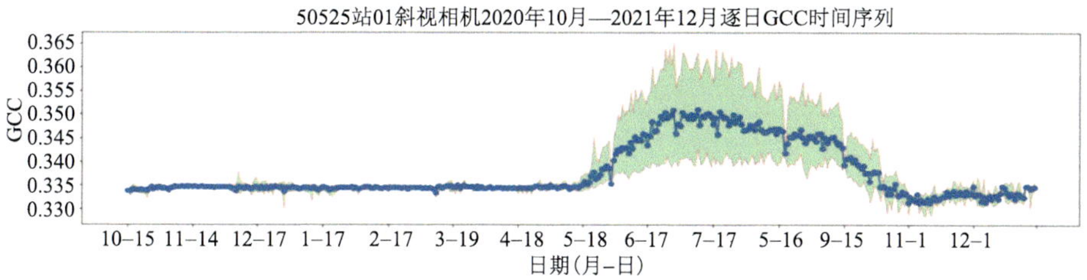

图 14.9　水平相机的 GCC 指数时间序列和质控效果

根据上面物候观测仪图像提取 GCC 时间序列(图 14.9)，去除积雪、风吹、太阳光斑、太阳高度角变化及天气条件影响，由水平相机图像提取的 2021 年鄂温克站草地返青期的时间为 5 月 4 日，而人工观测的返青期为 4 月 29 日，相差 5 d，后续还需进一步研究造成差异的原因及改进的方法。

(3)GCC 与卫星的 NDVI 相关分析

根据上面物候观测仪图像提取 GCC 的时间序列和哨兵 2 卫星提取 NDVI 值的相关性分析(图 14.10)，剔除受有云天气的影响，可见提取的 2020 年 1 月—2021 年 7 月间，物候观测仪得到的相对绿度值 GCC 与哨兵卫星得到的 NDVI 值之间的相关性很好，R^2 为 0.9234，对于卫星植被指数的地面验证提供了可行性。

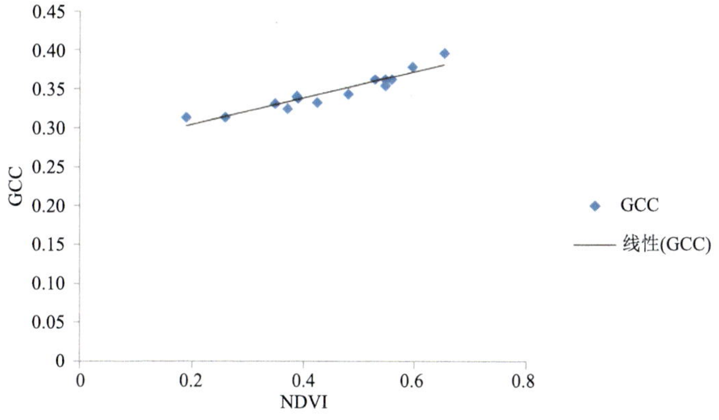

图 14.10　广西金秀物候观测仪 GCC 值与哨兵 2 卫星提取的 NDVI 值散点图

14.5.5　植被指数传感器

NDVI 表示归一化植被指数，是反映农作物长势和营养信息的重要参数之一。根据NDVI 的计算公式 NDVI＝(NIR－R)/(NIR＋R)，NIR 为近红外波段的反射值，R 为红光波段的反射值，NDVI 负值表示可见光高反射，植被有水、雪等覆盖，使近红外波段的反射值小于红光波段的反射值，NDVI 零值表示岩石或者裸土。在做 NDVI 数据初级质控的时候，要剔除负值和零值。下列图 14.11—图 14.14 是 NDVI 数据质量控制的流程图和效果图。

14.5.5.1　质量控制流程

图 14.11—图 14.14 展示了武夷山 NDVI 观测数据从初级质控到跳变值剔除的过程。初级质控根据 NDVI 观测原理，在满足实际探测环境和客观条件情况下，删除负值和零值。在

错误跳变值剔除的过程中,主要基于内部一致性检查和时间一致性的原则,利用样本均值方式剔除错误值,然后利用滤波算法拟合数据绘制曲线。

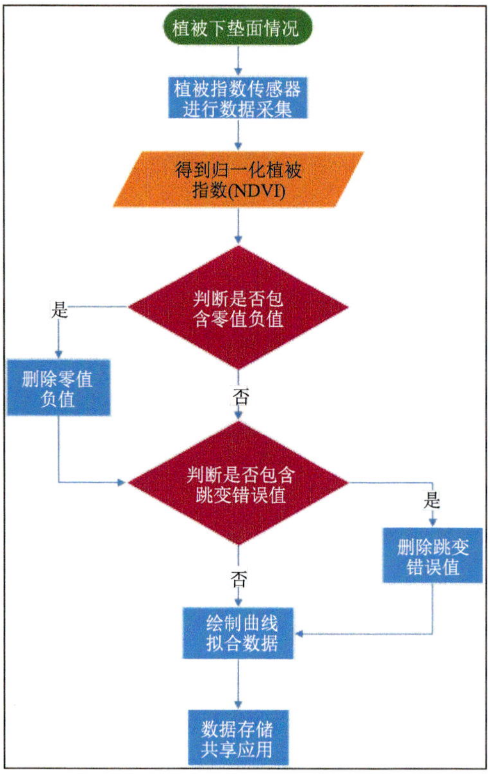

图 14.11 归一化植被指数(NDVI)质量控制流程

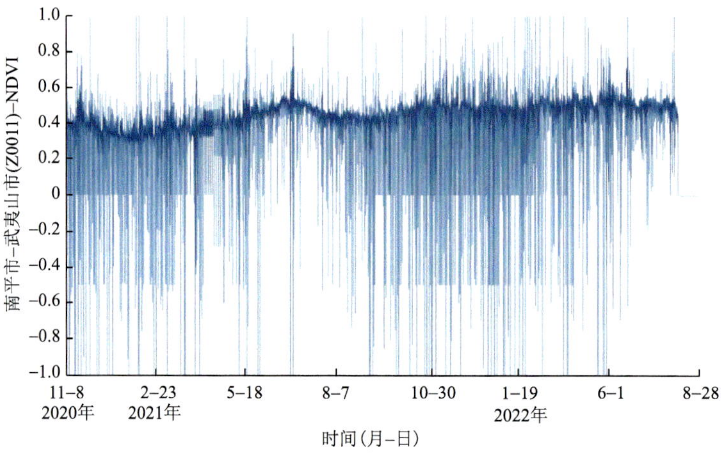

图 14.12 NDVI 观测原始数据

在数据集产品制作过程中,对上述质量控制处理后的可疑数据普遍进行了人工核查,对核查后明确为错误的数据进行了剔除。

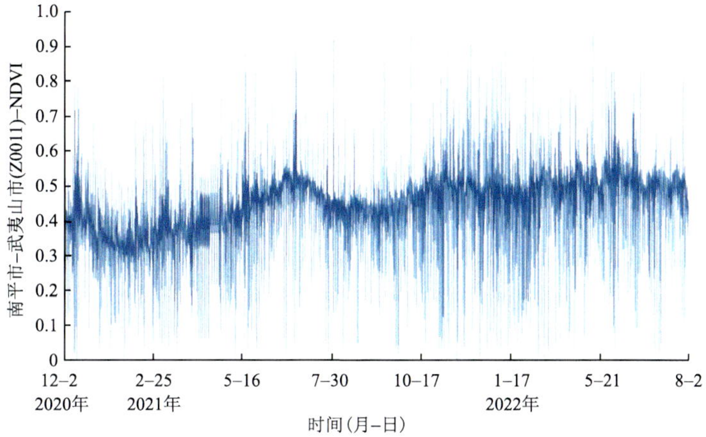

图 14.13　NDVI 观测数据去除负值和零值

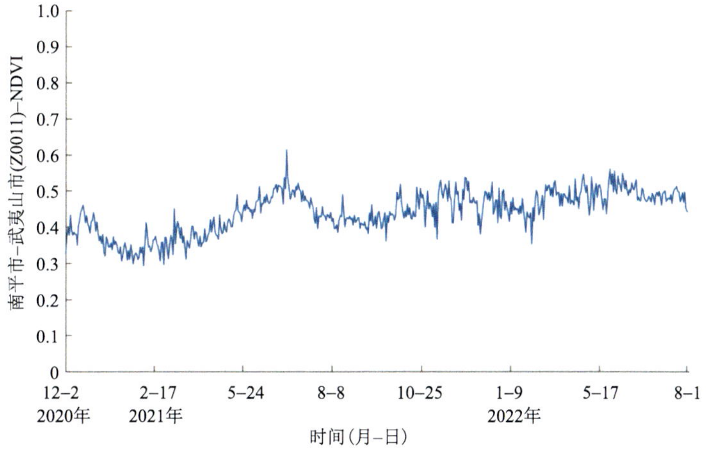

图 14.14　武夷山 NDVI 观测数据剔除跳变值

14.5.5.2　样例分析

(1)2020—2022 年锡林浩特站(Z0002)的 NDVI 时间序列(图 14.15)

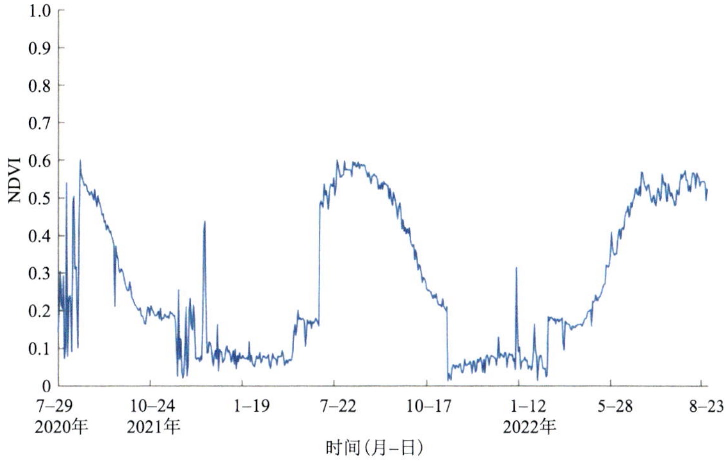

图 14.15　2020—2022 年锡林浩特站(Z0002)的 NDVI 时间序列

(2)合肥站(Z0013)的 NDVI 时间序列(图 14.16)

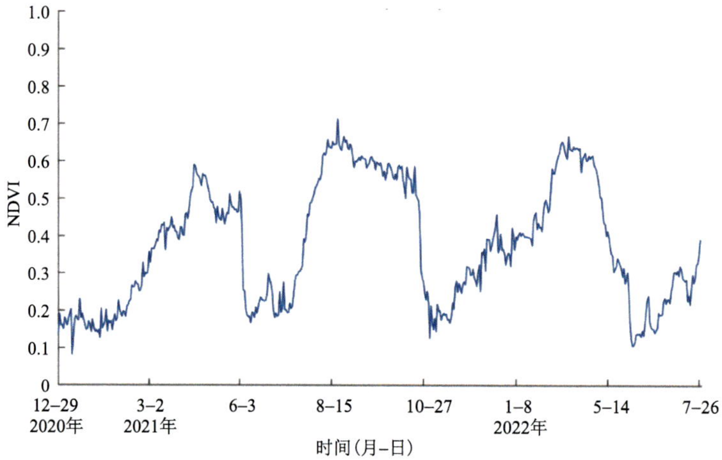

图 14.16 合肥站(Z0013)的 NDVI 时间序列

(3)FY-3D 卫星与植被仪的 NDVI 对比

风云 FY-3D 卫星数据样例(2020 年 8 月 20 日—9 月 10 日)MERSI 传感器的植被指数 NVI 产品的下载和处理,研究提取的 NDVI 植被指数,与地面植被生态仪观测数据的时间、空间匹配,初步结果如图 14.17 所示。

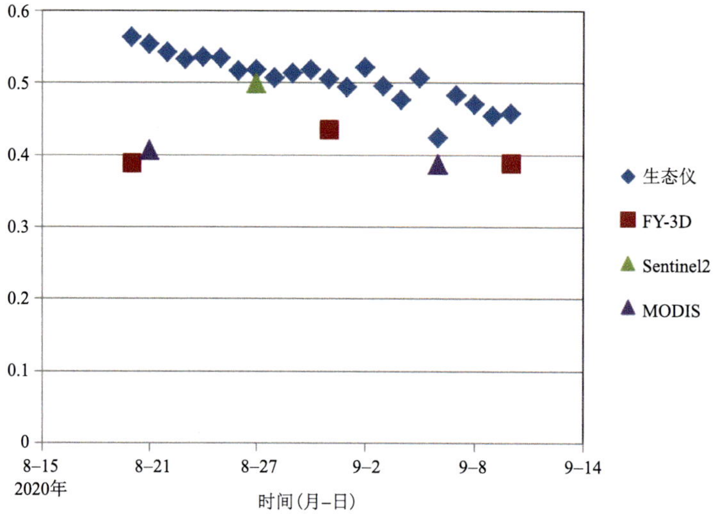

图 14.17 锡林浩特站 2020 年 8 月 20 日—9 月 10 日植被生态仪、FY-3D、Sentinel-2 和 EOS-MODIS 等不同观测来源的 NDVI 值对比

分析表明,FY-3D 的 NDVI 指数与 MODIS 的值接近,而植被生态仪的 NDVI 与 Sentinel-2 的值相近。

14.5.6 植物高度测量

14.5.6.1 植物高度测量方法

三维激光测高仪直接测量的距离是斜边的距离,利用角度传感器测量的角度,结合三角测量法,计算垂直高度即可获取单株冠层的高度(图 14.18)。扫描区域多个点数据形成三维点云，通过点云关键点提取，获取区域冠层高度。

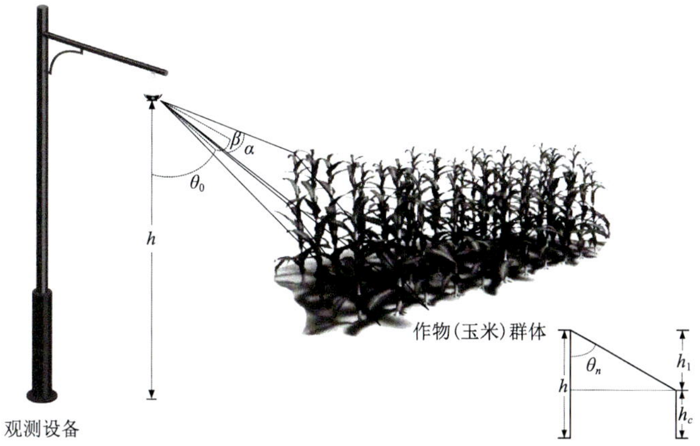

图 14.18 冠层高度测量仪结构图

14.5.6.2 样例分析

比较 2021—2022 年鄂温克站(50525)、广西扶绥站(N7203)冠层高度测量仪与人工观测的植物冠层高度(图 14.19)。结果表明：人工观测可以避开前一年枯萎草的存在，但仪器测量值会受到影响(图 14.19a、图 14.19b)；对比样本的数量和植物类型增加后，人工和仪器测量的相关度依然较高(图 14.19c、图 14.19d)。

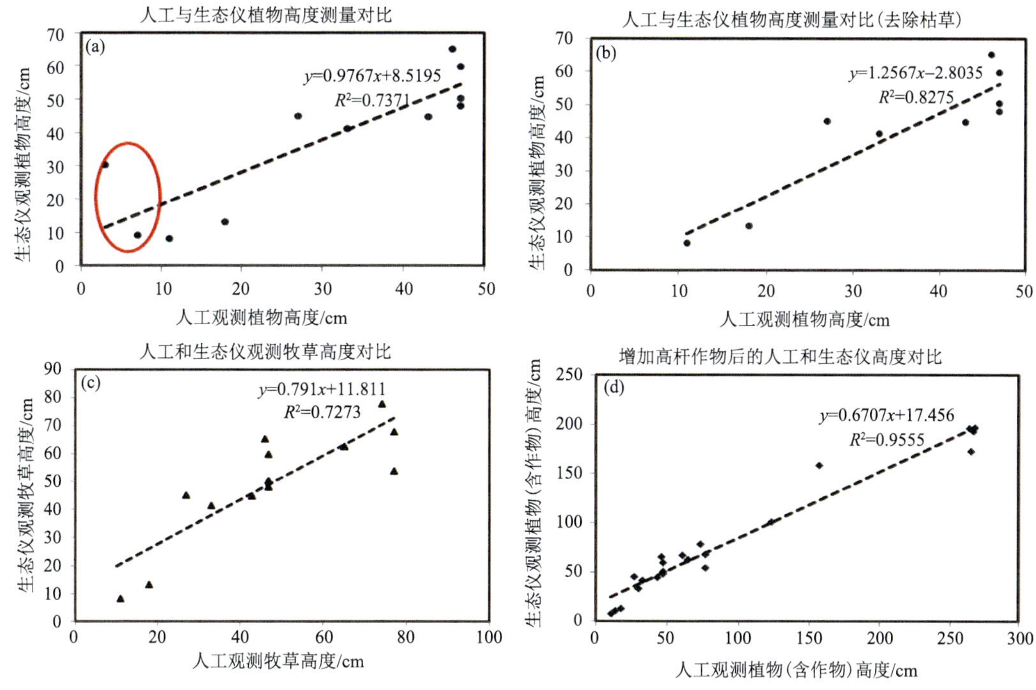

图 14.19 2021—2022 年不同月份试验仪器与人工观测植物高度的对比

14.5.7 植被群落结构

利用三维点云数据处理技术对点云数据滤波、从深度图中提取 NARF 关键点，生成植被冠层分布等高图;利用三维重建技术生成植被群落分布三维网格图(图 14.20)。

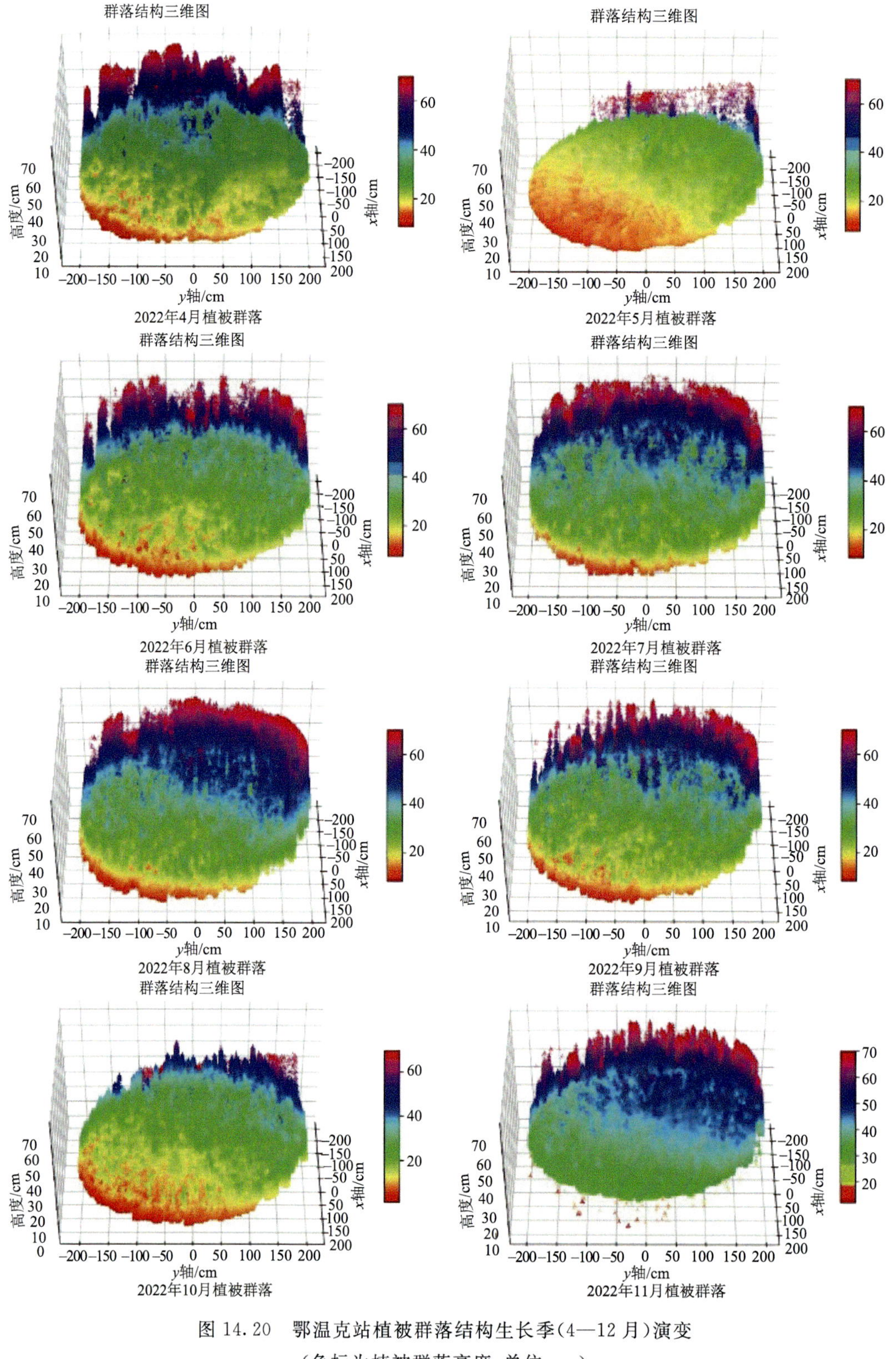

图 14.20 鄂温克站植被群落结构生长季(4—12 月)演变

(色标为植被群落高度,单位:cm)

鄂温克站属于温带草甸草原，点云激光雷达(LiDAR)设备可以监测到草地植被群落在生长季前期、生长季和生长季后期的变化。2022 年 4 月，设备周围仍有前一年生长季长高后留存下来的枯草，传感器视场内部分牧草的高度超过 60 cm。到了 5 月，观测值班员将枯草清除后，大部分牧草的高度在 30 cm 以下。6—9 月草原所在地天气转暖，且雨水条件也更加有利于牧草生长，牧草快速生长，高度在 40 cm 以上株数不断增加，到了 10 月牧草进入枯萎期，高度有所下降。11 月，牧草变干，草茎直立，高度又有所增加。

14.5.8 动物物候传感器

收集自然物候观测 12 种观测对象语音数据，制作成数据集。首先对语言信号进行加窗分帧，然后做短时傅里叶变换，提取语言信号频谱特征，生成语谱时频图像，利用基于深度卷积神经网络的图像分类方法进行语音分类，生成识别模型，精确识别语音信号。

鄂温克站(50525)监测结果见图 14.21、图 14.22，2021 年物候观测仪记录到的昆虫开始鸣叫时间为 5 月 9 日，记录到的最后鸣叫时间是 8 月 19 日，2022 年物候观测仪记录到的昆虫开始鸣叫时间为 5 月 17 日，记录到的最后鸣叫时间是 7 月 5 日。

监测时间	站点名称	站点ID	设备名称	物候	当前节气(	音频地址(null)
2021-05-09	鄂温克族自治旗	50525	植被生态	昆虫	立夏	http://39.97.166.211:8894/zbpt/audio/original/50525_20210509200000_TIMING.wav
2021-05-18	鄂温克族自治旗	50525	植被生态	昆虫	立夏	http://39.97.166.211:8894/zbpt/audio/original/50525_20210518050000_TIMING.wav
2021-05-26	鄂温克族自治旗	50525	植被生态	昆虫	小满	http://39.97.166.211:8894/zbpt/audio/original/50525_20210526090000_TIMING.wav
2021-05-26	鄂温克族自治旗	50525	植被生态	昆虫	小满	http://39.97.166.211:8894/zbpt/audio/original/50525_20210526190000_TIMING.wav
2021-05-30	鄂温克族自治旗	50525	植被生态	昆虫	小满	http://39.97.166.211:8894/zbpt/audio/original/50525_20210530140000_TIMING.wav
2021-06-06	鄂温克族自治旗	50525	植被生态	昆虫	芒种	http://39.97.166.211:8894/zbpt/audio/original/50525_20210606160000_TIMING.wav
2021-06-27	鄂温克族自治旗	50525	植被生态	昆虫	夏至	http://39.97.166.211:8894/zbpt/audio/original/50525_20210627130000_TIMING.wav
2021-07-05	鄂温克族自治旗	50525	植被生态	昆虫	夏至	http://39.97.166.211:8894/zbpt/audio/original/50525_20210705170000_TIMING.wav
2021-07-06	鄂温克族自治旗	50525	植被生态	昆虫	夏至	http://39.97.166.211:8894/zbpt/audio/original/50525_20210706050000_TIMING.wav
2021-07-08	鄂温克族自治旗	50525	植被生态	昆虫	小暑	http://39.97.166.211:8894/zbpt/audio/original/50525_20210708050000_TIMING.wav
2021-08-19	鄂温克族自治旗	50525	植被生态	昆虫	立秋	http://39.97.166.211:8894/zbpt/audio/original/50525_20210819230000_TIMING.wav

图 14.21　2021 年鄂温克站动物物候监测结果

监测时间	站点名称	站点ID	设备名称	物候	当前节气(	音频地址(null)
2022-05-17	鄂温克族自治旗	50525	植被生态	昆虫	立夏	http://39.97.166.211:8894/zbpt/audio/original/50525_20220517030000_TIMING.wav
2022-05-19	鄂温克族自治旗	50525	植被生态	昆虫	立夏	http://39.97.166.211:8894/zbpt/audio/original/50525_20220519030000_TIMING.wav
2022-05-21	鄂温克族自治旗	50525	植被生态	昆虫	小满	http://39.97.166.211:8894/zbpt/audio/original/50525_20220521050000_TIMING.wav
2022-05-31	鄂温克族自治旗	50525	植被生态	昆虫	小满	http://39.97.166.211:8894/zbpt/audio/original/50525_20220531190000_TIMING.wav
2022-06-08	鄂温克族自治旗	50525	植被生态	昆虫	芒种	http://39.97.166.211:8894/zbpt/audio/original/50525_20220608070000_TIMING.wav
2022-06-08	鄂温克族自治旗	50525	植被生态	昆虫	芒种	http://39.97.166.211:8894/zbpt/audio/original/50525_20220608110000_TIMING.wav
2022-06-08	鄂温克族自治旗	50525	植被生态	昆虫	芒种	http://39.97.166.211:8894/zbpt/audio/original/50525_20220608160000_TIMING.wav
2022-06-14	鄂温克族自治旗	50525	植被生态	昆虫	芒种	http://39.97.166.211:8894/zbpt/audio/original/50525_20220614130000_TIMING.wav
2022-06-16	鄂温克族自治旗	50525	植被生态	昆虫	芒种	http://39.97.166.211:8894/zbpt/audio/original/50525_20220616030000_TIMING.wav
2022-06-16	鄂温克族自治旗	50525	植被生态	昆虫	芒种	http://39.97.166.211:8894/zbpt/audio/original/50525_20220616130000_TIMING.wav
2022-06-17	鄂温克族自治旗	50525	植被生态	昆虫	芒种	http://39.97.166.211:8894/zbpt/audio/original/50525_20220617160000_TIMING.wav
2022-06-17	鄂温克族自治旗	50525	植被生态	昆虫	芒种	http://39.97.166.211:8894/zbpt/audio/original/50525_20220617200000_TIMING.wav
2022-06-23	鄂温克族自治旗	50525	植被生态	昆虫	夏至	http://39.97.166.211:8894/zbpt/audio/original/50525_20220623040000_TIMING.wav
2022-06-23	鄂温克族自治旗	50525	植被生态	昆虫	夏至	http://39.97.166.211:8894/zbpt/audio/original/50525_20220623060000_TIMING.wav
2022-06-26	鄂温克族自治旗	50525	植被生态	昆虫	夏至	http://39.97.166.211:8894/zbpt/audio/original/50525_20220626080000_TIMING.wav
2022-06-27	鄂温克族自治旗	50525	植被生态	昆虫	夏至	http://39.97.166.211:8894/zbpt/audio/original/50525_20220627200000_TIMING.wav
2022-06-28	鄂温克族自治旗	50525	植被生态	昆虫	夏至	http://39.97.166.211:8894/zbpt/audio/original/50525_20220628050000_TIMING.wav
2022-06-28	鄂温克族自治旗	50525	植被生态	昆虫	夏至	http://39.97.166.211:8894/zbpt/audio/original/50525_20220628080000_TIMING.wav
2022-07-02	鄂温克族自治旗	50525	植被生态	昆虫	夏至	http://39.97.166.211:8894/zbpt/audio/original/50525_20220702120000_TIMING.wav
2022-07-05	鄂温克族自治旗	50525	植被生态	昆虫	夏至	http://39.97.166.211:8894/zbpt/audio/original/50525_20220705200000_TIMING.wav

图 14.22　2022 年鄂温克站动物物候监测结果

14.6 主要结论

根据物候生态观测仪输出的数据，进行预处理、质量控制、算法优化等，研制出不同物候生态观测应用产品。主要包括：植被指数 VI、植被绿度指数 GCC 及 ExG、植被群落结构等。制定出植被物候生长期开始及结束的指标方法研制方案。对于农作物发育期的判识能够达到业务应用水平。

14.7 业务应用

成为《物候自动观测仪功能规格需求书》编写的重要技术支撑;研制完成不同植被类型的物候观测数据集;推动山洪工程试点建设 20 套设备应用向业务化迈进;规划支撑“十四五”生态工程建设 738 套。

第 15 章　轨道式移动多要素植被监测系统试验

2022 年 6—9 月，在内蒙古呼伦贝尔市鄂温克旗开展轨道式移动多要素植被监测系统观测试验。试验期间参试设备太阳能供电正常、通信正常，设备整体运行稳定，未出现故障，数据完整。完成二氧化碳水汽观测系统、植被观测系统、L 波段遥测式土壤水分观测系统和日光诱导叶绿素荧光观测系统的数据对比验证，设备数据可用性满足业务需求。此次试验制定了设备的采集算法流程、要素编码与数据格式、通信命令等，明确轨道式移动多要素植被监测系统功能需求，为设备研发、加工生产及卫星产品校验等提供依据。

15.1　试验目的

陆地生态系统观测由于下垫面存在异质性，在地表复杂度、物种多样化等方面都需要进行多点观测，对于高大植被的冠层上层、中层及下层也存在着时空方面的差异性。单一的观测站点观测数据时间连续，但空间代表性不足；无人机遥感观测扩展了空间代表性，但不能连续观测，为此，设计轨道式移动多要素植被监测系统从空间上、时序上很好地解决了上述问题，并降低了观测成本。

轨道式移动多要素植被监测系统集成植被观测仪器实现多要素动态监测，用于中尺度范围内植被生长参数、碳源、碳汇等生态气象要素观测。

15.2　试验内容

在呼伦贝尔开展轨道式移动多要素植被监测系统观测试验，对设备的组成结构(硬件结构和软件结构)、功能、技术指标、测量性能指标、环境适应性指标、安装与场地、外观、供电、安全等进行测试并提出相关技术要求，制定设备的采集算法流程、要素编码与数据格式、通信命令等，明确轨道式移动多要素植被监测系统功能需求，为设备研发、加工生产及卫星产品校验等提供依据。

15.3　技术路线

轨道式移动多要素植被监测系统包括了二氧化碳和水汽传感器、三维激光扫描雷达、多光谱相机、智能相机、L 波段微波辐射计和日光诱导叶绿素荧光观测仪，观测获取二氧化碳浓度和水汽压、植被覆盖度、株高、三维场景结构、归一化植被指数、相对绿度指数、绿色植被指数、日光诱导叶绿素荧光和光合有效辐射等，并且可以通过数据耦合产品直接获取高精度的碳汇数据，是迄今为止能够实现交叉运算验证的有效观测方法，如图 15.1 所示。

(1)二氧化碳和水汽传感器从浓度的直观面上反映了碳源汇监测的空间和时间的变化过程；

(2)三维激光扫描雷达可以测量植被的结构参数(高度和覆盖度)，除了获得植被的长势信息,反映植被生物量外,还可以为 L 波段微波辐射计的土壤水分定标与校正提供更准确的数据支撑;同时结构参数还可以与植被指数和日光诱导叶绿素荧光(SIF)间建立联系;

(3)多光谱相机获得的归一化植被指数(NDVI)对植被长势变化和水分等信息比较敏感,并且可实现生态系统 GPP 反演;

(4)智能相机获取的相对绿度指数(GCC)常用于表征植被颜色和活动的季节性轨迹,与多光谱相机的 NDVI 和日光诱导叶绿素荧光观测仪的 SIF 均可以反映出植被的生长状况,且三者之间存在相互比较验证的关系;

(5)土壤水分是土壤碳排放吸收的重要因子,L 波段微波辐射计可以很好地获取大尺度的土壤水分数据;

(6)日光诱导叶绿素荧光观测仪获取的 SIF 数据和 GPP 高度相关。这个数据直接代表了植被的光合作用能量,也就是固碳能力。

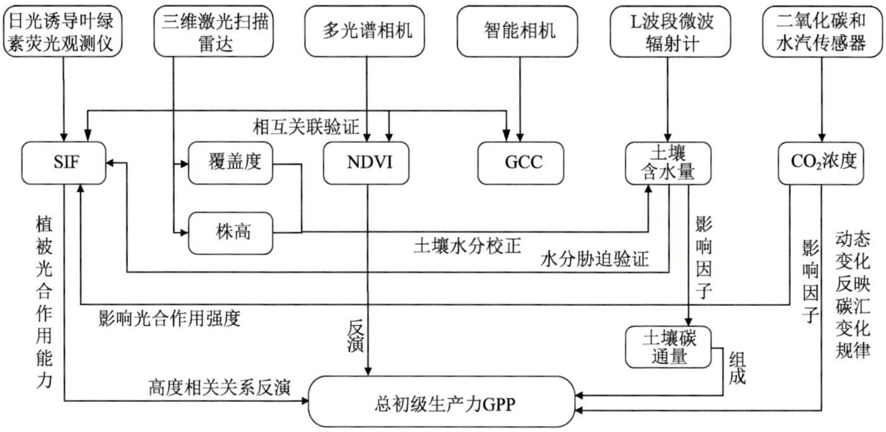

图 15.1 各传感器观测逻辑图

二氧化碳和水汽传感器、三维激光扫描雷达、多光谱相机、智能相机、L 波段微波辐射计和日光诱导叶绿素荧光观测仪互相耦合,数据共享,模型参数共用,利用了最新技术,高效地实现了植被碳汇功能数据的高精度获取观测,获得植被连续的碳吸收能力(总初级生产力 GPP)数据。

15.4 试验布局

观测试验地点:内蒙古呼伦贝尔市鄂温克旗。

轨道式移动多要素植被监测系统由国产自主研发的轨道式移动平台搭载二氧化碳和水汽传感器、三维激光扫描雷达、多光谱相机、智能相机、L 波段微波辐射计、日光诱导叶绿素荧光观测仪、植被生态智能采集器和轨道车状态服务监测模块组成。轨道式移动平台由自动轨道车、轨道车仪器搭载平台、轨道和智能充电系统组成,自动轨道车拖拽轨道车仪器搭载平台,在轨道上按时往复行驶定点观测,非测量时间段轨道车和仪器搭载平台停靠在舱中,通过智能充电系统进行充电。设备组成如图 15.2 所示。

轨道车搭载观测设备以 0.2 m/s 的速度在 100 m 长的轨道上运行,每隔 20 m 一个测量点,每隔测量点停留 5 min,系统每隔 1 h 运行一次。日出后开始进行测量,日落后停止测量,每天在白天运行 12 h。

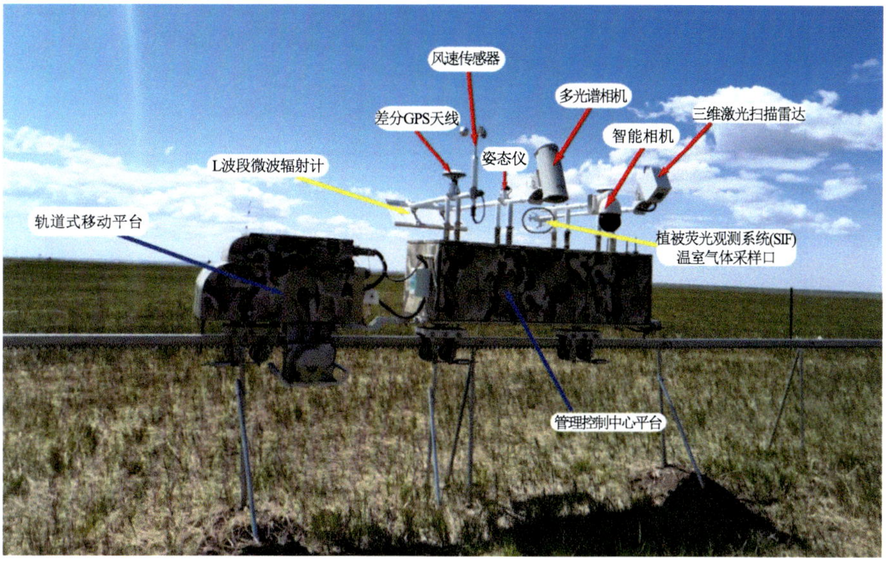

图 15.2　轨道车设备组成

15.4.1　设备的优化与试验准备

观测子系统设备性能参数对比及选型，充分考虑观测方法先进性、准确性、稳定性、低功耗及性价比；边缘计算模块考虑稳定性、兼容性、计算能力及存储能力；无线传输模块考虑数据安全性、低功耗及稳定性能力；自动运行轨道车平台考虑稳定性、抗风性、安全性及低故障率等；供电系统设计考虑足够冗余供电能力及稳定性。准备充足的备品备件，确保出现故障后解决问题的能力。

15.4.2　观测试验与现场功能检测

系统能够自动前进、自动定位停止、自动测量并计算、系统自动充电。

系统供电能力评估，至少保证在持续阴雨 4 d 的情况下，3 d 充满。

15.4.3　观测系统参数功能验证

观测系统参数功能验证满足如下技术参数：

移动区域大范围土壤水观测系统：5～10 cm 土壤水分含量，观测区域：3 m^2 ×观测点数；

三维激光扫描雷达：视场角 70.4°圆形，输出株高、三维空间信息情况，植被垂直结构参数；

多光谱相机：视场角 60°，输出叶面积指数、NDVI、EVI、GCC、覆盖度、间隙等指数；

智能相机：500 万像素，20 倍光学变焦镜头、可远程切换不同焦距、具有自动对焦功能，输出识别植被发育期、草种等基础参数；

二氧化碳浓度：测量范围：0～1000 ppm①(μmol/mol)，测量精度<1%，输出区域温室气体浓度；

湿度：测量范围 0～100%RH，精度<1%RH，输出区域湿度；

光合有效辐射：测量中心波长：400～700 nm，输出区域光合有效辐射；

日光诱导叶绿素荧光观测系统：光谱分辨率 1 nm，波谱范围：350～1020 nm，输出 PRI(叶片光化学指数)、CCI(叶绿素/类胡萝卜素指数)、SIF(叶绿素荧光)。

---

① 1 ppm=10^{-6}。

15.4.4　数据处理算法与观测数据评估

通过边缘计算设备进行观测原始数据质量验证、数据实时反演和处理后数据质量控制。对数据资料进行整理、分析，并对数据的分布状态和随机变量之间关系进行统计评估。通过其他观测手段对数据进行相关性分析验证。

15.5　试验分析

15.5.1　数据选择

选择 7 月 24 日 09 时的各样地植被数据进行对比分析，2 号样地植被比较稀疏，在后续分析中其覆盖度和株高也是最小。如图 15.3 所示。

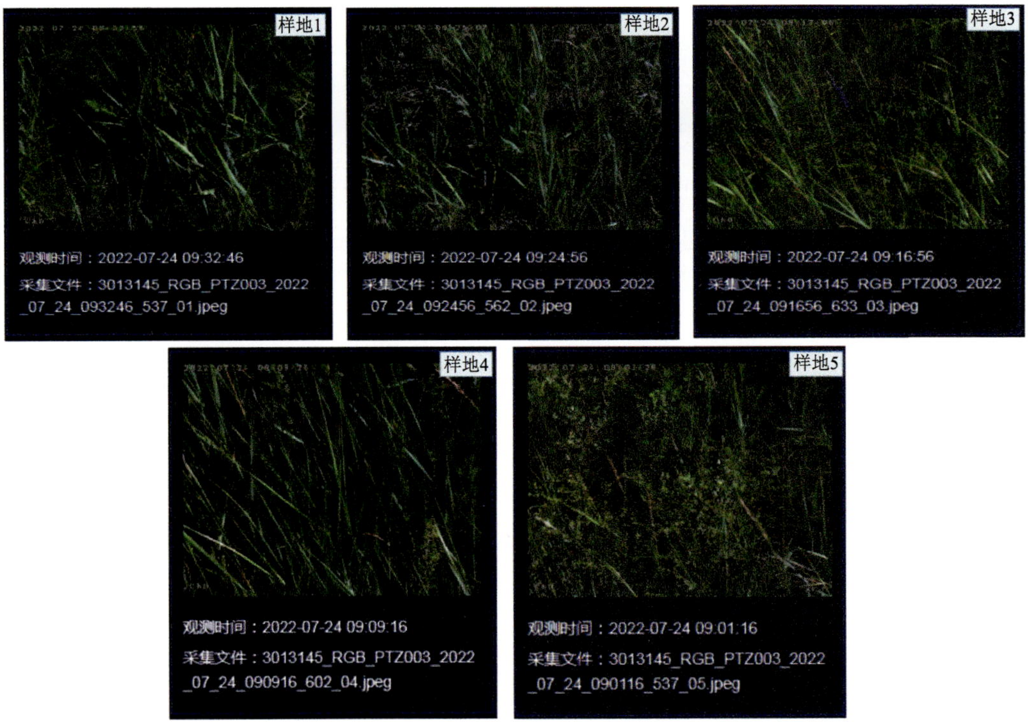

图 15.3　数据选择对比分析

15.5.2　数据对比验证标准

数据对比验证标准见表 15.1。

表 15.1　数据对比验证标准

序号	观测设备	验证方法/设备
1	二氧化碳和水汽传感器	通过使用标准 CO_2 气体浓度值对分析仪测定的 CO_2 气体浓度值对比验证
2	多光谱相机	高光谱成像仪(SOC710)
3	智能相机	高光谱成像仪(SOC710)
4	三维激光扫描雷达	人工测量
6	L 波段微波辐射计	采用烘干法
7	日光诱导叶绿素荧光观测仪	国际上通用的海洋光学的 QEpro 型光谱仪

15.5.3　二氧化碳和水汽传感器

15.5.3.1　数据动态变化分析

总体而言，呼伦贝尔草地白天二氧化碳（CO_2）浓度呈现明显的日变化，晨间最高，然后呈下降趋势，正午 12 时左右趋于稳定。对于季节而言，7—9 月 CO_2 浓度的季节动态呈明显上升趋势。8 月和 9 月草地植被光合作用减弱，吸收 CO_2 能力减弱，所以秋季 CO_2 浓度升高。如图 15.4 所示。

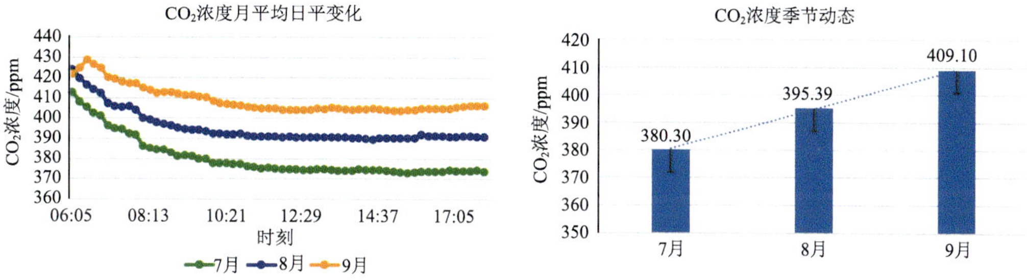

图 15.4　二氧化碳水汽传感器数据动态分析

15.5.3.2　不同样地间二氧化碳和水汽传感器数据对比差异

差异主要表现在：

（1）试验地的 5 个样地间的白天 CO_2 浓度差异很小；

（2）一天中，5 个样地平均的空间变异系数为 0.15%。

具体情况如图 15.5 所示。

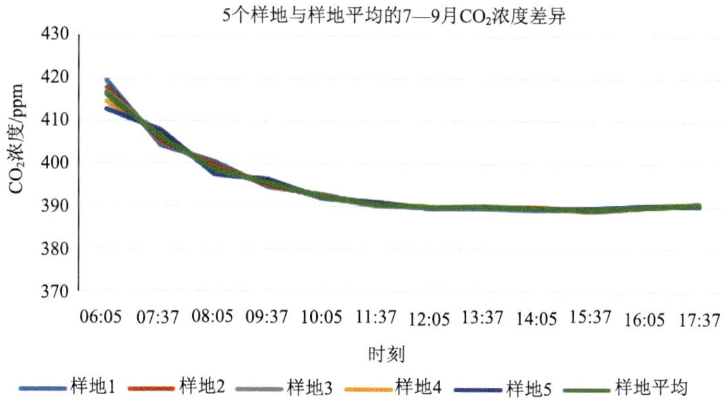

	样地1	样地2	样地3	样地4	样地5	样地平均
平均值	395.13	395.00	394.95	394.79	394.77	394.93
变异系数/%						0.15

图 15.5　不同样地间二氧化碳水汽传感器数据对比差分析

15.5.3.3　二氧化碳和水汽传感器数据对比验证

通过使用标准 CO_2 气体浓度值对分析仪测定的 CO_2 气体浓度值对比验证可知，CO_2 气体观测系统的观测精度高达 99%左右，如图 15.6 所示。

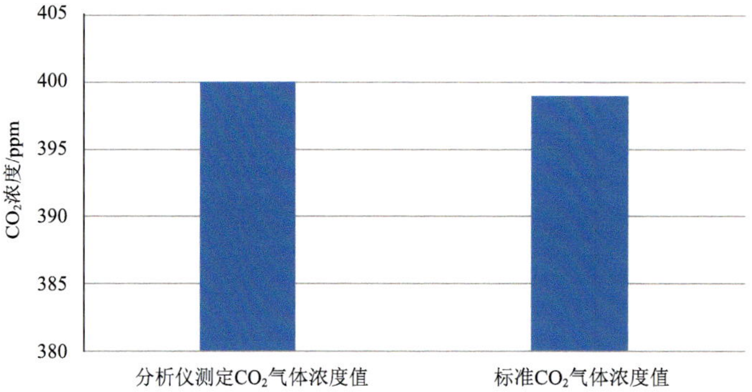

项目	分析仪测定CO_2气体浓度值	标准CO_2气体浓度值
平均值/ppm	400.03	399.00
绝对偏差/ppm	1.03	
相对误差/%	0.26	
精度/%	99.74	

图 15.6　二氧化碳水汽传感器数据对比验证

15.5.4　多光谱相机 NDVI 数据分析

15.5.4.1　多光谱相机 NDVI 数据动态变化分析

7—9 月，呼伦贝尔草地 NDVI 与中心区域 NDVI 差异较小，并且随着生长季的结束，草地开始由绿色转变为枯黄，NDVI 也呈显著下降趋势。如图 15.7、图 15.8 所示。

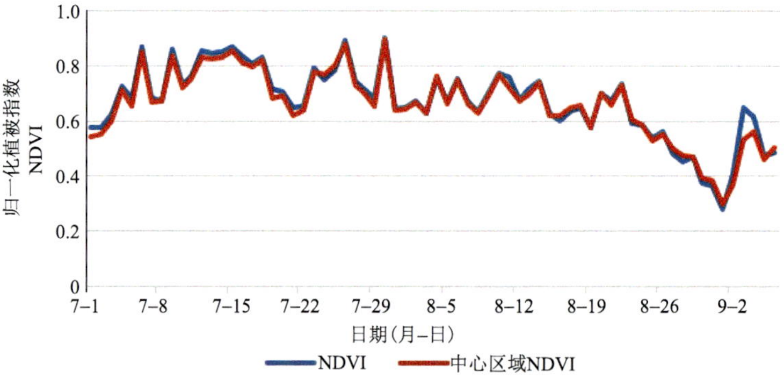

图 15.7　7—9 月 NDVI 日尺度变化趋势

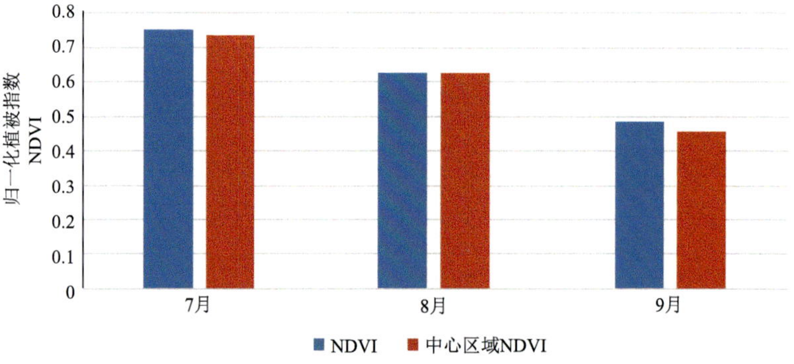

图 15.8　7—9 月 NDVI 季节动态变化

15.5.4.2　多光谱相机 5 个样地间 NDVI 差异

7—9 月，多光谱相机测定的各样地 NDVI 差异较大，但整体变化趋势相同。5 个样地中，2 号样地 NDVI 值最小，明显低于其他样地，5 个样地平均空间变异系数为 13.52%。如图 15.9 所示。

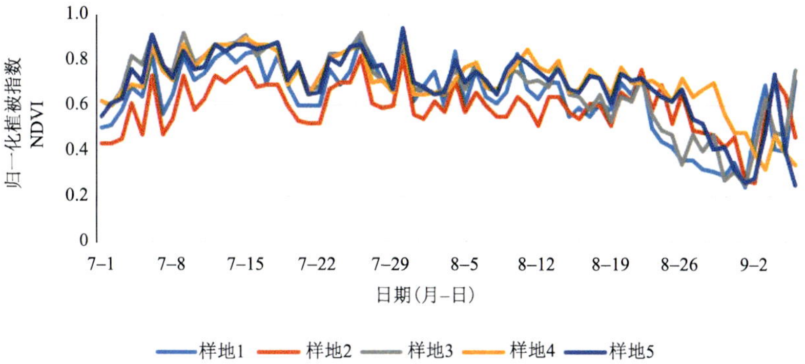

	样地1	样地2	样地3	样地4	样地5	样地平均
NDVI平均值	0.63	0.59	0.68	0.71	0.69	0.66
平均变异系数/%						13.52

图 15.9　7—9 月 5 个样地 NDVI 日尺度变化差异

15.5.4.3　多光谱相机 NDVI 数据对比验证

多光谱相机 NDVI 数据对比验证过程如下：

(1)采用高光谱成像仪(SOC710)对现场的 NDVI 数据进行验证；

(2)在验证的时间选择为一个晴朗的天气条件下(2022 年 8 月 11 日)，并且获取连续观测的数据进行对比验证；

(3)对于观测的数据根据日照情况进行质量控制滤波；质量控制处理后的数据进行分析；

(4)结果表明，轨道车多光谱相机 NDVI 数据与高光谱成像仪 NDVI 数据的相关性高达到 97%左右(图 15.10)。

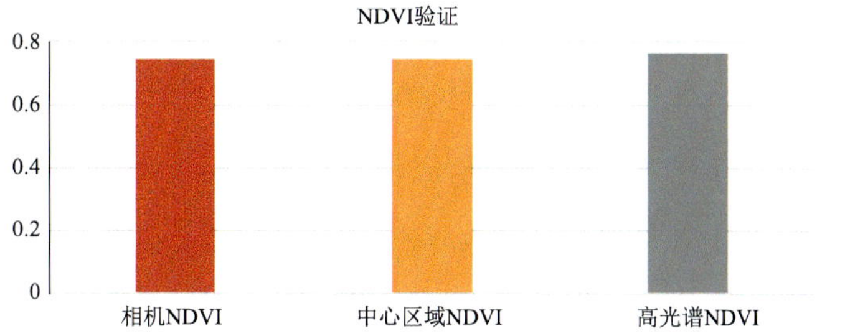

	相机NDVI	中心区域NDVI	高光谱NDVI
均值	0.747	0.746	0.766
绝对偏差	0.019	0.020	
相对偏差/%	2.524	2.654	
精度/%	97.476	97.346	

图 15.10　多光谱相机 NDVI 数据对比验证

15.5.5 智能相机 GCC 数据分析

15.5.5.1 智能相机 GCC 动态变化分析

7—9 月，草地近景(PTZ_002、PTZ_003)与远景(PTZ_001)的 GCC 差异较小，整体变化趋势与 NDVI 相同，随生长季结束，GCC 呈显著下降趋势。如图 15.11、图 15.12 所示。

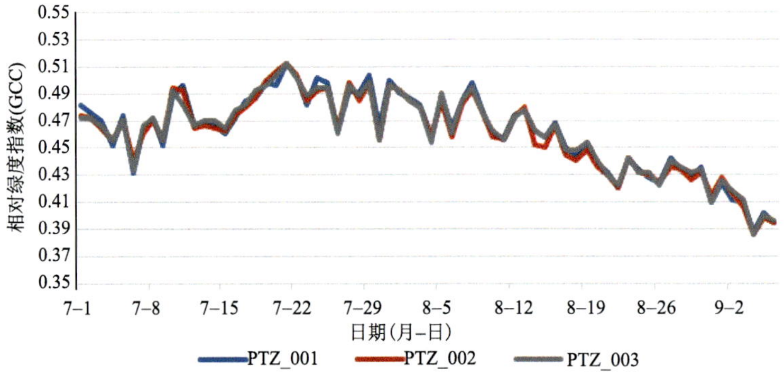

图 15.11 7—9 月 GCC 日尺度变化趋势

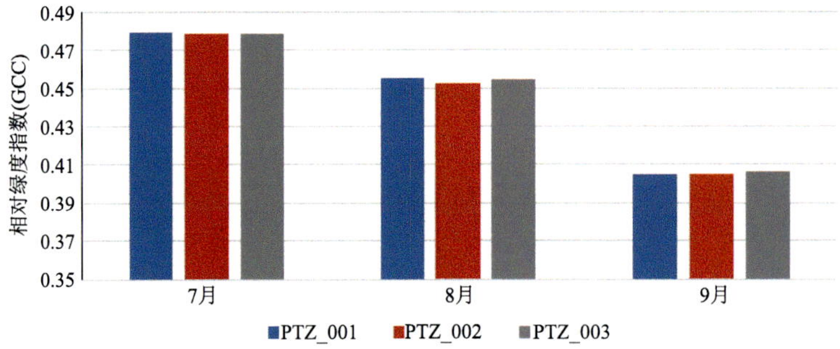

图 15.12 7—9 月 GCC 季节动态变化趋势

15.5.5.2 智能相机 5 个样地间 GCC 动态变化

7—9 月，试验地 5 个样地 GCC 整体变化趋势一致，3 号样地 GCC 显著大于其他 4 个样地，2 号样地的 GCC 最小，各样地间 GCC 平均空间变异系数为 4.61%。如图 15.13 所示。

15.5.5.3 智能相机 GCC 数据对比验证

(1)采用高光谱成像仪(SOC710)对观测现场的 GCC 数据进行验证；

(2)在验证的时间段内，选择在晴朗的天气条件下(2022 年 8 月 11 日)获取连续观测的数据进行对比验证；

(3)对于观测的数据根据日照情况进行质量控制滤波；质量控制处理后的数据进行分析；

(4)结果表明，轨道车智能相机 GCC 数据与高光谱成像仪 GCC 数据的相关性高达到 96%以上(图 15.14)。

15.5.6 三维激光扫描雷达株高数据分析

15.5.6.1 三维激光扫描雷达数据动态变化

生长季 6 月到 7 月中旬，激光雷达测定的草地覆盖度和株高呈显著上升趋势，后逐渐趋于

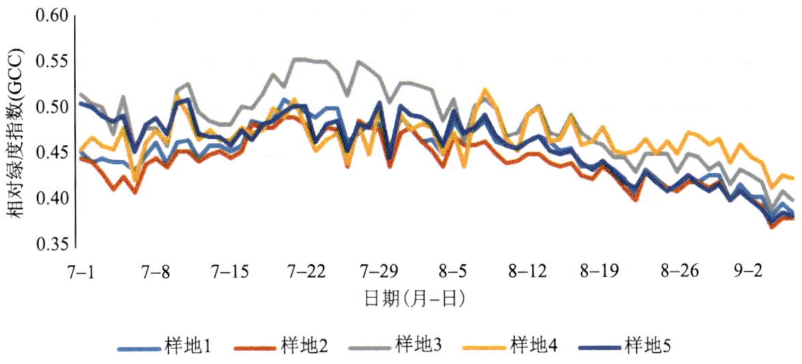

	样地1	样地2	样地3	样地4	样地5	样地平均
GCC平均值	0.45	0.44	0.48	0.47	0.46	0.46
平均变异系数/%						4.61

图 15.13　7—9 月各样地 GCC 变化

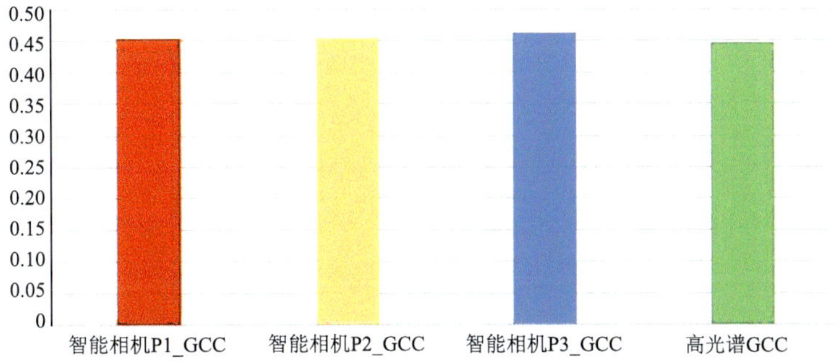

	智能相机P1_GCC	智能相机P2_GCC	智能相机P3_GCC	高光谱GCC
均值	0.45	0.45	0.46	0.45
绝对偏差	0.006	0.006	0.016	
相对偏差/%	1.406	1.406	3.500	
精度/%	98.594	98.594	96.500	

图 15.14　智能相机 GCC 对比验证

稳定。6—8 月，呼伦贝尔草地植被株高变化从最低值 10 cm 到最高值 85 cm，符合当地草地植被的生长规律变化。如图 15.15、图 15.16 所示。

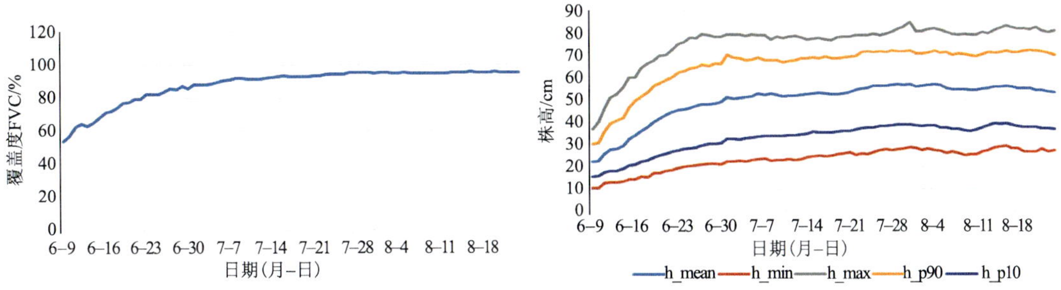

图 15.15　三维激光扫描雷达植被覆盖度和株高动态变化

(h_mean 为植株平均高度；h_min 为最小植株平均高度；h_max 为最大植株平均高度；h_p90 为 90 百分位数的高度；h_p10 为 10 百分位数的高度)

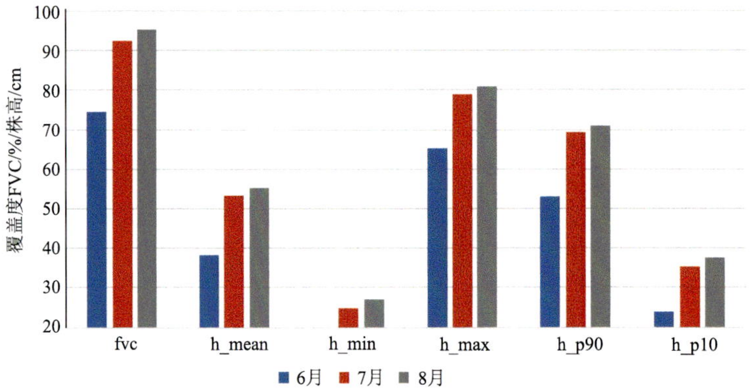

图 15.16　三维激光扫描雷达株高与植被覆盖度月份动态变化

(fvc 为覆盖度;h_mean 为植株平均高度;h_min 为最小植株平均高度;h_max 为最大植株平均高度;h_p90 为 90 百分位数的高度;h_p10 为 10 百分位数的高度)

15.5.6.2　测定的 5 个样地植被覆盖度和平均株高差异

6—8 月,激光雷达测定的草地覆盖度和平均株高空间变异较大,分别为 10.41% 和 17.20%;5 个样地中,2 号样地的覆盖度和株高均为最小,这与 GCC 和 NDVI 的样地对比情况一致。如图 15.17 所示。

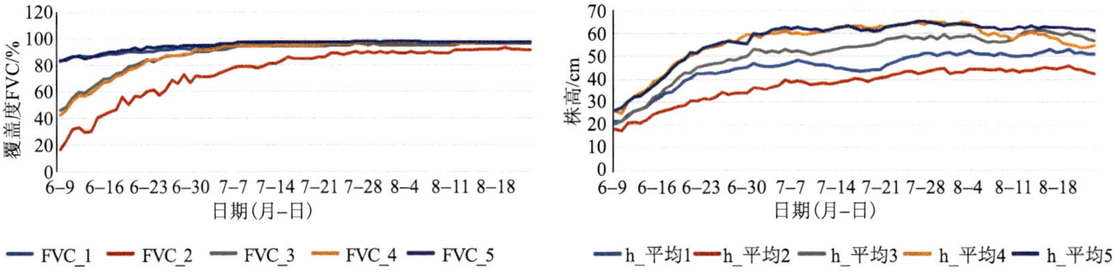

	样地1	样地2	样地3	样地4	样地5	样地平均		样地1	样地2	样地3	样地4	样地5	样地平均
FVC平均值	93.60	75.29	88.45	88.84	95.06	88.25	株高平均值	45.07	37.69	51.18	56.45	57.50	49.58
平均变异系数/%						10.41	平均变异系数/%						17.20

图 15.17　三维激光扫描雷达测定的 5 个样地植被覆盖度和平均株高差异

15.5.6.3　三维激光扫描雷达株高数据对比验证

(1)于 2022 年 8 月 23 日在观测区域内开展植被株高对比实验;

(2)在所观测区域的 5 个样地内分别观测 20 株植物,人工测量并记录其株高信息(图 15.18);

(3)结果表明,轨道车激光雷达测量的植被株高与人工测量的株高相关性较高,且激光雷达的测量精度高达 94%以上(图 15.19)。

15.5.7　L 波段微波辐射计土壤水分分析

15.5.7.1　L 波段微波辐射计数据动态变化

7—9 月,L 波段雷达测定草地 5 个样地平均土壤含水率在 6%～20%间波动。如图 15.20 所示。

15.5.7.2　L 波段微波辐射计 5 个样地数据分析

5 个样地中,5 号样地的土壤含水率最低,但整体含水率较为接近,含水率差异较小,空间变异为 4.44%。如图 15.21 所示。

株高人工测量数据_220823					
序号	一号样地	二号样地	三号样地	四号样地	五号样地
1	45	61	70	45	81
2	22	36	61	63	73
3	38	52	59	56	24
4	77	46	33	71	51
5	83	66	46	39	81
6	68	53	48	77	67
7	53	43	68	82	66
8	47	41	54	78	53
9	51	54	62	43	58
10	42	23	78	72	36
11	31	46	73	74	68
12	43	44	63	55	74
13	53	29	52	50	69
14	70	77	47	55	78
15	55	63	62	71	74
16	47	41	53	64	66
17	26	55	37	36	46
18	64	39	69	63	29
19	56	58	43	67	75
20	34	60	66	78	61
最高值	83	77	78	82	81
最低值	22	23	33	36	24
平均值	50.25	49.35	57.2	61.95	61.5

一号样地数据对比		
值	激光雷达	人工测量
最高值	77.8	83
最低值	27.6	22
平均值	52.21	50.25

二号样地数据对比		
值	激光雷达	人工测量
最高值	74.2	77
最低值	15.4	23
平均值	44.07	49.35

三号样地数据对比		
值	激光雷达	人工测量
最高值	91.7	78
最低值	28	33
平均值	57.39	57.2

四号样地数据对比		
值	激光雷达	人工测量
最高值	79.2	82
最低值	33.1	36
平均值	55.38	61.95

五号样地数据对比		
值	激光雷达	人工测量
最高值	83.2	81
最低值	26.2	24
平均值	62.13	61.5

图 15.18　人工测量株高数据

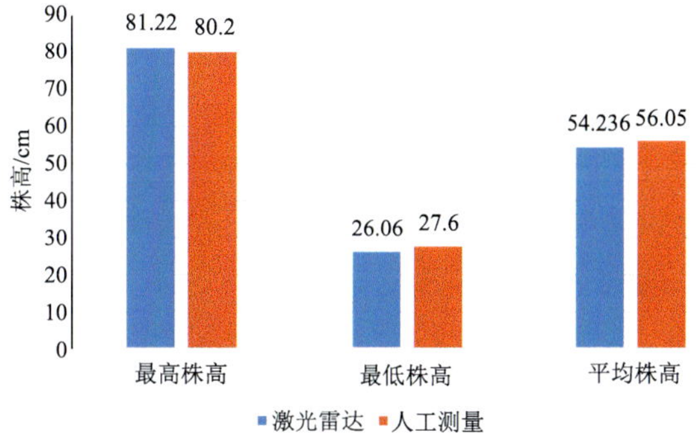

	激光雷达	人工测量	绝对偏差	相对误差/%	精度/%
最高株高	81.22	80.2	1.02	1.27	98.73
最低株高	26.06	27.6	1.54	5.58	94.42
平均株高	54.236	56.05	1.81	3.24	96.76

图 15.19　三维激光扫描雷达株高测定对比

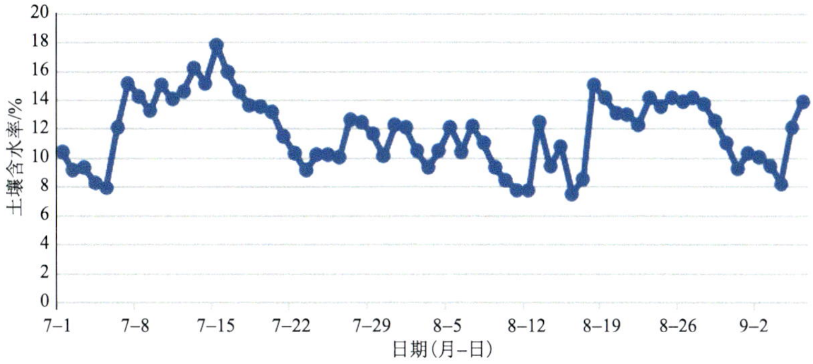

图 15.20　土壤含水率季节动态变化

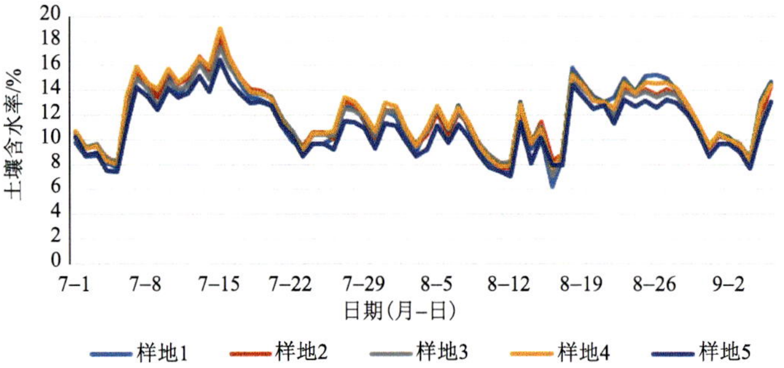

	样地1	样地2	样地3	样地4	样地5	样地平均
土壤含水率平均值	11.90	12.00	11.87	12.21	11.11	11.82
平均变异系数/%						4.44

图 15.21 L 波段微波辐射计 5 个样地数据分析

15.5.7.3 L 波段微波辐射计数据对比验证

(1)于 2022 年 7 月 22 日、7 月 25 日及 8 月 10 日分别采用烘干法对实验观测区域内土壤含水率进行测定。

(2)测定结果表明,L 波段遥测式土壤水分观测系统的测量精度可达 80%以上,如图 15.22 所示。

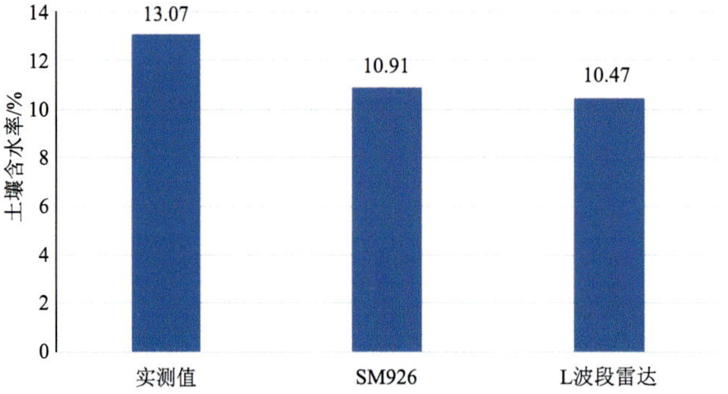

	实测值	SM926	L波段雷达
土壤含水率VWC/%	13.07	10.91	10.47
相对偏差/%		16.52	19.90
精度/%		83.48	80.10

图 15.22 L 波段微波辐射计土壤含水率测定对比分析

15.5.8 日光诱导叶绿素荧光观测仪数据分析

15.5.8.1 日光诱导叶绿素荧光观测仪数据动态分析

日光诱导叶绿素荧光呈典型的单峰型日变化,随光照条件变化,正午最高,早晚较低;7—9 月,氧 A 波段的 SIF 呈逐步下降趋势,7 月 SIF 值最大;氧 B 波段则呈现先增高后下降的趋势,SIF 最大值在 8 月。如图 15.23、图 15.24 所示。

15.5.8.2 各样地 SIF 日变化差异

5 个样地的日光诱导叶绿素荧光差异较明显,氧 A 暗线处的 SIF 空间变异较大,为

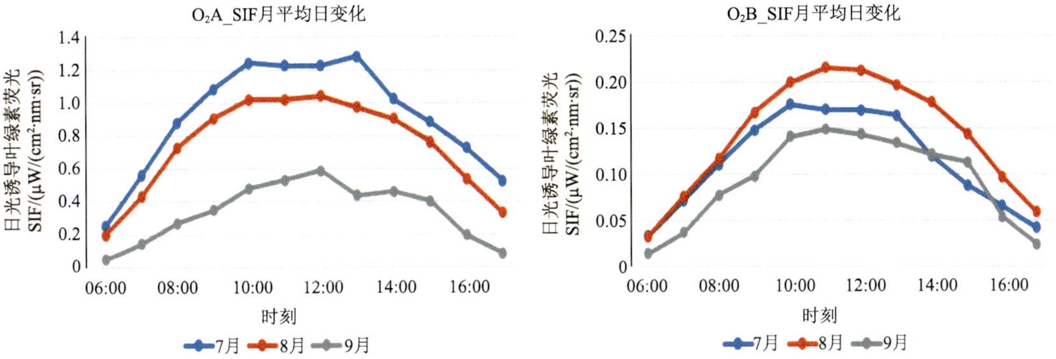

图 15.23　日光诱导叶绿素荧光观测仪数据日变化

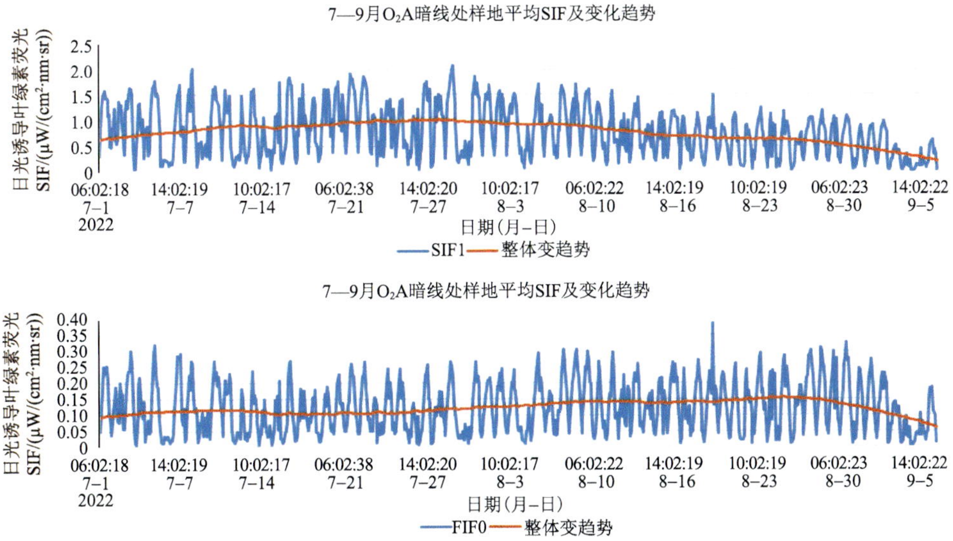

图 15.24　日光诱导叶绿素荧光观测仪数据月变化

22.93%;氧 B 暗线处的 SIF 空间变异则为 14.13%。如图 15.25 所示。

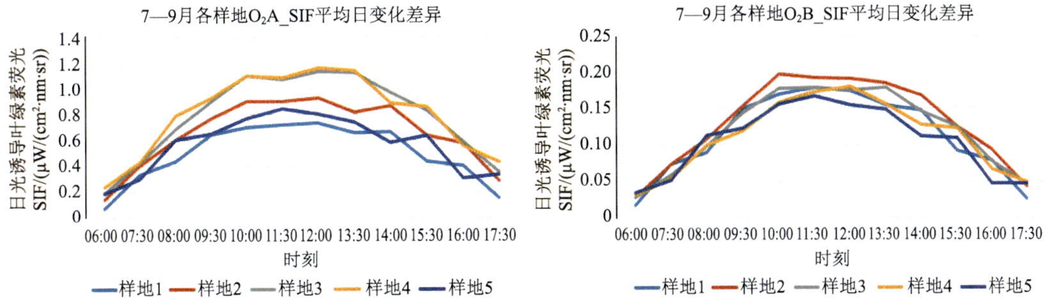

	样地1	样地2	样地3	样地4	样地5	样地平均		样地1	样地2	样地3	样地4	样地5	样地平均
O_2A_SIF平均值	0.50	0.65	0.78	0.80	0.57	0.66	O_2B_SIF平均值	0.11	0.13	0.12	0.11	0.11	0.12
平均变异系数/%						22.93	平均变异系数/%						14.13

图 15.25　日光诱导叶绿素荧光观测仪各样地 SIF 数据日变化

15.5.8.3 日光诱导叶绿素荧光观测仪数据对比验证

(1)采用国际上通用的海洋光学 QEpro 型光谱仪于 2022 年 8 月 11 日对观测区域的数据进行验证。对观测数据进行 SG 滤波处理,以去除云的影响;滤波后的 SIF 数据,拿出 70%建立线性回归模型,用 30%的数据进行对比验证。

(2)结果表明,因 8 月 10 日天气相对稳定,所以 SIF 数据相关性较好。而其他天,从 SIF 的波动性可看出云量变化较大,如 8 月 11 日,数据均有极强的波动性。进行质量控制后的数据一致性很好,相关系数在 0.9 左右。如图 15.26 所示。

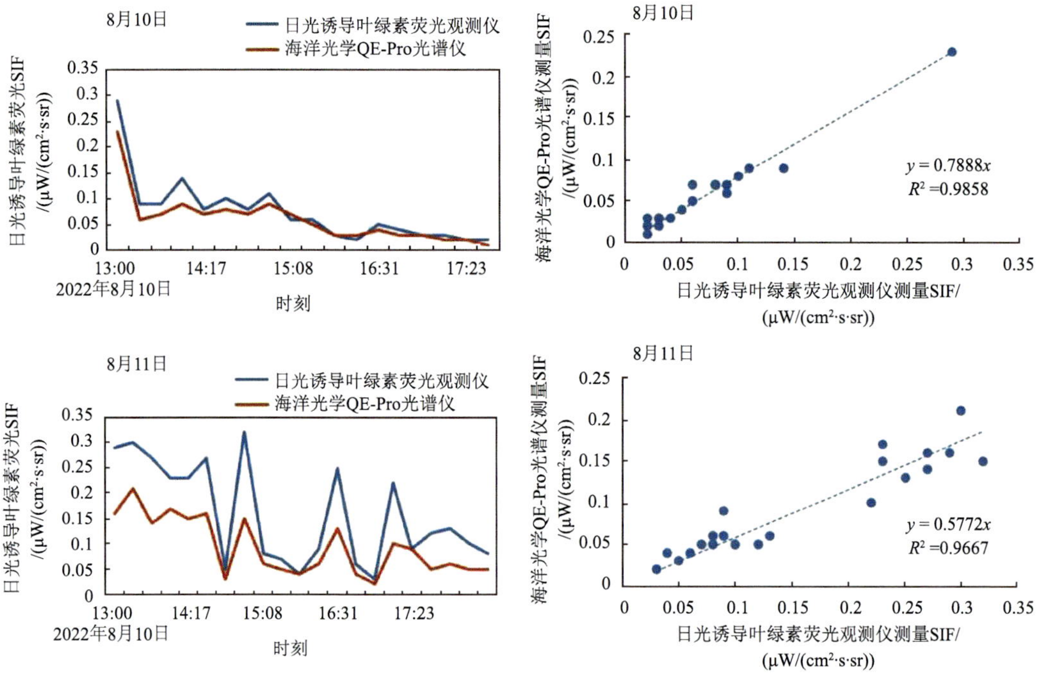

图 15.26 日光诱导叶绿素荧光观测仪数据对比验证

15.6 主要结论

2022 年 6—9 月,在内蒙古呼伦贝尔市鄂温克旗开展轨道式植被监测系统的观测试验。试验期间 7 月 1 日—9 月 26 日,受试设备太阳能供电正常、通信正常,设备整体运行稳定,未出现故障,数据完整。完成二氧化碳水汽观测系统、植被观测系统、L 波段遥测式土壤水分观测系统和日光诱导叶绿素荧光观测系统的数据对比验证。充分质控后:

(1)传感器测定的 CO_2气体浓度与使用标准 CO_2气体浓度值的复合度达到 99%左右;

(2)多光谱相机 NDVI 数据与高光谱成像仪的数据复合度达到 97%以内;

(3)智能相机 GCC 数据与高光谱成像仪的数据复合度达到 96%以内;

(4)三维激光扫描雷达株高数据与人工测量的株高数据复合度达到 94%以上;

(5)L 波段遥测式土壤水分观测系统与采用烘干法与插针式土壤水分传感器对实验观测区域内土壤含水率进行测定,数据复合度可达到 80%以上;

(6)SIF 数据与海洋光学的 QEpro 型光谱仪测量结果一致性很好,相关性都在 0.9 左右。

15.7　业务应用

经过试验，轨道式植被监测系统的数据可用性基本满足业务需求，该设备经评估已在站网工程中建设，投入列装和业务应用。观测数据已应用于地方政府及相关部门决策服务产品中。智能相机获取的相对绿度指数(GCC)常用于表征植被颜色和活动的季节性轨迹，在旅游适宜度公众服务产品中得到应用。

第 16 章　小麦和玉米生长全过程的 FY-3E MERSI-2 与 MODIS 的 NDVI 对比观测试验

针对国产风云三号 E 星(FY-3E)与中分辨率成像光谱仪(MODIS)在近红外波段与红波段的光谱范围差异及过境时间不同,基于不同分期播种小麦和玉米不同生育期的高光谱遥感数据,研究建立了 FY-3E 数据与 MODIS 数据的转换关系,实现了 FY-3E MERSI-2 NDVI 对 MODIS NDVI 的替换,推动 FY-3E MERSI-2 遥感数据的广泛应用,实现 FY-3E 的真实性检验与业务应用。

16.1　试验目的

基于中分辨率成像光谱仪(MODIS)的归一化植被指数(NDVI)建立的生态环境监测算法已在全球范围得到了很好的验证。2021 年 7 月 5 日发射的风云三号 E 星(FY-3E)是世界业务气象卫星中首颗晨昏轨道对地观测卫星,对提高生态环境监测精度和时效具有重要作用。尽管 FY-3E 中分辨率成像光谱仪(MERSI-2)红波段与近红外波段的空间分辨率与 MODIS 一样均为 250 m,但是其对应的波长范围不同(MERSI-2 分别为 600～700 nm 与 815～915 nm,MODIS 分别为 620～670 nm 与 841～876 nm),且过境时间也不相同(FY-3E MERSI-2 为上午 06:00,MODIS 为上午 10:30),导致 FY-3E MERSI-2 与 MODIS 的 NDVI 并不相同,需要开展 FY-3E MERSI-2 的 NDVI 生态环境星地真实性检验。考虑到基于 MODIS NDVI 建立的生态环境监测算法已经经过长时间、全球范围星地真实性检验的事实,解决 FY-3E 生态环境星地真实性检验的关键是建立 FY-3E MERSI-2 的 NDVI 与 MODIS 的 NDVI 之间的转换关系。

本试验是基于不同分期播种小麦和玉米不同生育期的高光谱遥感数据,在固城试验基地开展小麦和玉米生长全过程的 FY-3E MERSI-2 与 MODIS 的 NDVI 对比观测试验,主要目的是获取小麦和玉米生长全过程以及不同生长状况下 FY-3E MERSI-2 的 NDVI 与 MODIS 的 NDVI,研究建立适于不同生长状况下小麦和玉米生长全过程的 FY-3E MERSI-2 NDVI 与 MODIS NDVI 之间的转换关系,实现 FY-3E 生态环境星地真实性检验,为尽快推进 FY-3E MERSI-2 遥感数据的广泛应用提供依据。

16.2　试验内容

16.2.1　在中国气象局固城国家综合气象观测试验基地开展冬小麦和夏玉米 4 期分期播种试验

播种期确定:以当地常年大田实际播种期为界,提前 10 d 播种为第 1 期(播期 A),正常播种期为第 2 期(播期 B),比正常播种期晚 10 d 播种为第 3 期(播期 C),晚 20 d 为第 4 播期(播期 D),共播种 4 期,前后间隔 30 d。

常规气象观测:气象要素取气象台站观测数据,包括生育期间的逐日平均气温、最高气温、最低气温、降水量、日照时数、风速、空气相对湿度、地表最高温度、地表最低温度、土壤 5 cm、10 cm 和 20 cm 地温。

农田小气候观测:本项目仅需在正常播期的正常水分控制的其中 1 个小区内进行。测点选择小区中央部位,采用农田小气候仪和实际观测设备开展观测。数据采集频次至少每小时 1 次。

发育期观测:按顺序观测冬小麦播种、出苗、三叶、分蘖、越冬开始、返青、起身、拔节、孕穗、抽穗、开花、乳熟、成熟各发育期的普遍期。按顺序观测夏玉米播种、出苗、三叶、七叶、拔节、抽雄、开花、吐丝、乳熟、成熟各发育期的普遍期。观测标准按《农业气象观测规范　冬小麦》(QX/T 299—2015)和《农业气象观测规范　玉米》(QX/T 361—2016)进行。

光谱参数测定:冬小麦在三叶、越冬期间、分蘖、拔节、孕穗、抽穗、开花、乳熟、成熟阶段;夏玉米在三叶、七叶、拔节、抽雄、开花、乳熟、成熟阶段;测量时间选取晴朗天气在 06:00 和10:30 对同一观测点重复测定。测定作物冠层光谱,测定内容为不同波段的反射率,波段范围至少应包括 350～2000 nm。光谱测定数据记录为仪器记录的原始格式(注:每个播期选择 1 个重复进行测定,如无特殊原因,每次测定都在该重复小区内进行)。

16.2.2　获取小麦和玉米生长全过程以及不同生长状况下 FY-3E MERSI-2 的 NDVI 与 MODIS 的 NDVI

收集小麦和玉米生长全过程以及不同生长状况下 FY-3E MERSI-2 与 MODIS 数据,通过数据质量控制后计算小麦和玉米生长全过程以及不同生长状况下 FY-3E MERSI-2 的 NDVI 与 MODIS 的 NDVI。

16.2.3　研究建立适于不同生长状况下小麦和玉米生长全过程的 FY-3E MERSI-2 NDVI 与 MODIS NDVI 之间的转换关系,实现 FY-3E 生态环境星地真实性检验

基于固城基地小麦和玉米生长全过程以及不同生长状况下真实 NDVI 及 FY-3E MERSI-2 NDVI 与 MODIS NDVI,研究建立适于不同生长状况下小麦和玉米生长全过程的 FY-3E MERSI-2 NDVI 与 MODIS NDVI 之间的转换关系。

16.3　技术路线

在固城试验基地分别开展冬小麦和夏玉米 4 期分期播种试验,采用美国 ASD 公司生产的 FieldSpec Pro 便携式光谱辐射计进行同一下垫面的光谱观测,以 06:00 的光谱观测模拟 FY-3E MERSI-2 观测数据,以 10:30 的光谱观测模拟 Terra MODIS 的观测数据,获取 2022 年 3—10 月冬小麦和夏玉米生长全过程的 FY-3E 与 MODIS 的对比观测数据,建立 FY-3E 数据与 MODIS 数据之间的转换关系。

16.4　试验布局

样地总面积 780 m^2(30 m×26 m),共设置 16 个小区,每个小区面积 30 m^2(6 m×5 m),保护行设在样地周边,宽度 2 m,样地边设有试验标牌。A、B、C、D 四个播期试验的所有观测

均在小区 A1—A3、B1—B3、C1—C3、D1—D3 中进行,A4、B4、C4、D4 四个小区用于产量要素测定,不进行任何观测。布局图如图 16.1 所示。

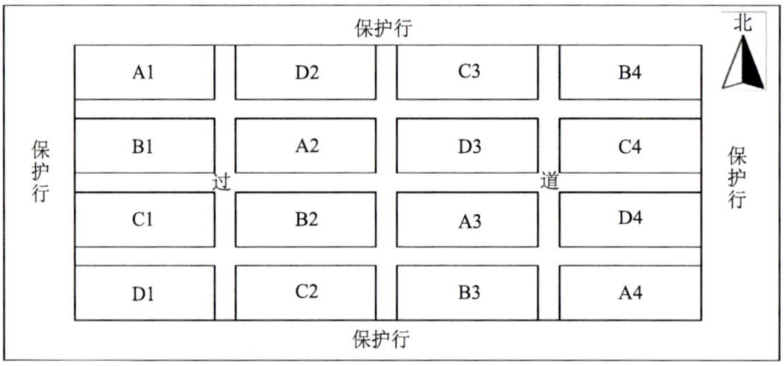

图 16.1 分期播种试验场不同播期样地分布

16.5 试验分析

16.5.1 FY-3E 数据与 MODIS 数据的转换关系

归一化植被指数(NDVI)是近红外波段和红波段反射率之差与近红外波段和红波段反射率之和的比值。尽管 MERSI-2 与 MODIS 近红外波段与红波段的空间分辨率相同,但其对应的波长范围不同(图 16.2),且在中国区域的过境时间不同,使得同日期同区域的 FY-3E MERSI-2 的 NDVI 与 MODIS 的 NDVI 并不相同,导致两者对植被与生态环境的监测结果不同。

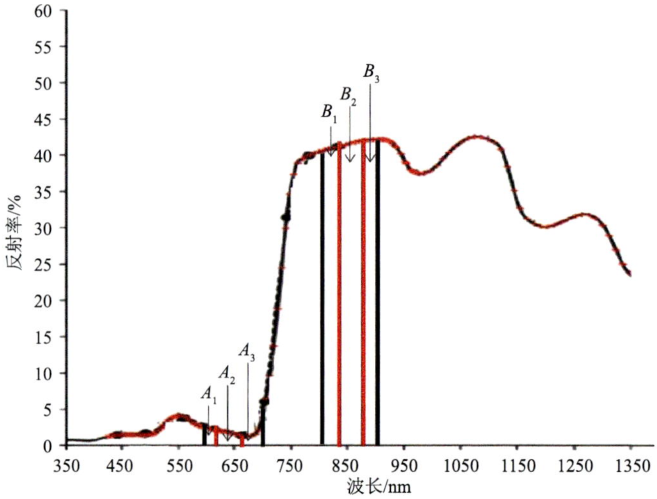

图 16.2 绿色植物典型反射波谱特征曲线

如图 16.2 所示,B_2 和 $B_1+B_2+B_3$ 分别代表 MODIS 和 FY-3E MERSI-2 对应波长范围 841～876 nm 和 815～915 nm 的反射光谱信息;A_2 和 $A_1+A_2+A_3$ 分别代表 MODIS 和 FY-3E MERSI-2 对应波长范围 620～670 nm 和 600～700 nm 的反射光谱信息。B_1 和 B_3 分别对应波长范围 815～841 nm 和 876～915 nm 的反射光谱信息;A_1 和 A_3 分别对应波长范围

600～620 nm 和 670～700 nm 的反射光谱信息。

根据归一化植被指数的物理意义，MODIS 和 FY-3E/MERSI-2 的 NDVI 分别可表达如下：

$$NDVI_{mod}=(B_2-A_2)/(B_2+A_2) \tag{16.1}$$

$$NDVI_{FY}=[(B_1+B_2+B_3)-(A_1+A_2+A_3)]/[(B_1+B_2+B_3)+(A_1+A_2+A_3)] \tag{16.2}$$

根据上述绿色植物反射波谱特征曲线图，得到 MODIS 中分辨率成像光谱仪关于波长和反射率的线性函数表达式，具体得到两条线性函数表达式，分别为：

$$f=(B_1+B_3)/(B_2+A_2)=C\times NDVI_{mod}+D \tag{16.3}$$

$$g=(A_1+A_3)/(B_2+A_2)=F\times NDVI_{mod}+G \tag{16.4}$$

将式(16.1)、式(16.3)、式(16.4)代入式(16.2)可得：

$$NDVI_{FY}=(f+NDVI_{mod}-g)/(f+1+g) \tag{16.5}$$

根据式(16.1)并结合图 16.2 可知，f 和 g 可看成 $NDVI_{MOD}$ 的线性函数，可表示如下：

$$f=C\times NDVI_{mod}+D \tag{16.6}$$

$$g=F\times NDVI_{mod}+G \tag{16.7}$$

式中，C、D、F、G 均为参数。将式(16.6)和式(16.7)入式(16.5)得到以下公式：

$$NDVI_{FY}=[(1+C-F)\times NDVI_{mod}+(D-G)]/[(C+F)\times NDVI_{mod}+(1+D+G)] \tag{16.8}$$

令 $a=(1+C-F)$、$b=(D-G)$、$c=(C+F)$、$d=(1+D+G)$，且 a、b、c、d 均为参数，可通过回归获取。式(16.8)进一步改写为：

$$NDVI_{FY}=(a\times NDVI_{mod}+b)/(c\times NDVI_{mod}+d) \tag{16.9}$$

因此，通过观测资料回归获取参数 a、b、c、d，即可获取基于 FY-3E MERSI-2 NDVI 与 MODIS NDVI 之间的转换算法。

16.5.2　转换关系验证

采用美国 ASD 公司生产的 FieldSpec Pro 地物光谱仪进行同一下垫面的光谱观测，以 06:00的光谱观测模拟 FY-3E MERSI-2 观测数据，以 10:30 的光谱观测模拟 Terra MODIS 的观测数据，共获得 2022 年 5 月 25—27 日河北固城农业气象国家野外科学观测研究站的 28 个小麦处理和 19 个玉米处理(两个点结果异常)观测数据。为尽量减少外界因素的干扰，高光谱测定选取晴朗无云无风时进行，传感器探头垂直向下，光谱仪视场角为 25°，每个处理光谱观测五 5 个样方点，每个样方点光谱观测 5 次重复，共计 25 条光谱曲线，由 ViewSpecPro 软件进行数据预处理，求平均得出每次观测冬小麦/夏玉米的光谱反射率，计算不同观测时期 06:00 和 10:30 时刻的作物 NDVI，对式(16.9)中的 a、b、c、d 参数进行解算，得出结果如下：

$a=3.5989$，$b=-0.2412$，$c=1.3939$，$d=2.1952$($R^2=0.96$ $P<0.001$ $n=45$)。

FY-3E 数据与 MODIS 数据转换关系式(图 16.3)为：

$NDVI_{FY}=(3.5989NDVI_{mod}-0.2412)/(1.3939NDVI_{mod}+2.1952)$

16.6　主要结论

建立了 FY-3E 数据与 MODIS 数据的转换关系，解决了 FY-3E 中分辨率成像光谱仪

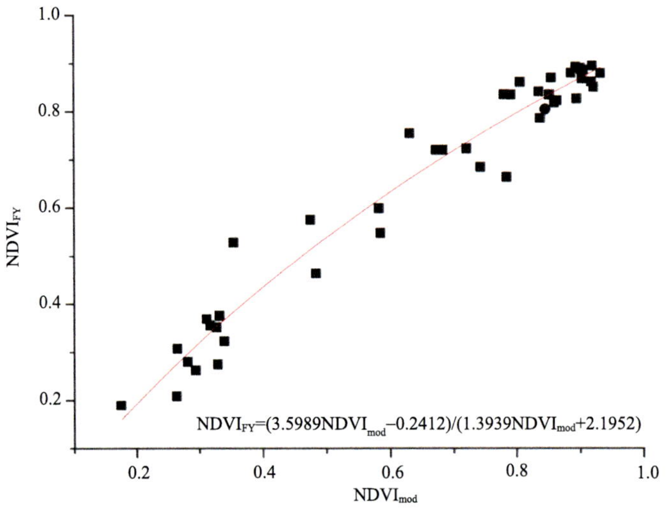

图 16.3 FY-3E/MERSI-2 NDVI 与 Terra/MODIS NDVI 之间的函数关系

(MERSI-2)与 MODIS 红波段与近红外波段的空间分辨率对应的波长范围不同(MERSI-2 分别为 600～700 nm 与 815～915 nm,MODIS 分别为 620～670 nm 与 841～876 nm)和过境时间不同(FY-3E MERSI-2 为 06:00,MODIS 为 10:30)导致的 FY-3E MERSI-2 与 MODIS 的 NDVI 不同的问题,助于实现 FY-3E 的真实性检验与业务应用。

16.7 业务应用

16.7.1 完成 FY-3E 数据转换 MODIS 的 NDVI 旬、月、年数据产品

基于国家卫星气象中心提供的 2019 年 1 月 1 日以来的 FY-3E NDVI 旬值数据,结合创建的 FY-3E/MERSI-2 与 MODIS 的归一化植被指数转换方法研发了包括 FY-3D/FY-3E 数据转换 MODIS 的 NDVI 计算模块和 MODIS 数据转换 FY-3D/FY-3E 的 NDVI 计算模块,完成了 FY-3E 的 NDVI 转换成与 MODIS 的 NDVI 匹配的旬、月、年数据产品。

16.7.2 升级了基于 FY-3E 卫星数据的气象条件贡献率评价系统

气象条件贡献率评价系统包括系统配置、任务定制、数据处理、评价指标计算、空间分析、专题制图、报告生成及帮助 8 个主要功能模块。评价系统可以进行植被生态质量各组成部分(植被净初级生产力 NPP、覆盖度等)、植被生态质量、植被生态质量变化、植被生态质量变化的气象条件贡献率和人为贡献率评价等。评价指标计算模块包括实际植被 NPP、实际植被覆盖度、潜在植被 NPP、潜在植被覆盖度、气象条件贡献率等评价指标的计算功能。

升级了基于 FY-3E 卫星数据的气象条件贡献率评价系统的 FY-3E 卫星数据读取软件模块,升级了基于 FY-3E 卫星数据的气象条件贡献率评价系统,包括研发 FY-3E 卫星数据质量控制模块、FY-3E 卫星数据与 MODIS 数据关系转换计算模块、基于 FY-3E 卫星数据的不同类型植被生产力估算模块、基于 FY-3E 卫星数据的不同类型植被覆盖度估算模块、基于 FY-3E 卫星数据的植被生态质量变化和植被生态质量变化的气象条件贡献率评价模块等。

参考文献

中国气象局,2003.地面气象观测规范[M].北京：气象出版社.

中国气象局,2020.地面气象自动观测规范:第一版[M].北京：气象出版社.

HERRING T A, 1992. Modeling atmospheric delays in the analysis of space geodetic data[C]// Proceedirws of Refraction of Transatmospheric Simals in Geodesy. Delft:Netherlands Geodetic Commission:157-164.

LIU M,GUO P,YE Q,et al,2010. The 3D tomography technique and application of water vapor using ground-based GPS networks in Shanghai[J]. Acta Astron Sin, 51:299-308.

NIELL A E,1996. Global mapping functions for the atmosphere delay at radio wavelengths[J]. J Geophys Res, 101:3227-3246.

OFFILER D, 2010. EIG EUMETNET GNSSWater Vapour Programme (EGVAP-II)[Z]. Product Requirements Document, Met office:36.

WANG J,HAN S,BIAN H,et al,2014. Characteristics of Three-Dimensional GPS tomography water vapor field during the rainstorm[J]. Acta Sci Nat Univ Pekin, 50:1053-1064.

WANG Z,SASSEN K,2001. Cloud type and macrophysical property retrieval using multiple remote sensors [J]. J Appl Meteorol, 40(10):1665-1682.